航空搜救基础

王 磊　谢必昌
李德帅　陈 峰　编著

U0195343

西北工业大学出版社
西安

【内容简介】 本书围绕航空搜救基础知识相关内容展开,主要介绍了航空搜救的相关定义、主体、分类、理论构成和产生与发展等内容,对航空搜救的特点及内涵进行了深入解读,详细介绍了航空搜救体系的构成。在充分对比国外航空搜救体系的基础上,本书对我国航空搜救体系进行了深入的研究,提出了适应我国应急救援机制的航空搜救总体框架和组织模式。同时,在此基础上对搜救组织文书、搜救装备体系进行了全面讲解。

本书可供急救援领域的工作人员,尤其是应急救援工作的计划人员、保障人员、机组人员参考使用。

图书在版编目(CIP)数据

航空搜救基础 / 王磊等编著. —西安 : 西北工业大学出版社,2022.11

ISBN 978 - 7 - 5612 - 8492 - 6

Ⅰ. ①航… Ⅱ. ①王… Ⅲ. ①航空安全-救生-基本知识 Ⅳ. ①V244

中国版本图书馆 CIP 数据核字(2022)第 230686 号

HANGKONG SOUJIU JICHU

航 空 搜 救 基 础

王磊 谢必昌 李德帅 陈峰 编著

责任编辑:华一瑾		策划编辑:华一瑾	
责任校对:李阿盟		装帧设计:李 飞	
出版发行:西北工业大学出版社			
通信地址:西安市友谊西路 127 号		邮编:710072	
电 话:(029)88493844,88491757			
网 址:www.nwpup.com			
印 刷 者:陕西奇彩印务有限责任公司			
开 本:787 mm×1 092 mm		1/16	
印 张:16.25		彩插:1	
字 数:385 千字			
版 次:2022 年 11 月第 1 版		2022 年 11 月第 1 次印刷	
书 号:ISBN 978 - 7 - 5612 - 8492 - 6			
定 价:78.00 元			

前言

随着我国航空事业的飞速发展,航空搜救作为应急救援最直接有效的救援手段,具有救援范围广、搜救速度快、科技含量高、救援效果好等优点。它是在战场应急救援需求的推动下产生,也是在战场应急救援的需求下发展壮大,并在复杂的搜救行动实践中成熟和完善的。在应用到民用领域后,伴随着卫星定位技术、无人机集群技术、图像识别技术、人工智能技术、生命探测技术等高新技术的助力,航空搜救领域的发展正面临前所未有的机遇与挑战,具有巨大的社会效益、经济效益和军事效益。现阶段由于技术、组织、训练和管理等方面存在的问题,我国的航空搜救行业发展相对落后,还存着在过度依赖军队、基础设施薄弱、专业装备及人才短缺和顶层规划不够明确等问题。因此,为切实提高我国航空搜救水平,对影响航空搜救效率的体系、组织、通信、文书、装备和实践等内容进行深入研究具有重要意义。笔者从事航空搜救专业教学及科研工作多年,深感我国在航空搜救领域距国外还有较大差距,为进一步提升航空搜救理论水平和实践能力而编著此书。

本书围绕航空搜基础知识相关内容展开,主要介绍了航空搜救的相关定义、主体、分类、理论构成和产生与发展等内容。全书共分 9 章:第一章主要分析航空搜救的基本概念、发展、特点和内涵;第二章主要介绍航空搜救的法规制体系、通用搜救体系、发达国家和及其战场搜救体系的建设;第三章重点分析了我国搜救力量构成,提出了我国航空搜救体系的总体框架和组织指挥模式;第四章归纳了航空搜救的组织层次、阶段、能力等内容;第五章对航空搜救的通信体系进行了解读;第六章罗列了搜救行动的组织文书;第七章简要介绍了航空搜救的重要装备;第八章提出了海上搜救区域的计算模型并进行了仿真验证;第九章对搜索区域分析、搜救任务规划和搜救力量分配等航空搜救的准备工作进行了深入剖析。全书基本覆盖了航空搜救行动中所有的基础工作,对指导航空搜救体系建立和组织实施具有较高的指导价值。其中,第一章、第三章、第六章、第七章、第九章由王磊撰写,第二章、第四章、第八章由谢必昌撰写,第五章由李德帅撰写,第八章由陈峰撰写。

在本书撰写过程中,得到了田绍宁、孙纲要、刘先刚、严顺调、刘毅、杨鹏程等专家及一线搜救人员的指导与帮助,孙静对本书涉及的外文资料进行了翻译。同时,也参考了大量参考文献与资料,在此向这些专家和作者一并表示感谢。

本书内容涉及航空搜救多方面,由于水平有限,书中难免有不足之处,恳请广大读者批评指正。

编著者
2022 年 7 月

目录

第一章 航空搜救概述

第一节 航空搜救的概念

一、航空搜救的定义

航空搜救是效率最高的搜救手段,是应急救援活动的具体实施方法。要理解和掌握航空搜救的定义,就必须首先对应急救援、航空搜救、直升机搜救的概念和内涵进行全面的分析解读,明确航空搜救和直升机搜救、应急救援之间的相互关系。

(一)应急救援

应急救援是针对潜在的国家重大安全威胁和突然发生的各类灾难事件,在国家统一组织和协调下,共同抵御风险与实施紧急救助的应急救援活动,是涉及党、政、军、民的跨部门、跨领域的系统工程,是在各个领域中的专业救援生成的基础上开展的集成救援,是形成和检验国家应急能力,推进我国应急救援改革提高完成多样化任务的一项重要手段。应急救援是对因突发性灾难导致的损害而采取的救援行动。应急救援有其特定的内涵,从一定意义上讲,它属于一个体系,作为一个相互联系的有机整体,它包括整个国家用于应对重大灾难的一切工作的总和。

应急救援是近年来在广泛处置突发性灾难事件中,逐步发展起来的一门新型学科。它主要以应急救援基本理论、应急救援实践力量和应急救援实践为主要研究对象,是一门融合了灾害学、军事学、救援医学、社会学、管理学、心理学、军事学等学科领域为一体的综合性学科,是推进国家应急管理体系建设中的一项新的理论探索。应急救援学的建立,有助于进一步完善国家应急救援理论与应急救援实践的框架体系,并促进不同学科相关理论之间的整合,丰富我国应急救援科学理论的研究。应急救援作为一个相互联系的有机整体,从应对突发性灾难事件的意义上说,包括整个国家用于应对重大安全威胁一切工作的总和。应急救援工作是通过发挥不同行业优势共同应对灾难事件的一种有效形式。从宏观意义上说,应对国家重大安全威胁和灾难事件是社会各界共同的责任和义务,其应对的具体内容十分广泛,不仅涉及行业的各项应急救援,而且也涵盖国家应急建设在内的许多领域。有着多领域、多行业共同应对的特点。

应急救援是一项特殊而又复杂的社会实践活动,既要应对传统安全威胁,又要应对各类非传统安全威胁;既要维护国家改革发展稳定大局,又要维护社会的安全与稳定;既要面对民用应急救援需求,又要保障战时军事搜救行动。可见应急救援在维护国家安全领域中具有特殊地位,其任务是研究紧急救援问题,并用于指导救援实践活动。由于各类灾害发生往往是突发的,所以应急救援具有紧急性、多样性和复杂性的特点,救援行动周期要求非常短暂。因此,如何在短时间内做出快速反应,并开展搜索救援活动是应急救援的重点和难点问题。而航空手段由于具有高速、高效、受地理空间限制较少等优势,是世界上许多国家普遍采用的应急救援手段。可见,作为一种应对自然灾害和突发事件的常用手段,空中救援已成为当今世界许多国家应急救援体系的主要救援力量。

(二)航空搜救

航空搜救在广义上说是指在搜救过程中使用了空中平台开展搜索或者实施救援的一类应急救援行动的总称。可以理解为利用了航空技术手段进行搜索和救援的行动都是航空搜救,这里的航空器可以是固定翼飞机、直升机或者无人机等多种航空装备,而救援实施阶段可以是地面或水面平台,也可以是航空平台;从狭义上来讲,航空搜救是利用包括航空手段在内的多种手段搜索定位营救目标后,在救援阶段采用直升机平台实施的搜救行动。

以上关于航空搜救的理解略有差异,前者注重的是在搜救的整个过程中航空技术和装备的使用,后者则更关注救援环节直升机平台的使用。广义上的航空搜救更注重人力资源、物质资源、时间开销和搜救对象价值等综合效益的评估,保证在可承受的开销范围内采用相应的航空技术提升搜救效率。狭义的航空搜救更关注时间的开销,研究内容主要围绕如何减少搜索和营救时间展开,当然也会综合考虑航空搜救的风险因素,在控制风险的前提下尽量缩短时间的开销,采用直升机搜救的方法进行搜救任务的最终实施是其重要特点和核心内容。因此,航空搜救在民用领域一般都是采用广义上的方式进行描述,在军事应用领域一般都采用狭义的方式进行描述。这主要是因为,军事应用领域更关注在控制战场风险的前提下提高搜救效率,而民用领域除了需要控制风险外还需要关注成本的开销,尽量将搜救行动的效费比控制在一定范围内。

(三)直升机搜救

直升机搜救是利用直升机平台,采用航空技术手段和技术装备实施的一种应急搜救活动,在其他相关系统、装备、人员和技术的支持下,对因灾害或战争导致的人员或财产损失而采取的保护性、救助性和恢复性的航空搜救行动。直升机搜救在救援目的和对象上与其他应急救援方式没有本质区别,其独特之处就在于所使用的技术、装备和独特的组织管理模式。直升机在搜救活动中,由于使用了专业化的航空搜救平台,需要通过特定的救援主体实施救援,并需要贯彻专业化的搜救原则。直升机搜救充分体现了快速反应、高效救援的原则,应用领域广泛、适用性强,既要应对传统的安全威胁,又要应对各类非传统安全威胁;既要维护社会安全稳定,又要维护人民生命及财产安全,在人类应急救援领域发挥的作用难以估量。

由于其本身的平台优势,直升机搜救一般适用于对搜索地域广阔、地面视线不清、时效性要求高、救援地域或转运途中地面(水面)情况复杂、转运距离长等情况下的搜索和救援。在处置自然灾害、事故灾害、公共卫生事件、社会安全事件或战场救援等各种突发性事件时,为拯救生命、降低损失和提升救援效率,利用直升机搜救平台可以更迅速准确地定位灾害和战争地区人员所在的地理位置,并根据不同情况为遇险对象提供避险信息、营救脱险、进行初步的应急医疗救护和心理疏导等救援保障。

从航空搜救的狭义角度讲,直升机搜救属于航空搜救体系,作为一个相互联系的有机整体,直升机搜救是航空搜救的重要和关键环节,服务于整个航空搜救体系流程,是国家应急救援的重要支撑和快速反应力量。直升机搜救是航空搜救最高效的实施环节,在采用直升机进行最终搜救的航空搜救活动中,其他一切人员、系统、信息、装备等资源都为直升机搜救活动提供支撑。直升机搜救是航空搜救的核心。

二、搜救主体和分类

(一)搜救主体

无论是直升机搜救还是其他类型的搜救活动,搜救主体都由政府部门、军事组织、非政府组织、商业化救援机构和公众等五个方面构成。

1. 政府部门

一般情况下政府部门掌握了社会资源并具有完整的组织体系,通常能够在突发事件发生的第一时间得到报警并发挥领导作用,可以便于其协调各方面的力量,调配各种资源,组织实施救援,在搜救组织体系中,往往处于搜救工作的核心地位。因此,政府工作效率的高低、反应速度的快慢、采取措施是否得当,将直接影响搜救工作的效率和质量,是搜救行动的核心。

2. 军事组织

以军队或预备役为主的各类军事组织具有强大的组织性、战斗力和严密的纪律性,同时也拥有完善的后勤保障能力,尤其是强大的运输能力、卫生防疫能力等。在世界各国危险性较大、救援任务较为艰巨的搜救活动中,军事组织无一例外都扮演了非常重要的角色。而且由于军事组织在航空装备领域的优势,航空搜救尤其是直升机搜救更是发挥着不可替代的作用。以美国为例,其本土的内陆搜救一般由空军负责、海上搜救一般由海岸警备队负责。

3. 非政府组织

非政府组织是在各国政府、民间团体或各类公益性企业的慈善资助下,可以为突发事件提供紧急救援和各类支持。这些组织由于专门长期从事相关活动,往往具有丰富、专业的搜救装备和经验,能提供各类专业物资、器材和人员,并能够随时应对突发事件,对于提高搜救效率,恢复人员信心起到重要作用。

4.商业化救援机构

商业化救援机构通常是以盈利为目的,且与保险公司、医院或车辆维修公司等合作,向参保人员或特定人群提供搜救服务。目前这种方式在国外已经开展多年,拥有大量服务对象,经济和社会效益明显。平时,这类公司作为商业化机构独立运行,遇到大规模应急救援需求时,可以作为一支专业化力量投入到应急抢险工作中。

5.公众

公众主要由突发事件的受害者、发现者或者志愿者等构成,由于拥有最直观、最准确的有效信息,在灾害或事件发生的初始阶段,受灾群众可以自发或在当地政府的组织下积极参与搜救活动,能够在一定程度上填补专业搜救队伍赶到前搜救力量的真空,为赢得搜救时间、降低死亡人数做出巨大贡献。

(二)灾害类型及特点

2006 年 1 月 8 日,由国务院授权新华社全文播发了《国家突发公共事件总体应急预案》,明确了全国应急预案体系总纲,明确了我国各类突发事件分级分类。根据突发事件的发生过程、性质和机理,主要分为自然灾害、事故灾难、公共卫生事件和社会安全事件等四类。这一分类是权威性分类,较为全面和科学。直升机搜救活动的分类,主要是针对以上这四种灾害种类的处置,分为自然灾害救援、事故灾难救援、公共卫生事件救援和社会安全事件救援等四大类。

1.自然灾害救援

自然灾害是由于自然性因素引发的地壳运动、天体运行、气候变化相关的灾害,主要包括水旱灾害、气象灾害、地震灾害、地质灾害、海洋灾害、生物灾害和森林草原火灾等。由于我国属于自然灾害频发的国家,此类直升机搜救比例较高,作业类型繁多,是我国直升机搜救作业的主要应用领域,一般使用在需要进行大量的人员应急撤离、物资投放、航空摄影、灾情监测等航空作业的需求下,范围广泛,持续时间长。例如在 2008 年汶川大地震中的直升机搜救。中国空军出动多型多架直升机,在灾区近 40 万平方千米的土地上实施空投、伞投各类物资,极大地缓解了灾区对药品、食品和饮用水的需求,并且对危重伤员进行了及时转运,提供了一个可靠高效的人员救助手段。

2.事故灾难救援

事故灾难事件主要是由于人的主观因素导致,但也不排除客观因素和主观因素相结合而导致的,是人类科学技术的副产品。这类事件一般是由于决策失误、管理不善、工作疏忽等人为因素而诱发的原本不应该发生的事情,主要分为工矿企业安全事故、交通运输事故以及公共设施和设备事故、核辐射事故等。近年来,随着我国经济社会的快速发展,各类工业事故一直处于高发态势,直升机搜救在我国各类工业事故和重大交通事故救援中具有极大的需求空间。事故灾难救援的种类也很多,包括公民医疗救护、工业事故救援、海上事故救助、火灾事故救助等。

(1)公民医疗救护。直升机搜救主要应用在医疗救护上。据国外有关资料统计分析,美国的直升机搜救中医疗救护占到总飞行作业量的 44%以上。承担医疗救护的飞机类型主要是各类救护直升机和固定翼救援飞机。至1980年底,美国约有32家空中医疗服务机构拥有39架救护直升机,每年运送病人1.7万人次。到1990年,美国空中医疗服务机构增加到174家,救护直升机保有量达到231架,年运送病人近16万人次。2000年后,美国空中医疗服务机构达到231家,救护直升机保有量超过400架,每年运送病人20.3万人次。到2005年,美国空中医疗服务机构增加到272家,飞机和直升机保有量达到903架,其中包括753架旋翼机和150架专用固定翼飞机,每年的运送量约有50万人次。

（2）工业事故救援。各类工业事故伴随着工业规模的不断扩大而增加。我国对工业事故高度重视,国家专门成立了国家安全生产监督总局,为国务院直属的正部级单位,其下属的直升机搜救指挥中心承担着各类事故的救援指挥和协调工作。直升机搜救在工业事故中的作用与在其他自然灾害中的作用一样,因为无论是自然灾害还是工业事故,都需要救援力量的迅速到达和快速处置,也需要从空中进行全局性的俯瞰,并通过航空摄影等手段迅速收集事故情况等信息。

2008年12月26日上午8时左右,重庆市城口县一家锰业公司的电炉发生"喷炉"事故,导致4名工人当场死亡,14人受伤。重庆市政府应急办公室紧急调动警用直升机开展救援活动,这是全国首次使用警用直升机参与突发事件的处置工作。作为国内少数拥有警用直升机的城市,重庆市2008年制定实施了《警用直升机管理使用规定》,本次直升机搜救行动正是在相关法规逐步完善的情况下,首次进行的航空医疗救助行动,显示了地方政府以人为本的执政理念和灵活的救援思路。

（3）海上事故救助。我国不仅是一个陆地大国,同时也拥有超过300万km^2的海洋面积。而随着海洋开发程度的不断加深,海上的运输、采油等各类作业也在不断增加,各类航行事故以及由于气象、碰撞产生的意外也随之增加。为此,我国政府在原交通部下成立了救助打捞局,开通了海上直升机搜救的专用求救电话。救助打捞局自1951年建立以来,走过了60多年的光辉历程,为保障中国水域人命财产安全及履行有关国际义务作出了巨大贡献。海上直升机搜救主要是人命救助,也包括少量的溢油处理或其他辅助救援行动。截至2004年底,救助打捞局救助了2 706艘遇险船舶,包括527艘外籍船舶,打捞了1 636艘沉船和大型沉没物,救助了31 817名海上遇难人员,包括5 962名外籍人员。自海上救助飞行队成立以来,飞行量、救助量逐年上升,多次迅速完成了海上和陆上复杂救援作业任务。

（4）火灾事故救助。随着我国环境治理力度的加大和经济发展的加快,大规模的森林大火及高层建筑火灾发生数量呈逐年上升趋势。传统的火灾事故救援模式无法迅速扑灭和接近火源,而直升机却可以根据情况更为容易地接近火源并提供灭火支援。在内蒙古阿尔山特大森林火灾扑救过程中,飞龙专业航空公司、北方航空黑龙江通用航空公司、东方通用航空公司共出动飞机1架、直升机3架（另有两架直升机每天24h待命）投入到灭火战斗中,共起降385架次,飞行87h,有力支援了灭火工作。

3.公共卫生事件救援

公共卫生突发事件主要包括传染病疫情、群体性不明原因疾病、食品安全和职业危害、动物疫情,以及其他严重影响公众健康和生命安全的事件;通常由客观存在的病菌、传染病等引起,涉及领域相当广泛。重大突发的公共安全卫生事件的发生虽然难以预测,但人类能够做到的、最有效的办法,就是在灾害来临之前,构筑一道坚固的公共卫生防御屏障,建立健全快速反应力量并进行积极的防范和准备工作。通常,公共卫生事件中所需要的直升机搜救服务是指各类专用药品、器材的高精度定点快速运输和投送,重大传染疾病的专用药剂的空中喷洒以及特定救援医护人员和伤病员的输送等。

4.社会安全事件救援

社会安全事件是指危及社会安全、社会发展的重大事件。在深化改革、扩大开放为我国经济社会带来良好发展局面的同时,社会公共安全领域面临的情况和问题日趋复杂。因此,应对社会安全事件,恢复社会正常秩序是应急救援中特殊的表现形式。公共安全事件主要包括战争、恐怖袭击事件、经济安全事件、涉外突发事件等。在和平年代,公共安全事件发生时常常离不开以直升机为主体的直升机搜救作业。在我国举办 2008年第 29 届夏季奥运会期间,北京市公安局建立了警用航空队,为奥运会的成功举办提供了强有力的安全保障。目前,我国警用航空飞行发展迅速,各地大中型城市的公安部门都对警用航空提出需求。可以预测,未来我国警用航空将在处置公共安全事件的同时,会执行更多的涉及民生的事故救援活动,并针对市区范围的突发事件救援提供基本的航空服务。

其中需要特别指出的是,战场应急救援需求是直升机搜救产生和发展的重要因素,任何先进的技术和装备往往首先应用于军事,同时,由于战争的超前需求,也进一步推动了新技术和新发明的不断涌现:使用直升机进行常规医疗救护是在 1950 年抗美援朝战争中无意演变出来的。由于抗美援朝战争的前线道路往往崎岖不平,通过地面交通手段无法可靠地将伤病员迅速送达战地手术室。因而,利用直升机来执行这项任务可以挽救很多生命或使伤员免遭残疾命运。美军看到了直升机胜于地面交通运输工具的优势,便立即开始测试生产专用医疗直升机,即贝尔-47。由于直升机在战争中实施救援的无可替代性,美军为此在其空中突击旅中专门编制了救援直升机分队。

(三)灾害事故特点

无论是哪种灾害事故,一般都具有以下几个特点。

1.突发性

灾害事故往往是不期而至,令人措手不及。除海啸、台风等自然灾害可以根据气象资料进行提前预警外,地震、泥石流、交通事故和火灾事故等都是很难或无法预警的,这就造就了灾害事故的突发性,这种突发性无疑会为搜救任务的组织、搜救力量的机动、搜救行动的实施时效性造成严重的影响。

2.威胁性

灾害事故的发生往往伴随着人员伤亡、财产损失、重要设施的损坏等后果,在严重时会威胁到政府社会经济发展目标的实现甚至政权稳定,危害人们的生命财产安全,造成重大的环境污染或破坏等。如果处置不当或处置延误,灾害事故可能会进一步发展,进而形成更大规模的人员伤亡和财产损失,而这也将产生更大的威胁。

3.公开性

信息传播渠道多、速度快,使灾害的影响迅速扩散,政府救灾不及时或不力都会造成严重的社会影响。除了真实信息的传播,还应注意造谣传谣的危害,尤其重视公共关系工作的重要性,在注重信息透明、及时、公开的基础上,还应注意保障遇险人员和家属的隐私,有效组织公共关系工作的开展,防止由于信息的误传误信对灾害事故的处置造成不利影响。

4.不确定性

灾害事故除了突发性外,其潜伏、发展、爆发、稳定、处置和结束规律和趋势很难准确分析掌握,一方面由于灾害事故的信息收集较难。例如,汶川地震时,震中通信长时间中断,无法收集到有效信息,对搜救方案的制定、搜救力量的行动造成了严重影响。另一方面是因为处置过程中问题隐患很难及时察觉。例如,在火灾救援时,有可能潜在的风险一直未发现处置,有可能在前期情况基本控制,甚至在处置基本结束时突然发生二次引爆。

三、航空搜救理论构成

航空搜救体系的系统知识和理论是来源于搜救实践,又指导和推进航空搜救的发展。由于航空搜救的特点能够较好地适应应急救援需求。因此,自直升机出现以来,采用直升机实施快速搜救的实践的不断增多,推动了航空搜救的持续深入发展。但由于航空搜救理论起源于战场实践,并在应用型需求的推动下发展,因此自航空搜救专业出现到目前为止,国内外一直缺乏对航空搜救理论的科学分析、系统研究和精确把握,而且由于技术和资金限制,我国一直没有系统的航空搜救专业教学和人才培养机构。

这种缺乏理论牵引的发展现状严重制约了航空搜救的专业建设和体系化建设,而全面认识和构建专业学科理论体系,不仅有利于促进本学科理论的发展,使之更好地为航空搜救实践活动服务,而且有利于把握航空搜救理论的研究特点,更好地开展专业理论研究,从而进一步提高人才培养质量。因此,有必要对直升机理论进行全面的梳理,为航空搜救专业建设奠定系统的理论基础,为航空搜救人才培养提供必要的支撑。

航空搜救理论是基于直升机搜救实践形成的理论性指导和系统化知识体系,是航空搜救专业人才行动的重要依据,是对航空搜救本质和规律的认识,是以直升机搜救的实践活动为依据的,随着装备和实践的发展、知识的积累、经验的总结、理论的升华,构成的一个完整的理论体系。作为一个体系化的理论体系,航空搜救理论主要包括基础理论、应用理论和学科建设理论三个主要方面,其含义和具体内容可具体描述如下。

(一)航空搜救专业基础理论

航空搜救的专业基础理论,是研究各种条件下直升机搜救的理论基础,对直升机应用理论具有普遍的指导作用,是航空搜救理论的核心,是反映航空搜救现象和本质的系统知识,是对大量直升机搜救实践活动固有属性的科学抽象和总体概括。通过对航空搜救的本质、分类、形成、发展、要素及学科间关系的分析研究,可以从航空搜救实践的内容和形式中,挖掘出反应航空搜救构成要素间必然的、内在的规律。深刻认识航空搜救的实质,是研究和建立航空搜救应用理论、提高搜救指导能力的理论基础。

(二)航空搜救实践应用理论

航空搜救实践应用理论,是指如何组织实施航空搜救任务的实践理论,是航空搜救基础理论的展开。航空搜救应用理论主要研究和解决的是搜救活动中具有共性的指导规律和方法,注重解决的是航空搜救实践和未来发展过程中遇到的实际问题,因此航空搜救应用理论较基础理论而言具有较强的针对性、指导性和可操作性,对航空搜救具有普遍的指导意义,主要根据不同的环境背景、人员装备、机构设置等,重点在组织实施直升机搜救的内容、方法、保障和评估等。建立和完善应用理论,形成一整套解决航空搜救具体问题的组织实施方法,指导搜救人员正确实施救援,为应急救援提供服务。

(三)航空搜救专业建设理论

航空搜救专业建设内容的完整性是建立一门专业理论体系的基本要求。只有对航空搜救专业的认识达到一定的深度和广度,形成较为成熟、完备的专业建设储备,才有可能构建相应的专业体系。航空搜救专业建设理论也一样,它包含航空搜救专业领域的各个方面、各个层次和各个部分的理论,包括历史的、现阶段的、发展的理论。任何一方面内容的残缺不全,都会影响航空搜救专业体系的完整性。航空搜救专业建设是一个动态的开放体系,而不是一成不变的,它随着时代的发展而发展、随着理论研究的深入而不断丰富和完善。因此,在构建航空搜救专业建设理论体系时,应坚持发展的观点,不断增加新的内容并完善其结构,要特别关注科学技术和装备发展带来的发展变化。

四、航空搜救理论的本质

航空搜救理论是研究航空搜救活动规律及其指导规律的理论,其专业理论的本质在于科学回答和解决航空搜救活动中的理论和实践问题,是航空搜救的一般原理和具体指导,以航空搜救理论和实践为研究对象,是基于新型搜救平台的应急救援专业学科。航空搜救理论源于直升机平台应急救援实践,是一门具有应用型、实践性的专业理论,是空中应急救援实践和理论发展到一定阶段的产物,其理论的产生和发展都源于应对各种安全威胁的实践。

(一)航空搜救理论是实践性理论

任何救援活动,都是在一定的历史条件和社会环境下的社会行为,与国家的经济、文化、政治、军事、地理等因素有着密切的联系,具有客观性,一切救援活动的实施都必须基于这个依据。作为一个应用理论,航空搜救理论的研究对象和知识体系都是在救援实践中形成并发展起来的,也必须由感性认识上升到理性认识才能形成系统理论。因此航空搜救理论的形成首先要以实践为基础,以应急救援需求为牵引,在长期的救援实践活动中,逐步形成指导应急救援实践的经验总结。从认识阶段来说,总结出来的经验和教训还只是人们对直升机搜救活动的感性认识,并通过反复不断的感性认识上升到理性认识,这些理性认识的不断完善和成熟,构成了直升机搜救的理论体系。而国内外直升机搜救长期以来的实践经验积累,为直升机搜救理论的形成提供了可靠依据。

(二)航空搜救理论是应用型理论

研究航空搜救理论是为了更好地指导空中救援实践,只有密切关注装备、需求、技术、人才的新变化,才有可能揭示航空搜救的发展。航空搜救的实际意义是为应急救援服务,来源于实践并指导实践。其形成的前提是对航空搜救有系统、理性的认识。这些系统、理性的认识是建立在直升机搜救活动特殊规律的基础之上,因而是科学的。航空搜救是一项系统工程,由许多相关要素共同构成,各个要素之间相互联系、相互作用、相互制约,在实施阶段必须在一个系统的理论指导下才能正常实施。这不仅包括对航空搜救本质、规律和特征的认识,还包括在一个明确的方针和原则下建立的体制机制、救援方法和管理保障等内容。航空搜救理论就是建立在这些内容的基础上,并为搜救行动的实施提供理论原则、依据。

(三)航空搜救理论是发展型理论

当进行航空搜救专业建设和发展时,应把理论体系建设放在首要位置。而利用直升机进行应急救援虽然有着长期的历史,但其在专业建设上还是新兴学科,尤其在我国航空搜救专业还停留在较为原始的阶段,理论严重滞后于实践、实践严重滞后于需求、需求严重滞后于发展,尤其在军事应用领域,航空搜救活动虽然长期存在并应用于应急救援活动中,但理论体系还远未成型,距离体系化、专业化的需求还有较大差距。理论研究严重滞后于客观实际,并严重影响航空搜救专业的建立及航空搜救活动的实施。航空搜救活动总是在一定的装备和技术条件支持下进行的,随着社会需求的不断发展,航空搜救活动也是一个由简单到复杂、由低级到高级的发展过程,表现为螺旋式上升的过程。这种实践过程也是对航空搜救活动不断深化认识的过程,因此航空搜救理论也必然伴随着这种深化不断发展。

第二节 航空搜救的产生与发展

一、航空技术发展引领搜救领域变革

(一)航空搜救成为可能

1903 年 12 月 13 日,美国救助总署北卡罗来纳"斩魔山"救助站的 3 名冲浪艇员参加莱特兄弟发明的飞机试飞,首次实施了航空救助行动。1917 年,美国参加第一次世界大战,海岸警卫队飞行员在美国和欧洲沿海拯救了数百人,同一时期,英国皇家海军航空署的飞机也多次投入到惊险的水上营救。1925 年,随着飞机可靠性的进一步提高,美国海岸警备队购置了第一架飞机,并在马萨诸塞州的格罗斯特和新泽西州的五月岬建立了第一批海岸警卫队机场,自此开始,飞机开始在美军的海岸警备队中发挥越来越大的救助作用。随着水上飞机技术的成熟,1928 年美国各地又建立了一些航空站,并购置了一批水上飞机专门用来进行水上搜救任务的实施,这种飞机安装了两台位置很高的发动机,是世界上首批为实施航空救助而设计的飞机,由于其具有航程远、可靠性好、可在复杂海况条件下降落、能承受海浪冲击等多重优势,在救起数百名遇险者后,于1941年才完全退役。

虽然固定翼飞机在航空搜救领域发挥了较大作用,但由于其起降距离长、无法在空中悬停等原因,在更多情况下在搜救流程中只能执行空投救生物品、人员搜索定位、医疗转运等任务,很难为人员现场营救提供实际支撑,这种情况在直升机技术成熟后得到了迅速改观,设计过第一架实用型直升机的伊戈尔·西科斯基曾说:"对于一个救援的人,喷气式飞机只能飞过其头顶撒下花瓣,而直升机的垂直起降功能则能挽救其生命。"

直升机在应用之初,还很少有人关注到直升机在航空搜救领域的巨大潜力。这种情况直到第二次世界大战后期才有所改观,开始运用到搜索救援领域。航空搜救的是在战场应急救援的需求刺激下产生的,最初的目的是在最短的时间内营救落于敌后的遇险飞行人员或作战人员。在直升机发明之前这种需求虽然迫切,但是由于航空技术缺乏合适的平台,航空搜救只能完成搜索任务,直至直升机诞生后,这种需求才真正成为现实,航空搜救也作为最高效的搜救手段,第一次登上历史舞台。

由于直升机独特的垂直起降能力,一经使用到搜索救援领域,航空搜救开始发生革命性的变化。世界上第一种投入批量生产的 R-4 直升机开始执行搜救任务,它由西科斯基飞机公司生产,并于1944年4月22日在缅甸战场第一次承担抢救伤员任务,由于当时的直升机有效载荷还非常小,直升机需要往返多次才能完成搜救任务。即使如此,利用该航空平台,大量伤病员和飞行员被美军从地形复杂的日占领区营救,同年开始有5架 YR-4B 直升机部署到印度,其中3架由于事故原因损坏,剩下的2架在半年时间内完成了18次救护飞行。自此,直升机逐渐成为战场救援的重要力量,弥补了搜救链条中的最终环节,伊戈尔·西科斯基的话得以验证,航空搜救从此正式诞生。

(二)专用吊救平台诞生

后来美军在 R-4 直升机上安装了绞车、担架等搜救装备,作为世界上第一种投入生产和进入现役的直升机,虽然性能水平和现今的直升机无法相提并论,但在很大程度上促进了直升机技术的发展,展示了直升机在搜救、反潜、低空突防等方面卓越的优势,为直升机的军事应用开辟了道路。这也标志着航空搜救力量首次从搜索领域介入到了营救领域,实现了搜救行动的全程覆盖,自此航空搜救力量作为重要的应急救援力量成为作战支援保障中不可或缺的重要支撑。而直升机作为其最重要的实施平台,担负了航空搜救绝大多数的任务职能,也成为航空搜救的代表性装备。

1945年11月29日,纽约长岛彭菲尔德礁周围海面出现强劲大风,一艘大型燃油驳船遇险随浪漂泊,2名船员被困于船上,救助艇无法停靠。此时正在试飞阶段的西科斯基 R-5 直升机总试飞员发现了遇险船员,努力将直升机稳定在燃油驳船上方,后舱人员往驳船上下放吊索,成功将2人从驳船上营救到飞机上并转移到了安全地域。这是直升机首次实施航空搜救行动,自此这种基于直升机平台的航空搜救手段也逐渐受到重视。

在这之后,搜救直升机的发展也逐步迈向专业化,航空搜救力量也伴随着专业搜救直升机的研制使用,开始了飞跃式发展。在20世纪40年代后期,美军为满足战场航空搜救需求,陆续将 OH-13"苏族人"和 OH-23"渡鸦"直升机改装成搜救直升机。除了美军之外,1947 年英国海军也建立了第一个正式的直升机中队——第 705 中队,主要担负海上警戒和搜索救援任务。1950 年,新一代 S-55 直升机问世后,英国三军开始逐步装备该型号直升机,主要用于运送部队和作战,以及伤病员和遇险人员的搜救,但是该型号的直升机并不是专用搜救直升机,仅仅是航空搜救的最初形态。

在此之前的 1949 年,西科斯基公司在 S-51 型直升机上首次装备了液压型绞车,并交付美军使用,军用型号为 H-5,这标志着航空搜救有了专用的搜救平台,搜救地域和方式才实现了多元化,航空搜救力量也正式成为独立的应急救援力量。之所以如此,主要是由于救援绞车的使用和发展在搜救直升机的发展史上具有举足轻重的作用,直到现在救援绞车也是搜救直升机最重要的标志和功能装备,多数直升机搜救行动都是借助救援绞车来完成救援任务的。正是由于液压绞车的使用大大提高了直升机的搜救效率和搜救能力,使得利用液压绞车实施直升机悬停吊救的救援方式成为航空搜救的典型救援方式,也使得航空搜救的搜救覆盖地域从陆地拓展到河流和海洋,为在海上和复杂地域实施高速救援提供了最有效的方法。

(三)航空搜救形成雏形

曾经有一位美国的议员说过:"如果有哪一个单位典型地体现了美国精神的话,那就是航空救援勤务队。"这是因为美国的航空救援勤务队曾多次深入战区前沿进行救援活动。例如在朝鲜战争开始后不久,美国便将"信天翁"直升机投入使用。此后,该型直升机一直活跃在海岸外进行救援活动,其主要任务是深入战区前沿搭救被击落的飞行员,同时利用机会撤回各类特工人员。到战争结束时,这些直升机已向陆军流动外科医院运送了 8 500 多名伤员,并在中朝控制区营救了 254 名飞行人员。美军在朝鲜战场上使用救援直升机进行救援的现场如图 1-1 所示。

图 1-1 美军在朝鲜战场上使用直升机进行救援的现场

这时,搜救直升机上除了配备的救援绞车外,还有一种由荷兰军官发明的吊环,这种吊环是由包有衬垫的金属丝制成的吊索样环,也是一种有效的救援用提升装备。1950 年9 月 4 日美军航空救援勤务队正是利用这一装备完成了组建后的第一次成功的战场应急搜救任务:这一天美军的韦恩上尉驾驶的飞机在对目标进行了第 12 次扫射后,被地面的防空火力击中起火,飞机失去控制,韦恩跳伞落在一块稻田里,与此同时,他的 14 个伙伴也发现了韦恩上尉的危险境地,为了对其实施营救,他们在天空为配合救援行动进行空中巡逻,在为韦恩上尉提供火力支援的同时,为即将到达的航空救援勤务队搜救直升机指示目标。2h 后,韦恩上尉欣喜地听到身后传来的 H-5 直升机桨叶发出的声音。韦恩跳起来撕掉飞行服,脱下运动衫挥舞着。驾驶员范博文中尉从海岸向内陆地区深入大约 13km,把吊索抛给了韦恩,顺利完成搜救任务。尽管现在来看,这场搜救行动还有很多的欠缺和不成熟,但的确已经具备了航空搜救行动的所有要素,也为后来航空搜救的发展提供了宝贵的经验借鉴。

二、战场需求推动航空搜救逐步成熟

(一)在战场实践中不断发展

航空搜救是在战场应急救援需求的推动下产生,也是在战场应急救援的需求下发展壮大,并在复杂的搜救行动实践中成熟和完善。在朝鲜战争初期,美国陆军看到直升机平台的救援优势,开始验证利用直升机进行大规模的空中救援,并和空军的医疗救护及飞行人员在韩国大邱市的一所学校操场上进行了直升机战场救护试验,取得了十分满意的成果。而这场实验由于医护人员的介入,也标志着航空搜救链条的基本完善,虽然在这个阶段,由于直升机的空间限制和技术限制,当时的航空搜救尚无法实施伤病员的途中救护,但航空搜救的整个链条、要素和技术力量已经趋于完善,直升机搜救平台也得到了大量装备,具备了实施大规模空中应急救援的能力和水平。

医疗救护人员在航空搜救的最终医疗救助环节介入,完善了航空搜救体系,使得美军利用 H-5 直升机在 20 世纪 50 年代的朝鲜战场中,同 Bell-47、Bristol-171 以及 WS-51 等新一代直升机一起救援和后送的伤病员约有 20 000 人,伤病员的死伤率从第二次世界大战时的 4.5% 大幅度降至 2.5%。朝鲜战争的实践和检验表明,直升机是一种适用于大规模救援的航空装备,尤其在战时快速营救飞行员等重要目标时具有特殊的优势,这在后来的越南战争中再次得到了验证。而且伴随着航空搜救需求的不断拓展,航空搜救技术和装备也在不断发展,1956 年,应急求救无线电信标器开始大规模投入使用,为及时确定遇险人员的具体方位和实时位置提供了有效的手段,逐渐成为航空搜救任务实施重要的装备,航空搜救开始向体系化、信息化、规模化方向迅速发展。

(二)救援模式获得高度重视

20 世纪 60 年代初期,美军在 UH-1A 通用直升机的基础上改型研制了 UH-1D 救护直升机,机上装有无线电高度表、测距设备、救援绞车等,随后的 HH-1H、HH-3F、HH-3H 等型号直升机相继投入使用。在越南战争中,UH-1 系列直升机得到了广泛的应用,航空搜救行动的开展几乎全部依赖该系列型号完成。此时,英军也开始使用具有更好性能的 MK-10"大旋风"和 S-58"威塞克斯"直升机,搜索救援能力得到了进一步提高。同期,英国海岸防御司令部也建立了搜索救援中队和搜索救援协调指挥体系。

20世纪60年代末,英国将特种皇家空军飞行中队、皇家海军岸基部队以及布里斯托海岸警卫队救援组三者合为一体,在沿海和山区建立了较为完整的空中保障网络,在皮特里维和普利茅斯分别建立了2个空中搜索救援区,大幅提高了航空搜救效率。

在20世纪70年代初期,随着美、英等国逐渐建立起严密的航空搜救网络,不仅配备了当时最先进的搜救直升机用于执行相关任务,而且机组人员也开始接收严格的搜救训练,每个航空搜救基地至少有一架直升机处于待命状态,可以在15min内起飞。到20世纪70年代末,UH-60A"夜鹰"、SH-60B"海鹰"、UH-60D等机型,以及HH-3"愉快绿色巨人"、HH-53"超级愉快绿色巨人"等机型直升机相继在美军中服役,其舱内均配有救援绞车,兼有搜索救援和后送伤病员功能。同期英军则主要装备S-61N"海王"、SA-321"超级黄蜂"等类型的直升机,搜救装备性能得到了大幅提高。同时,由于此时的直升机开始装备性能优良的通信装备,不仅较好地解决了长期困扰搜救行动的通信联络问题,也使得搜救直升机的搜索能力得到了进一步的提升。

20世纪80年代初期,美军根据战场搜救任务需要,进一步将UH-60D搜救直升机改装成UH-60Q战场救护直升机,在直升机上加装了先进的任务电子及医疗救护设备,如精确定位系统(AN/ARS-6定位系统,可与飞行员配备的AN/PRC-112救生电台配套使用,确定遇险飞行员的位置)、自动测距和导航系统(增加了红外线/白光搜索灯,可在夜间无引导的情况下定向飞行和着陆)、激光预警系统(采用AN/AVR-2激光预警系统增加战场生存能力)、救援绞车和担架系统、空调系统和氧气系统。随着导航设备、传感器以及各种相关设备的装配使得战场航空搜救行动的效率、成功率、安全性等得到了大幅提高。航空搜救的应急救援模式也越来越广泛地被各国所接收和重视。

(三)航空搜救平台快速成熟

进入20世纪90年代,在海湾战争中,美军使用UH-60系列直升机参与救援被击落的飞行员,取得了良好的效果。在搜救行动中,美军根据实践总结发现:以直升机平台为主实施的战场空中救援任务,必须使用具有电子自卫对抗能力和一定空中火力的性能先进的搜救直升机,还必须装备可对遇险飞行员、地面人员进行目标定位和呼救的应急救生电台。由此,具有搜索救援和一定对地攻击能力的战斗搜索救援直升机应运而生。相比于以往的搜救直升机,战斗搜救直升机最大改进在于加装了空中火力,有的甚至还加装了防护装甲。以MH/HH-60G"铺路鹰"直升机为例,机身两侧舷窗内各装有一挺M60机枪,在执行战斗搜救任务时可提供较强的火力支援。此外,AS532A2"美洲狮"直升机等多型战斗搜救直升机在不占用过多舱内空间的前提下,也在客货舱内部装备了机枪,用于在执行战斗搜救任务时提供一定的火力支援和具备一定的自卫能力。

同一时期,美军除了使用UH-60系列直升机支援搜救行动外,经常也会使用具有特殊操作方式的西科斯基CH-53重型直升机以实施搜救行动,而改进后的CH-53E重型直升机在搜救任务中也得到了实战应用。在波黑战争中,CH-53直升机就被用于搜救F-16战斗机飞行员奥格雷迪·斯科特,并且在1999年时还成功营救出在南斯拉夫被击落的F-117隐形战斗机的飞行员泽尔科。

在之后,各国都开始高度重视搜救直升机研发工作。目前较为流行的搜救直升机主要有美国的 UH－60"黑鹰"系列改进型直升机,如 SH－60B"海鹰"、MH－60T"坚鹰"、MH/HH－60G"铺路鹰"、V－22"鱼鹰"等多型搜救直升机。此外还有 EC225"超美洲豹"、AS366G"海豚"、EH－101、Bell－430、BK－117、NH－90、S－92 等多种新型搜救直升机。随着新构型高速直升机的出现,为搜救行动提供了新的手段。美军要求未来的战斗搜救直升机必须满足 850 km 范围内的搜救要求,而新构型高速直升机无疑是满足这一要求的最佳机型,使用新构型高速直升机执行战斗搜救任务,其任务时效性更高,搜救时间可以缩短大概 40％以上,搜救距离可较现有直升机提高 2 倍以上。

三、高新技术助力航空搜救能力提升

(一)卫星定位技术

航空搜救行动包含警报、定位和救援三个步骤。此前,警报和定位使用的都是 121.5 MHz 的模拟频率。直至 2009 年,全球卫星搜救系统才决定逐步停止接收 121.5 MHz 频率,而仅使用 406 MHz 的数字频率触发警报。这种数字频率的安全性能更高,传递信息更为全面,也减少了发送错误警报的次数。实践证明,卫星搜救系统极大地提高了海上和陆地的遇险报警能力,为航空搜救力量的快速到达奠定了可靠的基础。全球卫星搜救系统,除了航空和航海两大系统的用户之外,随着人们经济活动的增加,对人身安全问题的进一步重视,加之国际组织成员国中要求提高系统利用率的呼声强烈,在系统中已开发出便于携带、使用方便、针对个人使用的遇险示位标,体积只有现在流行的手机大小。美国、加拿大、丹麦、德国、挪威和俄罗斯等国,都先后开展了个人信标业务。用户只需在系统运行管理部门授权的公司,购买或短期租用遇险示位标,并缴纳一定的示位标购置费和年度注册登记费或租金即可携带使用。国际市场上现有的遇险示位标的种类,完全可以满足各种运输设备和个人的需求。如果能够充分利用全球卫星搜救系统,就可以为人的生命财产提供安全保障,更好地为航空搜救提供技术支持。我国幅员辽阔,地理条件复杂,经济发展迅速。特别是改革开放以来,航海、航空、长途运输、地质勘探、科学考察、登山探险等经济活动发展迅猛。而我国目前的地面网络,还很难做到大范围的覆盖,更难以有及时准确的遇险报警和搜救网络;还有相当多的边远地区,甚至还无法建立地面网络。利用卫星定位,实现遇险的报警和定位,是我国目前在现有技术条件下最有效的航空搜救手段。

(二)无人机集群(蜂群)技术

无人机集群(蜂群)指的是从舰船、飞机、车辆等大型平台上,短时间、快速发射众多低成本无人机,令它们相互分享信息,协同执行某种特定任务,以数量优势获取资源或取得优势的一种无人机使用思想,在航空搜救领域有着极大的应用潜力。原因在于,航空搜救的最终阶段要在较大的地域范围内实现精确定位,而由于气象、地形、地物、水流等因素的影响,在搜救力量到达预定搜救区域后,往往需要在预定区域附近搜索较长时间才能精确定位搜救对象,甚至可能由于搜索时间过长,只能放弃搜救行动而返航。这一方面,由于参与搜索的机组搜索范围有限;另一方面,可能随时间的推移搜索的区域不断扩大,还有可能由于遇险人员因缺乏地空通信手段,而很难被搜救机组发现,这就直接导致了很多航空搜救行动的失败,以至于在一定区域内实施快速搜索定位已经成为制约搜救能力提升的重要因素。而无人机集群(蜂群)技术可以在一定范围内,通过大量无人机协同,同时覆盖搜索区域,并通过相应的图像识别技术快速定位在区域内的遇险人员,并和遇险人员建立通信联系,在无法实施营救时还可以通过载荷无人机为遇险人员精准投送救生物品,以利于再次实施营救。

(三)图像识别技术

图像识别是计算机对图像进行处理、分析和理解,以识别各种不同模式的目标和对象的技术。识别过程包括图像预处理、图像分割、特征提取和判断匹配。简单来说,图像识别就是计算机如何像人一样读懂图片的内容。借助图像识别技术,我们不仅可以通过图片搜索更快地获取信息,还可以产生一种新的与外部世界交互的方式,甚至会让外部世界更加智能的运行。目前的图像识别技术是作为一个工具来帮助我们与外部世界进行交互,只为我们自身的视觉提供了一个辅助作用,所有的行动还需我们自己完成。而当机器真正具有了视觉之后,它们完全有可能代替我们去完成这些行动。在航空搜救领域,基于图像识别的人脸识别技术和无人机蜂群技术的充分结合,可以很快地在复杂的环境背景中识别出遇险人员,为搜救机组快速精准定位遇险人员提供技术手段。在战场环境中,还可以对搜索地域的威胁火力信息进行收集,同时对发现的人员进行进一步的人脸特征提取,进行人脸图像的匹配和识别、进行敌我判断,为搜救作战筹划提供环境威胁、人员状态等基础信息。

(四)人工智能技术

人工智能是计算机科学的一个分支,它企图了解智能的实质,并生产出一种新的能以人类智能相似的方式做出反应的智能机器,该领域的研究包括机器人、语言识别、自然语言处理和专家系统等,上述的图像识别技术也是人工智能技术的一个重要分支。人工智能从诞生以来,理论和技术日益成熟,应用领域也不断扩大,可以设想,未来人工智能带来的科技产品,将会是人类智慧的"容器"。人工智能可以对人的意识、思维的信息过程进行模拟。人工智能不是人的智能,但能像人那样思考,也可能超过人的智能。在航空搜救领域,人工智能技术和无人机蜂群技术充分结合后,无人机蜂群不仅可以在复杂环境中快速定位遇险人员,为机组指引搜救位置,甚至可以根据收集到的周边环境、气象水文、潜在威胁、遇险人员状态等信息,分析遇险人员的生理指标因素,动态判断环境、威胁、营救需求、机组救援能力等要素,动态规划营救航线,生成最佳营救策略,将复杂的筹划任务交付人工智能系统,搜救力量只需要注重于具体的实施过程,而不需要消耗过多的精力进行任务筹划,只需要对自动生成的搜救计划进行适当调整即可。这一方面,可以提高搜救筹划效率,便于实施快速的搜救;另一方面,也使搜救行动的组织实施可以充分考虑多种要素,减少人为因素的影响。

(五)生命探测技术

生命探测技术是利用红外、音频、光学、声波震动或雷达等手段对一定范围内的遇险人员实施搜索的一种技术手段。就目前技术发展来看,雷达生命探测技术是所有方法中较为先进的一种,它主要利用电磁波的反射原理制成,通过检测人体生命活动所引起的各种微动,从这些微动中得到呼吸、心跳的有关信息,从而辨识有无生命。它主动探测的方式使其不易受到温度、湿度、噪音、现场地形等因素的影响,电磁信号连续发射机制更增加了其区域性侦测的功能。超宽谱雷达生命探测仪是该类型中最先进的一种,能探测到被埋生命体的呼吸、体动等生命特征,并能精确测量被埋生命体的距离深度,具有广泛的应用前景。超宽谱雷达生命探测仪检验人体生命参数是以脉冲形式的微波束照射人体,由于人体生命活动(呼吸、心跳、肠蠕动等)的存在,使得被人体反射后的回波脉冲序列的重复周期发生变化。如果对经人体反射后的回波脉冲序列进行解调、积分、放大、滤波等处理并输入计算机进行数据处理和分析,就可以得到与被测人体生命特征相关的参数。具有穿透力强、作用距离精确、抗干扰能力强、多目标探测能力强、探测灵敏度高等优点,探测距离可达 30~50 m,穿透实体砖墙厚度可达 2 m 以上,可隔着几间房探测到人,并具有人体自动识别功能,在生命探测领域拥有广泛的应用前景。与红外生命探测仪、音频生命探测仪相比更实用,因此成为研究的热点。

第三节　航空搜救的特点

一、航空搜救力量建设重点

需求是指由需要产生的要求。空中救援能力的建设,必须要满足实践,即执行救援任务的需要,并以此为最终检验标准。可见,我们研究的需求是指为了有效完成空中救援任务的需要而产生的要求。从我国空中救援实践看,应具备以下四种基本能力:快速反应能力、力量投送能力、联合搜救能力和专业保障能力。这四种能力正是以有效完成空中救援任务为出发点和落脚点的。

(一)快速反应能力

灾害、事故或战场应急救援需求往往没有任何先兆,且威胁来源具有不确定性,侦察预警显得尤为困难,可见突发性特点较为明显。需要航空搜救力量的任务多是对时间要求较为苛刻的环境,因此,空中应急搜救活动,多数是在针对没有准备的情况下,需要快速、直接进入搜救状态,实施救援对象。这种边准备边进行的救援模式,对多数搜救行动来讲都是一种挑战。搜救力量必须在第一时间掌握情况,判明搜救任务性质、需求,启动相应的应急响应机制,做出及时正确的处置,有效控制事态的恶化和发展。应对应急救援需求时能否快速反应,不仅是行动程序上的要求,还直接关系到事态发展、人员安全、物资财产等方面。因此,航空搜救力量要在第一时间对各种应急需求做出反应,以便于灾害还未造成更严重的损失前对目标实施救援。2008 年,汶川地震中,国家地震灾害紧急救援队仅仅用了 40 min 就完成了队员抽调、装备补充,当晚 22 时 25 分到达成都,连夜赴都江堰地区展开救援,从出发地到现场 2 000 余 km,用时不到 6 h,充分利用了 72 h 的救援黄金时间,救出幸存者 49 人,列各救援力量之首。在战场环境中快速反应能力还关系敌我态势、人员心理、战斗力保存等诸多因素。战场环境中的快速反应能力有利于在敌方未实施有效活动前,快速突破敌方防空火力威胁,提高任务成功率、机组安全性和人员存活率。

(二)力量投送能力

空中力量的投送是能否实现航空搜救的先决条件。一支救援力量训练再有素、装备再精良,如果不能迅速、准确地到达目标区域,航空搜救就无法实施。力量投送是一支搜救力量综合能力的重要标志,加强理论投送能力建设是顺应任务需求,是推进搜救能力建设提高的重要内容。从航空搜救建设的实践来看,无论是执行什么类型的搜救任务,通常都需要短时间内投送搜救力量到预定地域,转移或投送人员、物资等,这也是执行所有应急救援的基本前提,缺少投送能力环节的支撑,就不可能完成后续的任务。近几年,应急救援行动中对航空搜救力量的投送能力需求表现得更加突出。在 2008 年初的雨雪冰冻灾害中,受灾地区的铁路、公路大面积处于瘫痪、半瘫痪状态,严重影响了救灾物资的运送和受灾人员的转移。航空搜救力量自然成为了主要的应急救援力量,在恶劣的气候条件下,空投救灾物资 837 t,为赢得应急救援的胜利起到了关键作用。

(三)联合搜救能力

应对国家、军队重大灾害或战争应急搜救任务,仅仅依靠一支航空搜救力量是很难满足和完成相应需求的,航空搜救必须综合各方面的资源,采取联合的指挥和行动。在航空搜救中采取多方空中力量共同应对的形式,本身就是联合行动,它超出了传统意义上的联合观念。任何航空搜救行动的实施,都有可能和其他搜救力量共同实施救援,因此,在具体操作和技术层面上,提出了更高的要求。航空搜救能力建设只有满足联合搜救这一基本要求,才能保证航空搜救行动的顺利实施。因此,要完成航空搜救任务,必须具备联合搜救能力。

在各种联合搜救行动中,军地即军队与政府行政部门之间的联合是最常见、最基本的形式,在和平时期,航空搜救主要是对国家处置某种事态的紧急支援行动。所以,军地之间的联合通常是指在政府部门牵头下的军地联合指挥和行动。汶川地震后成立的四川省抗震救灾指挥部,由四川省委、省政府牵头,成都军区和相关救灾部队参与指挥,就是联合行动的一种体现。在战时,军用航空搜救力量显然无法满足大规模的战场搜救需求,在这种需求的牵引下,充分挖掘民用航空搜救力量的潜力,短时间内形成战场范围的搜救力量覆盖是战斗力保存和提升和重要手段。

(四)专业保障能力

航空搜救保障是为了达成搜救目的,各相关部门、专业、人员采取的保障性措施和行动。航空搜救任务的保障由其对象的复杂性和行动样式的多样性,决定了其保障的复杂性、专业性和时效性,保障强度甚至要高于一般的军事行动。从行动层面看,既有搜索救援型保障,还有援助型保障;从保障地域看,既有区域内保障,又有跨区域保障;从具体保障内容看,既有实物的保障,又有技术保障。鉴于各种保障都有其特殊性,也就导致了其对物资、器材、装备、技术等诸多方面的不同要求。

航空搜救保障不仅仅要依靠搜救力量自身常备的保障力量,更主要的是依赖国家或军队整体的技术和物资保障。而且由于航空搜救任务范围、目标的不确定性,在任务实施过程中,还需要更多地借助当地政府和军事存在的保障,例如通信、航管、气象、油料等。同时由于航空搜救平台的特点,还涉及装备的保养、维护、更换、筹措、储备、供应、管理、抢修和后送等,这些保障要求对专业保障能力都提出了更高的要求。

二、航空搜救的优点

相对于传统的搜救方式和搜救手段,航空搜救行动通过空中直升机搜救平台为中心展开,因此从功能和覆盖范围来看,航空搜救具备以下几点优势。

(一)救援范围广

从救援距离角度讲,救援直升机的航程一般在 $600\sim800$ km 左右,加装了副油箱的直升机还可以扩展到 $2\,000$ km 左右,而且由于直升机平台特性,直升机救援距离一般不受地形地物影响,多数情况下其救援范围是其航程距离的一半左右,且在特殊情况下可以通过转场救援的方式加大搜救半径,在搜救目标附近就近保障救援实施。可见,相对于地面运输工具来讲,直升机救援距离要更远。

从救援地域角度讲,航空搜救可以在海面、丛林、高山、河流、建筑物、移动平台等任意地点实施,这是其他陆地和水上交通方式难以实现的。首先,它对到达地域的地面状况无特殊需求,可以全范围到达;其次,它对救援地域的场地要求不高或无要求。在有条件实施机降时可以通过机降救援方式进行救援,在地面环境复杂时可以通过机载绞车实施吊救,这也是航空搜救的主要特色之一。

(二)搜救速度快

灾害的发生往往伴随着大风、大雨、大雪等恶劣的自然环境,有时会发生在人员密集的城市中心区域或交通不便的荒郊、山区等位置。而且灾害具有突发性和紧迫性特点,任何延误都可能造成灾害的进一步恶化或进一步扩散,航空搜救具有快速响应的优势,在复杂环境下,能够保证第一时间到达灾难现场,满足救灾快速反应的需求。

(1)从运动速度方面讲。搜救直升机的飞行速度一般都在 $200\sim300$ km·h^{-1},相对地面搜救工具 $20\sim120$ km·h^{-1}、水面搜救工具 $60\sim100$ km·h^{-1} 的救援速度来讲,直升机平台的响应和救援效率明显要高,更能够在短时间内到达目标地域并实施快速的救援。

(2)从运动方式方面讲。直升机接近目标地域的方式一般都采用直线接近的方式,不受地形、地物、水文等因素的影响,能够最大限度地缩小和目标之间的距离。而地面及水面搜救平台往往不能实现直线到达,经常会因为路况、障碍物、平台能力等原因通过绕行的方式才能到达目标地域,甚至有些时候都无法到达目标地域,只能接近目标地域。

(3)从响应速度方面讲。国内外所有担负搜救任务的直升机平台,都建立了相对完善的响应机制,能够在短时间内备航完毕并实施救援。就我国来讲,担负直升机搜救任务的无论是交通运输部门,还是消防部门或民航部门,都建立了完善的值班响应制度,能够在得到准确的救援需求信息的情况下迅速起飞,执行相关救援任务。例如,中国交通部救助打捞局的救援直升机能够在 15 min 内做好备航准备。

(三)科技含量高

航空搜救行动一般都是以体系形式展开的,只有在各种支援保障力量的支撑下直升机平台才能够有效实施救援行动。

(1)在技术支撑方面。航空搜救行动的实施一般需要使用技术含量高的航空器材以及高新技术,如通信、导航、医疗、光学、卫星等技术。同时为提高搜救效率和救援能力,美国已考虑使用无人机进行灾害的现场勘查,或出动无人机与直升机配合,对遇险人员的预定区域进行搜索、航空摄影。通过这些手段,可极大提高搜索和救援的效率,降低搜索成本,缩短搜索时间。未来,救援飞艇、无人机、卫星等将与各类传统的救援飞机一起,在地面辅助设施和人员的配合下,更加有效、安全地实施特定灾害的航空搜救工作。

(2)在人员支撑方面。航空搜救活动的开展要依赖于多个技术岗位人员的通力合作才能高效完成,首先,需要技术过硬的飞行驾驶人员操纵直升机平台,尤其在恶劣天气和环境下实现平稳操控;其次,需要经验丰富的航空医护人员对人员进行及时、准确、高效的医疗救护;再次,地面情况复杂时还需要专业的绞车手和救生员通过吊救方式实施救援;同时还需要航管、领航、机务等其他技术保障人员对直升机平台本身的安全和行动进行保障和维护。只有通过高素质的救援团队和高效率的管理组织指挥,才能较好地完成搜救任务。

(四)救援效果好

航空搜救平台由于其固有的平台优势和装备优势可以为搜救行动提供良好的平台支撑,有效提高搜索和救援效率,在各类救援中均体现出较好的救援效果,主要体现在以下三个方面。

(1)在搜索支撑方面。搜救行动在完成救援任务之前,还需要迅速寻找并定位到被救目标,这在通信设施良好、视野开阔、救生装备正确使用时的简单救援地域和环境中较为容易实现,但直升机搜救需求一般都出现在救援距离远、搜索范围大、地面情况复杂、视线不清、通信设备无法正常使用、定位困难等复杂环境中,采用地面或水面搜救行动时不容易找到遇险目标,而直升机搜救平台可以为搜救人员提供较为开阔的视野和红外等辅助搜索装备,可以有效缩短搜索时间,为救援实施提供支撑。

(2)在营救支撑方面。直升机搜救平台可以接近绝大多数的救援位置、地域和水域,并根据地形、地貌和地物采用不同的营救方式进行救援。如果地面情况允许可直接实施机降救援,有利于缩短搜救时间,就可以提高搜救效率;在地面情况复杂、搜救平台无法接近和停靠位置,直升机搜救平台可以在绞车手、救生员的操作下通过吊救的方式完成对遇险人员营救,尽可能地降低人员损失。

(3)在救护支撑方面。直升机搜救平台有适航性良好的医疗救援装备和医护人员,可以第一时间对人员进行专业的紧急处置和救护,并在最短时间内将其送到具有响应救护能力的医疗机构,有利于人员的应急处置和后期恢复。

三、航空搜救的难点

航空搜救由于其作业类型的特殊性以及实施主体的多样性,因而在具体实施过程会面临各种各样的难点。有些难点是绝大多数航空搜救对象面临的,有些则是航空搜救平台和搜救方式特有的。具体来说航空搜救的主要难点可以归纳为 4 类:救援时间紧、担负任务杂、实施环节多和协同配合难。

(一)救援时间紧

航空搜救的根本目的是保障公民的生命及财产安全。而应急救援事件一般都具有很强的突发性。这就要求救援主体务必在灾害或事故发生后第一时间内对受灾人群实施救援。行动越迅速,救援越及时,受灾人群获救的概率也就越高,救援的效果也就越好。例如,在地震灾害的救援中,抢救幸存者的黄金时间为 4~5d。在汶川大地震中,救援队伍能够搜救的最长压埋人员时间为 139 h,这还是在受困人员能够充分利用有效空间以及灾区多次降水和当时当地夜间气温能够满足基本生存需要的情况下实现的。根据医学调查和现场救援队伍估计,绝大部分受困人员都是在被掩埋 24 h 内死亡的。因此,时间的紧迫性要求航空搜救工作必须有科学的协调机制和工作方法以及高效的手段,做到迅速响应。

(二)担负任务杂

长期以来,航空搜救在普通群众眼中往往就是人命救助的概念。而实际上,尤其是近些年来,随着我国经济生活和社会事业的不断发展,航空搜救的概念已经突破了传统的范畴。在各类自然灾害和事故灾难救援中,需要利用航空手段执行的任务多种多样。例如,在汶川大地震期间,从地震发生时开始便需要使用航空运输手段将包括温家宝总理和大量直升机搜救队伍运送到灾区附近的机场,同时为灾区送来基本的救援物资和设备。随后,需要利用航空摄影和航空遥感手段收集灾区情报。在救援过程中,各类直升机还需执行大型机械的空运,药品、饮用水和食品的空投,以及大量的伤员运送和疏散工作。同时,还得执行包括散播宣传单、引导大批受困人员自行脱离受困地点等工作。在通信中断的情况下,传递数万张报平安的纸条和信息,可以极大地安抚灾区的受困人员。后期,还需执行消毒药剂的喷洒作业,以降低灾后大疫发生的可能。

(三)实施环节多

航空搜救是一项复杂的系统工程,涉及预测、监测、监控、应急处置以及恢复重建等多个环节,组织难度相当大。仅出动过程就包括航空器准备、机场准备、机务准备、飞行员准备、气象准备、空管准备、油料准备、救生装备准备、医护装备准备等诸多环节。在具体实施过程中,还包括了搜索、营救、医疗、通信和导航等诸多相关环节。任何一个环节处置不当都会导致搜救任务的效率的降低甚至是失败。

(四)协同配合难

航空搜救涉及飞行、机务、机场、管制、油料、气象和航行情报等多个专业部门,实施一次救援需要协调的部门多。各部门的工作人员由于背景各异、职责不同、工作程序不一、平时沟通演练不足等原因,在合作开展救援时,便会遇到相互配合困难的问题,从而导致救援力量分散、相互牵制和资源浪费现象的发生。例如,在我国,由于航空教育不够普及,绝大多数民众没有见过直升机搜救的场景,甚至没有见过直升机。在汶川大地震中,当抗震救援直升机落地后,个别地区曾出现灾民蜂拥冲向直升机起降点的情况,造成起降点秩序混乱,危及了飞行安全。另外,在汶川大地震中,个别地区的灾民将救灾部队开辟的应急直升机起降点作为临时安置房的建筑地点,造成个别救援直升机无法降落,无法完成转运工作,而只能将搭载的普通食品以空投的方式投掷到地面,造成了救灾物资的巨大损失,也影响了飞行效率并危及地面人员的安全。以上情况虽然仅仅是个别现象,但它反映了航空搜救配合难的实际状况。

第四节 航空搜救的内涵

一、航空搜救与相关学科专业的关系

专业与专业学科之间的本质区别,在于各自研究的对象不同,任何一门专业无法代替另一门专业学科。航空搜救专业有着自己的研究对象和任务,有着区别于其他学科的研究方法,因而成为一门独立的专业。航空搜救专业是应急救援领域新兴的专业,与其他相关的学科之间,有着相互影响、相互制约和相互促进的多种关系。正确认识和把握应急救援学与其他相关学科专业的关系,有利于借鉴其他学科专业研究的理论成果,促进本专业的发展。

(一)航空搜救与灾害学的关系

灾害学是研究灾害规律和指导防灾规律的学科,旨在阐明灾害的本质和特征,揭示灾害的性质和特征,揭示灾害的性质和形成机理,预测灾害的发展趋势,指导防灾减灾的实践。航空搜救专业与灾害学虽然在防灾减灾中都涉及灾害的相关内容,但是航空搜救有着不同于灾害学的特点。首先,灾害学是以灾害的形成和种类为研究对象的,而航空搜救专业主要是以如何应对和组织救援实践活动为研究对象,对灾害的研究主要关注灾害的特点和危害方面;其次,灾害学以灾害影响、损失分析与灾害的后果为主要研究内容,灾害学通常不研究应对灾害的具体措施,而航空搜救专业则必须研究应对各类灾害事件的航空搜救实践。灾害学和航空搜救专业是两个既有联系又相对独立的并行学科。因此,灾害学和航空搜救专业在理论的发展和学科的建设上具有相似性和互动性,往往航空搜救在很大程度上对灾害实践具有牵引和指导作用,而灾害学的某些理论又对航空搜救专业具有借鉴作用。

(二)航空搜救与航空医学的关系

从专业理论上讲,航空医学专业是航空搜救专业理论领域中的一个分支领域,是从不同层次和方面研究航空应急救援方面的基本实践问题。航空医学是以航空行动中的医疗救治为特定研究对象的专业,其基本任务是揭示在航空行动中的疾病救治、灾害紧急医疗救助和灾害救援中护理的指导规律,阐明医疗救助的本质特征和常见灾害现场医疗救援方法等,为航空搜救组织实施提供辅助作用。航空医学与航空搜救既有区别又有密切联系。一方面,航空搜救与航空医学有着明显的区别,航空医学以航空医疗救助和航空医疗装备使用为研究对象,航空搜救以组织和实施航空搜救行动为研究对象;另一方面,两者又有着极为密切的相互联系。航空医学和航空搜救,都是研究相应的救援规律和指导规律,只是对象和层次不同。在航空搜救领域,航空搜救专业理论是总体理论,航空医学和行动必须在其统筹之下开展各种救援行动。

(三)航空搜救与应急管理专业的关系

应急管理是一个复杂的、开放的系统工程,它主要针对自然灾害、事故灾难、公共卫生事件和社会安全事件等各类突发事件,从预防与应急准备、检测与预警、应急处置与搜救到事后恢复与重建等实施全方位、全过程的管理。从广义上看,应急管理还涉及风险管理和危机管理。应急管理是从事前、事发、事中、事后的全过程管理。风险管理是应急管理工作的"关口再前移"。危机管理是"做最坏的打算",强调决策的非常规性和"最有性"。而航空搜救则是研究航空搜救专业理论和航空搜救实践相结合的专业理论,旨在丰富和完善航空搜救管理理论体系,提高航空搜救队伍的应急救援能力,培养应急救援的管理和指挥人才。

(四)航空搜救与相关军事学科的关系

相关军事学科和专业领域主要是研究战争的本质和规律,并用于指导战争准备、实施、保障支援的综合军事科学。军事学是一门客观、全面反映战争规律的科学,研究对象是战争。战争是在一定时间、空间内关系到整个社会活动的特殊形态,航空搜救既可以是在战争状态下的应急救援行动,也可以是在非战争状态下的应急救援行动。航空搜救与军事学二者既有联系又有区别,主要表现在以下几个方面:首先,军事学研究内容主要针对战争展开,所有的战争行动都是其研究范围,而航空搜救专业研究在军事应用领域主要是在支援保障行动方面,主要是针对重要对象的搜索和救援行动展开;其次,军事学对战争研究的层次涉及战略、战役、战斗等各个层级,而航空搜救专业在军事应用领域的研究主要针对战役和战斗层次,主要围绕直升机搜救平台展开研究。

正确认识和科学构建专业理论体系,不仅有利于促进专业理论的发展,使之更好地为实践服务,而且有利于把握该专业理论研究的特点,更好地开展理论研究和进行专业人才培养,全面推进专业建设。航空搜救理论是对空中救援本质和规律的认识,而航空搜救学则是以航空搜救的实践活动为依据,并随着实践的发展、知识的累积、经验的总结、理论的升华构成一个完整的理论体系。

二、航空搜救的原则

为高效、安全、便利的展开应急救援行动,航空搜救必须遵照一定的原则展开作业,根据其装备特点、行动特点、任务特点,航空搜救一般需要按照预先准备、快速反应,统一领导、协调一致,精心筹划、注重安全,依法实施、依法操作,以及科学引领、结合经验等五个原则实施。

(一)预先准备、快速反应原则

事故灾难一般不具有预见性。气象自然灾害在现代科学技术飞速发展的支撑下可以较为有效的预测,但是地震等地质灾害还无法进行早期预测,而且多数事故属于突发事故,极具偶然性特征,因此航空搜救应对的情况变化迅速,而且极易产生次生灾害。因此短时间内有效处理突发事件往往是航空搜救的特色,也是应急处置事件行动所必需的。正因如此,各类应急救援的主体必须设法用最快的速度,在最短的时间内到达现场,并采取一系列应急处理措施,及时提供各种救助,以防事态进一步蔓延、恶化。总之,反应越迅速、行动越早,应急救援的效果也才越好。但是航空搜救行动不同于地面行动,使用时需要准备更多的人力、物力、装备和其他资源,因此为缩短反应时间,一般都需要进行预先进行准备才能实现迅速实施。

(二)统一领导、协调一致原则

不同于其他应急救援行动,在空中应急救援行动中,通常会涉及多个救援主体,即使在一次救援行动中也要涉及多个政府部门,例如公安、消防、环保、卫生、机场、空管、通信、气象、民政、交通、铁路等。要确保空中应急救援工作的高效、迅速,各相关机构和部门必须在事件指挥中心的统一调配下,密切配合,最大限度地发挥各部门作用。如果不能有效协调,航空搜救活动甚至无法保证自身行动的安全性。有效协调的前提就是要在统一的指挥下实施,因为各个部门的工作性质不同、职责不同,各自的利益取向也会有差异,各自需要介入的方式、程度也不尽相同,只有统一的领导才能高屋建瓴、准确全面的把握搜救行动的各个环节,发挥整体优势。

(三)精心筹划、注重安全原则

空中应急救援的实施过程需要协调多种力量支撑,一方面原因是空中救援技术含量高,需要在体系的支撑下才能完成,另一方面的原因在于空中应急救援的安全较地面行动而言较难保证,这不仅仅是航空器的安全,同时也涉及被救人员及机组成员的安全;安全一方面是指飞行过程中的安全,另一方面还指救援实施时的安全。原因在于救援实施时,由于地形、气象等原因,相对飞行过程,救援过程中搜救机组可能会面临更多的危险,需要相互之间默契的配合。而且相对其他救援方式,空中救援的安全更为重要,一方面空中救援的安全更难把握,影响因素更多;另一方面,空中救援一旦遭遇安全问题,损失往往更大、影响更广泛。因此,只有在确保航空器和机组成员安全的前提下,空中应急救援行动才能安全、有序、正常的实施。

(四)依法实施、依规操作原则

航空应急救援组织工作千头万绪,但依法飞行原则是其基本原则。不能依法组织飞行和实施飞行作业,不仅难以保证救援质量和效果,也难以确保飞行安全。到目前为止,我国出台的与空中应急救援有关的法律法规众多,但还不完善,其中主要包括《中华人民共和国民用航空法》《飞行基本规则》《通用航空飞行管制条例》《通用航空登记管理办法》

等,还包括《中华人民共和国紧急状态法》《中华人民共和国安全生产法》以及各类应急突发事件处置预案。这些法律法规和规章制度是指导空中应急救援行动的基本要求,各类航空应急救援行动必须在这些法律框架内进行。

(五)科学引领、结合经验原则

空中应急救援在我国尚处于起步阶段,无论是政府机关还是普通民众,对其都还不太熟悉和了解,这个领域具体操作的经验严重缺乏。相对而言,美国、加拿大、欧盟和日本等国家和地区在这个领域具有相对丰富的操作经验,正是由于其具有丰富的经验,它们无一例外地重视空中应急救援操作的安全性。在各类空中应急救援行动中,需要针对不同的灾害、事故类型,结合现场、气象、航路、装备和人员等多种因素,专门进行研究和论证,利用专业技术知识和经验,开展救援工作。

总之,直升机搜救的各项工作必须遵循相应的原则才能发挥出应有的作用,如果违背了相应的原则,有可能影响政府的威信和公信力,甚至直接影响到社会的和谐稳定。在紧急救援过程中,切实遵守各项原则,将救援过程中的方方面面,尤其是各种善后事宜处理好,才可能将负面影响降到最低。

三、航空搜救专业的建设需求

空中救援专业建设既是应对各类突发事件的产物,又为应对突发事件实践提供指导,具有理论先导作用。没有先进的专业理论作为先导,空中救援活动就不可能有科学的决策,也不可能培养出高素质的航空搜救指挥人才,更不可能取得未来应用应急突发事件处置的主动权。在科学技术飞速发展的今天,航空搜救的专业理论对应用理论、对应急救援实践的先导和作用越来越重要,加强航空搜救专业建设具有极其重要的意义。

(一)提高应急救援能力的重要前提

没有正确的理论,就没有正确的行动。航空搜救是应对各类突发事件的重要组成部分,但它又是相对独立的系统,并且是由诸多的方面组成的。航空搜救专业主要包括搜救行动指挥、搜救行动、搜救装备和搜救保障等相关专业人才培养与教育训练等。上述诸多方面,都与航空搜救专业建设息息相关。因为航空搜救专业建设的实践,必须以科学、系统的理论做指导。航空搜救专业建设的每项举措都关系国家应急救援力量的发展、储备和质量,只有按照规律从人才、理论、装备等各个方面进行深入研究才能建立健全航空搜救专业,为国家和军队的应急救援能力提高打牢坚实的基础。

(二)进行航空搜救实践的迫切需要

航空搜救理论来源于搜救实践活动,是对航空搜救实践的再认识和抽象概括。同时,航空搜救理论的升华又反作用于实践,航空搜救专业的落脚点和着眼点都是为实践救援活动提供理论指导。目前,由于历史原因,航空搜救实践要滞后于搜救理论,特别是目前非传统的安全威胁日渐增加,应对的环境、样式和手段都与传统的安全威胁发生了显著变化,这些变化都使得航空搜救地位凸显。而航空搜救的行动更为复杂、对理论指导实践的标准要求更高。因此,航空搜救专业建设是进行航空搜救实践的迫切需要。

(三)培养高素质搜救人才的基础条件

人才是组织航空搜救行动的关键,尤其是懂专业能指挥的人才更是航空搜救行动中的急需。而专业建设又是人才培养的基础,纵观国内外,人才的培养方式,几乎都是依靠一流的专业建设培养一流的人才。因为学科专业集中体现了人才培养和科学研究的中心任务。专业水平和学科架构直接影响并决定院校人才培养和科学研究的水平、质量、层次。因此,航空搜救专业建设是航空搜救专业人才培养的根本和核心。只有不断加强航空搜救专业学科的理论建设,使得专业理论保持先进性和科学性,才能为航空搜救专业教育提供理论遵循;只有不断加强学科理论建设才能够培养出高素质、高质量的航空搜救人才队伍。

四、航空搜救力量的建设效益

(一)社会效益

我国是世界上自然灾害最严重的国家之一。在一般年份,全国受灾人口约两亿人,各类自然灾害时有发生,已成为影响我国经济发展和社会稳定的重大制约因素。据国家统计局发布的数据显示,近年来,全国每年因自然灾害造成的经济损失超过 2 000 亿元,2008 年更高达 11 752 亿元。在抗灾救援及处置突发事件的各项措施中,航空搜救具有快速、高效、受地理空间限制少等优势,具有不可替代的重要作用,是世界上许多国家普遍采用的有效手段。

当前,我国正在党中央的统一部署下,积极开展构建和谐社会的伟大工作。加快发展航空搜救产业是当前我国社会经济发展的紧迫任务,是构建和谐社会、减少灾害损失、发展航空产业的内在需要。但是,目前我国的直升机搜救能力严重不足,与灾害频发的国情不相适应,与社会经济的发展不相适应,与我国的国际地位更不相称。通过发展航空搜救产业,可以极大降低我国的公路交通、自然灾害和工矿事故的死亡率、致残率,可以创造数十万个高质量的就业岗位,带动更多的相关行业的健康发展,可以进一步加强我国大陆地区与港澳台地区在人道主义救援方面的协作,同时,提升我国的国际地位和国际声誉,为国民经济和社会的发展创造良好的社会环境。

(二)经济效益

航空搜救产业与政府 11 个部门相关,产业经济总量巨大,产业链长,涉及飞机制造商、零配件制造商、航空电子商、仪表制造商、飞行培训学校、飞行俱乐部、飞行模拟器制造商、固定维修基地、机场开发管理公司、飞机销售咨询商、飞机租赁公司、飞机中介公司、飞机估价公司、民用航空技术管理咨询公司、飞机装修公司、飞机贷款和保险公司、飞机投资管理商、航空油料供应商和安全保障顾问公司等,这些航空制造商与服务商共同组成了一个健康而有活力的航空搜救产业链。

(三)军事效益

航空搜救主要采用以直升机为主体的通用航空飞行器,其发展离不开通用航空的发展。而通用航空的发展对军用航空事业的发展具有极大的推动作用,能够产生巨大的军事意义。

首先,航空搜救产业的发展将直接带动航空制造业的发展,而航空制造业是国防工业的重要组成部分,使其健康快速发展将直接推动军用航空器的设计、制造,并为军用航空长远发展奠定坚实基础。

其次,航空搜救产业的发展将直接带动各类航空人才的培养,这些高素质的航空专业人才队伍将成为我国重要的战争动员力量。并且,庞大的航空专业人才储备本身就是一种极具威慑力的战略力量。

最后,航空搜救产业的发展可以带动大量机场、起降点、维修设施、导航设施、应急医疗设施等服务保障设施的建设。这些设施在未来战时可以为军方所用,从而可以极大增强战场救生能力。

第二章 航空搜救体系

航空搜救行动涉及的专业、部门众多,相互间协调复杂,一个权责清晰、运行高效的组织协调体系是航空搜救行动有效开展的基础。一般来讲根据事故发生地域、灾难登记和救助难度的不同,航空搜救行动可简单划分为国际协同搜救、国内协同搜救、地区协同搜救、多平台协同搜救等基本协作形式,而这些基本协作都需要基于一定的组织协调体系才能具体实施。

第一节 法规制度体系

体系的建立和运转必须以相关法律制度作为基础,航空搜救体系的规划和建设也不例外。航空搜救体系建设的涉及面极广,不仅涉及航空领域,还与医疗、通信、指挥、油料和气象等诸多领域相联系,还关系到很多部门机构,系统综合性很强。另外,还有大量的国际航空搜救的联合行动,涉及国与国之间或者国际组织内部的关系。因此,没有完善的法律法规体系,各种救援行动以及协调工作将缺乏必要的保障。国际公约是全世界所有缔约国和签约方都应当遵守和执行的公共法律文件。到目前为止,与航空搜救有关的国际公约主要包括《国际民用航空公约》《国际红十字与红新月运动各组成部分国际活动组织协议》《国际海上搜救公约》《国际海上人命安全公约》《国际COSPAS搜寻与援救卫星计划的协定》等。同时,我国也根据自身的建设特点和相关搜救需求,建立了符合自身航空搜救特点的相关法律法规体系。

一、《国际民用航空公约》

该公约为国际民航组织的主要缔约国的公约,其组织图标如图2-1所示。国际民用航空组织于1944年12月7日通过《国际民用航空公约》,是国际民航组织成立并顺利运行的基础,当时的中华民国政府是我国该公约的初始缔约国,汉语是其使用的5种官方语言之一。因其在美国城市芝加哥签订,故又称其为《芝加哥公约》。根据《芝加哥公约》的规定,1947年4月1日,国际民航组织正式成立,该公约自签署以来,虽然修订数十次,但其"和平与共同利用航空运输资源"的基本宗旨没有改变。1992年9月召开的国际民航组织第29届大会做出决议,自芝加哥公约签署50周年的1994年起,将每年的12月7日定为"国际民航日"。1974年2月15日,中华人民共和国政府函告国际民航组织,承认

1944 年 12 月 9 日当时的中国政府签署并于 1946 年 2 月 20 日交存批准书的该公约,同时决定参加国际民用航空组织的活动。该公约自 1997 年 7 月 1 日、1999 年 12 月 20 日起分别适用于中国香港、澳门特别行政区。

图 2-1　国际民航组织图标

该公约分为二十章,共计九十六条,不含附件。

该公约订立之日虽然航空搜救手段还没有产生,但已经为航空搜救手段的介入提供了可行性的法理支撑。其中,公约中第二十五条明确约定:缔约各国承允对在其领土内遇险的航空器,在其认为可行的情况下,采取援助措施,并在本国当局管制下准许该航空器所有人或该航空器登记国的当局采取情况所需的援助措施。缔约各国搜寻失踪的航空器时,应按照本公约建议的各种协同措施方面进行合作。为此,专门制定了《搜索与救助》作为该公约的附件 12,并于 1951 年 3 月 1 日起执行。关于搜救的国际合作,该附件第 3 章明确规定:在开展搜救工作的过程中,各缔约国之间需要密切合作、各缔约国各部门之间应相互配合、搜救协调中心及分中心之间也应做到信息共享,从而使参与搜救行动的各方力量能够最大限度地发挥搜救能力,提高搜救效率。具体来说包括以下几个方面:①要求缔约国在其领土之内和公海设立、维持和运行搜救服务;②要求缔约国公布和散发所有必要资料,并对核对和公布搜救服务所需资料的要求做出具体规定,以便于其他国家的搜救力量能够在其领土实施快速有效的救援;③建议具有航空器事故调查资格的人员陪同搜救单元共同实施搜救行动,以便于事故的调查;④航空器遇险后需按照事先确定的一套程序通知航空器所有人、登记过、有关的空中交通服务单位、临近的救助协调中心(RCC)和有关的事故调查单位,制定并开展搜救计划,并具体协调实施;⑤对涉及两个或两个以上 RCC 的情况下,终止或暂停搜救工作的程序进行了具体规定。以上基本规定为缔约国在一定搜救机制的基础上有效参与搜救行动奠定了法律基础。2014 年的马航事故搜救就是根据附件 12 的规定实施的搜救行动。

二、《国际红十字与红新月运动各组成部分国际活动组织协议》

红十字国际委员会开展的工作是基于 1949 年日内瓦公约及其附加议定书、国际红十字与红新月运动章程以及红十字与红新月国际大会决议。红十字国际委员会是独立和中立的组织,致力于为战争和武装暴力受害者提供人道保护和援助。该组织采取行动应对紧急情况,并努力促进对国际人道法的遵守及其在国内法中的实施。

在红十字国际委员会的倡议下,各国在 1864 年通过了首部日内瓦公约。自那时起,红十字国际委员会在整个国际红十字与红新月运动(以下简称为该运动)的支持下,不断敦促各国政府修订国际人道法来应对局势的变化发展,尤其是作战方法和手段的现代发展,以便为冲突受难者提供更有效的保护和援助。如今,1949 年日内瓦四公约对所有国家都具有约束力,这些公约努力在武装冲突时期保护武装部队中的伤者病者及遇船难者、战俘和平民。目前已有超过四分之三的国家成为了 1977 年两部附加议定书的缔约国。

在行动方面,1997 年 11 月 26 日该运动在塞维利亚通过了《国际红十字与红新月运动各组成部分国际活动组织协议》简称《塞维利亚协议》,厘清各组成部分在不同局势中的作用和责任。"主导作用"概念旨在通过加强合作并消除工作重叠和重复来将该运动影响力发挥到最大。该协议明确了进行国际性的医疗救护行动所应遵守的基本道德原则和法律义务,明确了国际救援行动的组织原则和协调方法,突出了国际红十字会和红新月会在进行国际救援中的职能与合作。该协议分为四章,共计十一条,在救援方式上,没有限制搜索领域为陆地、海洋还是天空,因此,该协议的适用范围也包括航空搜救领域,图 2-2 是红十字国际委员会实施直升机救援工作。

国际红十字与红新月运动是全球最大的人道工作网络。该运动的使命是减轻人类苦难,保护人的生命和健康,并尊重人的尊严,尤其是在武装冲突和其他紧急局势中。该运动在全球每个国家都积极开展工作并得到了数百万名志愿者的支持。

图 2-2 红十字国际委员会实施直升机救援工作

国际红十字与红新月运动致力于在武装冲突以及流行病疫情、洪水和地震等紧急局势中预防和减轻人类苦难。这不是一个单一机构。它是由红十字国际委员会、红十字会与红新月会国际联合会以及 192 个国家红十字会构成的。每个组成部分都有各自独立的法律地位并发挥着不同的作用,但都紧密团结在七项基本原则之下。这七项基本原则包括人道、公正、中立、独立、志愿服务、统一和普遍。该运动的每个组成部分都尽力尊重和维护这些原则。

三、海上搜救相关公约

由于海上搜救相对复杂、时效性要求高、救助难度大,为使海上搜救国际合作能够顺利有效地展开,有关国家应在共同利益基础上遵守相关国际法,凭借现有的法规对搜救合作进行规制,因此各国在海上搜救领域进行的协作和相关的公约相对较多。例如,早在《日内瓦公海公约》(1958 年)中就鼓励每个沿海国与邻国就促进建立和维护足够有效的搜救设施开展相互的区域性合作,有关的国际公约、区域性多边协议等都对海上搜救国际合作做出了相应规定,目前我国加入的有关海上搜救国际公约主要有《国际海上人命安全公约》《国际海上搜寻救助公约》《联合国海洋法公约》等,如表 2-1 所示。

表 2-1　我国加入搜救相关公约的情况

序　号	公约名称	公约内容	中国加入/生效时间
1	《国际海上人命安全公约》	缔约国共同制定统一原则和有关规则,增进海上人命安全及其合作	1980 年 1 月 7 日/1980 年 5 月 25 日
2	《国际海上搜寻救助公约》	鼓励缔约国与邻国签订海上应急搜救协定等,建立搜救合作关系	1985 年 6 月 24 日/1985 年 7 月 24 日
3	《联合国海洋法公约》	缔约国本着互相谅解与合作精神解决与海洋法有关的一切问题	1996 年 5 月 15 日批准
4	《国际救助公约》	缔约国可为拯救处于危险中的生命或财产等开展合作	1994 年 3 月 30 日/1996 年 7 月 14 日
5	《国际民用航空公约》	有关国际民用航空在政治、经济、技术、搜救等方面及其合作问题	1974 年 2 月 15 日

(一)《国际海上搜寻救助公约》

国际海事组织于 1979 年 4 月 9 日至 27 日,在汉堡召开的国际海上搜寻救助大会反复协商的基础上,通过了《国际海上搜寻救助公约》(International Convention on Maritime Search and Rescue,1979)。该公约是以搜寻救助海上遇险人员开展国际合作而签订的公约,会议强调发扬人道主义,商定在缔约国本国法律许可的情况下,应批准其他缔约国的救助单位,为搜寻发生海难的遇险人员,可以立即进入或越过其领海或领土。该公约自 1985 年 6 月 22 日起生效,是首个针对海上搜救操作及其国际合作而建立的最全面的专门公约。该公约旨在创建一个用以保证搜救行动效率和安全性的国际协调系统,其主要目的是通过制定一个国际搜救计划使搜救程序标准化,以便于各缔约国政府及其搜救机构之间的协调和联络,保证所有参加搜救的单位能够有效地开展合作,规定各缔约国应尽快完善搜救机构、建立救助协调中心和救助分中心、划定搜救区域、制订搜救行动程序和通信联络程序,并建议在负责的搜救区域内建立船舶报告制度,要加强各缔约国之间的合作及海、空搜救服务部门之间的合作,以便对海上遇险人员提供搜救服务。截至 1995 年 1 月 1 日,共有 50 个缔约国,我国于 1985 年 6 月 24 日批准此公约,自 1985 年 7 月 24 日对我国生效。作为公约的缔约国,我国按要求成立了中国海上搜救中心,负责全国海上遇险人员、船舶和设施的搜寻救助工作的协调和组织指挥。

该公约宗旨是:为对海上遇难者进行迅速有效的救助,沿岸国家在本国责任海域内负有搜救责任;同时为开展恰当的搜救业务,各有关国家间应就海难救助活动进行协调,建立世界性海难救助体制。因此该公约一开始就强调:认识到在不同政府组织海上及海空安全进行协调活动的需要,期望通过制定适应海上救助遇险人员需要的国际海上搜救规划来发展和促进这些活动。在此目的的促进下,缔约国应首先确保安排足够的搜救服务用以保障自己所负责水域的安全,再鼓励各缔约国积极和邻国订立专门的搜救合作协议,更深入的构建特别的合作区域,建立共同搜救程序,以达到设施分享与培训联络等协作,保证海面与空中单位间搜救合作的有效开展。

(二)《国际海上人命安全公约》

考虑到《国际海上人命安全公约》(1960 年)缔结以来的发展情况,缔约国一致认为需要缔结新的原则以代替 1960 年的国际公约,此原则可以更好地达到“增进海上人命安全”这一目的。因此在 1974 年 10 月至 11 月,继 1914 年、1929 年、1948 年和 1960 年公约后,国际海事组织在伦敦召开的安全公约外交大会上通过了《国际海上人命安全公约》(1974 年)(International Convention for Safety of Life at Sea, SOLAS)。该公约是各缔约国政府共同制订的统一原则和有关的规则,旨在增进海上人命安全。

事实上,随着人们对海上安全认识的逐步深入,该公约通过后一直处在不断修订和补充中:自 1978 年至 1992 年又通过了 1978 年议定书(主要修改对液体货船技术要求)和 1988 年议定书(协调与相关公约的检验制度)以及 17 次修正案;1994 年在缔约国大会上,又决定在公约附则中新增“船舶安全营运管理”等 3 章内容,首次改变了公约原来主要是技术要求的常规,提出了对航运公司和船舶在安全和防止污染方面的管理要求。其最新版本是 2013 年修正案并于 2015 年 1 月 1 日生效。关于海上搜救国际合作的问题,该公约强调不论遇险人员的国籍或状况,各缔约国都有对其提供救助的义务,并强制要求政府间进行相互协作和合作以协助遇险人员转移到安全地带。为此,该公约做出了如下主要规定:①在收到遇险信号时必须以全速驶向遇险者并提供援助;②缔约国应允许遇难船进港;③各缔约国政府间应建立搜救信息共享多边协议,以便于提供各自现有救助设施及计划信息用于交换。

该公约共有 13 条,一个附则和一个附录,内容包括各缔约国所属适用公约的船舶,应经各该国政府主管机关或者其授权的机构或人员检查,符合技术标准,取得合格证书后才能从事国际航行;船舶在其他缔约国港口时,应接受港口国政府正式授权的官员监督。

(三)《联合国海洋法公约》

《联合国海洋法公约》(United Nations Convention on the Law of the Sea)指联合国

曾召开的三次海洋法会议,以及1982年第三次会议决议通过的海洋法公约(Law of the Sea Conuention,LOSC)。在中文语境中,"海洋法公约"一般是指1982年的决议条文,该公约相当于世界的海洋宪章。该公约关于海上搜救国际的合作做出了如下规定:①各缔约方必须保证提供在其海岸附近的海上遇险人员以及适当的搜救所需的必要安排,确保对每一个海上遇险人员提供救助,不论遇险人员具有何种国籍和地位,也不论其被发现时处于何种状况;②每个沿海国应促进有关海上和上空安全的、充足的、有效的搜救服务的建立、经营和维护,并在情况需要时进行区域性合作;③为救助遇险或遇难人员的船只可在他国领海停船或下锚;④对海域的划分不影响沿海国进行遇险人员的搜救行动。上述规定充分体现了该公约鼓励海上搜救合作的基本基调。

(四)《国际救助公约》

国际救助公约是指1989年国际海事组织在伦敦召开的国际救助会议上审议通过的对处于危险中的船舶及海上设施进行有效救助的国际公约。在对《统一船舶碰撞某些法律规定的国际公约》(1910年)相关内容进行审议修订基础上形成,与1910年公约相比,扩大了救助标的及适用范围。该公约强调,在对诸如允许遇难船舶进港向救助人提供便利等有关救助作业的事项作出规定或决定时,缔约国应考虑救助人、其他利益方同当局之间合作的需要,以保证拯救处于危险中的生命财产以及为防止对总体环境造成危害而进行的救助作业得以有效、成功的实施。

四、《国际 COSPAS 搜寻与援救卫星计划的协定》

鉴于国际海事组织为建立全球海上遇险和安全系统所进行的努力,苏联、美国加拿大和法国认识到为海上、空中和陆上遇险和安全提供报警和测位服务的全球卫星系统对于搜救的有效进行是非常重要的。以1974年11月1日订于伦敦的《国际海上人命安全公约》、1976年9月3日订于伦敦的《国际海事卫星组织公约和业务协定》、1979年4月27日订于汉堡的《国际海上搜寻救助公约》以及国际民航组织和国际电信联盟在各自领域的职责为基础,结合1967年1月27日制订的《关于各国探索和利用包括月球和其他天体在内的外层空间活动的原则条约》的规定和关于利用外层空间的其他多边协定,于1984年10月5日签订了《国际COSPAS搜寻与援救卫星计划的协定》,并于1985年7月8日生效。自此开始全球卫星搜救系统COSPAS - SARSAT在航空搜救领域得以成功运用,使得该公约成为航海、航空搜救有关的专门公约之一,它明确了为搜救工作提供长期的报警和测位服务,所有国家都可以公平地使用该系统,并免收遇险终端用户的费用。该公约明确了无线电信标可在遇险中启动并可在406 MHz或121.5 MHz频率上发射无线电信号,其特性符合国际电信联盟的有关规定和COSPAS - SARSAT系统的规范。这就使原来各个国家独立使用的航空、航海搜救的通信频段得以统一,极大提高了救援的一致性,降低了救援的成本。

COSPAS - SARSAT全球卫星搜救系统采用由近地轨道卫星(LEOSAR)、中轨道卫星(MEOSAR)和静止轨道卫星(GEOSAR)组成的网络,如图2-2所示,该系统还包括地面接收站和控制与协调中心。其任务在于提供准确可靠的求救信号和定位数据,协助搜寻和救援机构援救遇险人员。COSPAS-SARSAT 全球卫星搜救系统自 1985 年开始运作以来,已经拯救了 26 000 多人的生命。海上、空中和陆地的救援行动包含警报、定位和救援三个步骤。此前,警报和定位使用的都是 121.5 MHz 的模拟频率。直至 2009 年,COSPAS-SARSAT 全球卫星搜救系统决定逐步停止接收 121.5 MHz 频率,而仅使用 406 MHz 的数字频率触发警报。这种数字频率的安全性能更高,传递信息更为全面,也减少了发送错误警报的次数。尽管如此,地面、海上航船和空中飞行器仍可继续接收 121.5 MHz 频率,这一频率仍是用于定位遇险人员最有效可靠的系统。因此,求救无线电信标应为双频系统,方可确保精准定位。

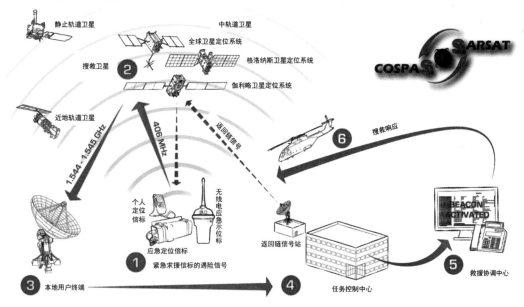

图 2-3 COSPAS-SARSAT 全球卫星搜救系统架构

自我国加入国际搜救卫星组织以后,交通运输部始终关注着全球卫星搜救系统的技术发展。1991 年,北京全球卫星搜救系统为我国建设的"全球海上遇险与安全系统工程"的一个子系统(以下简称北京系统),开始了项目建设工作,并于 1998 年 1 月 26 日顺利通过了国际组织的入网测试,进入全功能运行状态。同时,我国在国际搜救卫星组织的身份变更为"地面设备提供国"。全部设备现安装在北京交通部办公大楼内。北京系统建成后,在我国的版图上实际已建有三套全球卫星搜救系统:①北京系统的服务区覆盖了除台湾以外的我国所有陆地疆土和绝大部分的海域;②香港在北京之前就建有系统,目前由香港特别行政区海事处负责运行和管理,其服务区涵盖了北京系统无法实时覆盖的我国南部海域和岛屿;③台湾的系统建设几乎与北京同步,目前由台湾民航部门管理,其在国际组织的名称是国际电信开发公司。其服务区覆盖了全部台湾岛和环岛的周边海域。北京系统设备选用了当时国际上先进的、高性能 HP-9000 系列服务器和工作站。LUT 采用了冗余备份结构,可以同时对两颗卫星分别进行跟踪,并由数据信号处理器对卫星下行信号中的 121.5 MHz,243 MHz 和 406 MHz 信号进行实时处理;同时还可以对

406 MHz 信号进行延时处理。任务控制中心(Mission Control Centre,MCC)采用主/备双机结构运行,目前通过 X.25 分组交换、AFTN 航空专用通信网、Telex 电传和 FAX 传真等四种接口,与国际通信网连接。按照国际组织编制的数据分布计划,各 MCC 之间实时交换定位数据和卫星轨道参数等信息。四种通信接口依据可靠程度设有优先等级,互为备份,确保系统通信畅通。当北京 MCC 从自己的 LUT 或其他 MCC 收到报警数据后,首先判定示位标报警的位置是否在自己的服务区内。若在服务区内,则立刻将报警位置和遇险示位标的登记信息,通知国家海事局;若报警位置在服务区以外,则通过西北太平洋区的节点 MCC(日本 MCC),将数据传送给相关的国家。

第二节　国际及区域间通用搜救体系

为帮助国际及区域间航空搜救行动快速、有效地实施,履行《国际海上人命安全公约》《国际海上搜寻救助公约》及《国际民用航空公约》所规定的义务,鼓励国际发展和改进相关搜寻救助服务,加强与邻国间的搜救合作深度,1998 年国际民用航空组织(Internationd Ciuil Auiation Organization,ICAO)和国际海事组织(International Maritime Organization,IMO)在其指导性文件《国际航空和海上搜寻救助手册》中详细论述了全球搜救的概念,介绍了国家和区域间搜救系统的建设与改进方式,为建立全球统一的搜救系统提供了基本框架系统和具体实施策略。

一、搜救体系的构成与功能

国际民航组织(ICAO)和国际海事组织(IMO)在 1998 年提出的这个搜救体系(以下简称全球搜救体系)旨在增进两个国际组织之间、相关国家之间、航空和海事主管当局之间的合作,打通这些合作之间的协调障碍,目标是帮助各国、各主管部门建立经济高效的搜救服务,促进航空和海上搜救行动的协调,保证遇险人员不论位置、国籍或周围环境,都能够获得及时的救助保障,提升各国和部门间航空和海上搜救行动的协调性和一致性。同其他系统一样,全球搜救体系也有自己的组成部分,这些组成部分必须有效协同才能提供全面的搜救服务。建立一个搜救系统一般包括设立一个或多个搜寻救助区,每个搜救区都要有接收警报、进行协调以及提供搜救服务的能力,一般情况下一个搜救区应对应一个搜救协调中心(Rescue Coordination Centre,RCC)。出于航空专业的考虑,搜寻救助区通常与飞行情报区(Flight Information Region,FIRs)一致。从操作上看,全球的搜救体系依赖于各国政府建立的搜救系统,并在此基础上将各国所提供的搜救服务同其他国家结合,从而形成一个统一的整体,进而实现全球的搜救服务。

一般来说,每个搜救区域都有着各自独有的交通运输、气候、地形和自然条件等特征。每个因素都会对各自搜救区域的搜救行动带来不同的问题。这些因素将会直接影响搜救体系对服务、设施、设备和人员等方面不同的选择和构成。图 2 - 4 为搜救体系的构成,具体包括:①通信,包括搜救区域内的通信和搜救平台之间的通信;②搜救协调中心(RCC),主要提供协调搜救服务;③搜救分中心(Rescue Sub - Centre,RSC),一个或多个在本搜救区域内支持搜救协调中心的 RSC;④搜救设施,包括拥有专门设备和专业人员的搜救单元或平台,也包括其他可以执行搜救行动的其他资源;⑤现场协调人(On Scene Coordinator,OSC),负责协调搜救现场所有参与搜救行动的平台和设施;⑥支持设施,为搜救行动提供服务保障的一切设施。

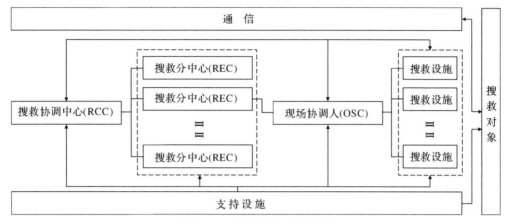

图 2-4　搜救体系的构成

二、搜救通信系统

良好的通信能力能够迅速向搜救协调中心提供报警信息,使搜救协调中心能够及时地将搜救单元及其他资源调集到搜救区域,并保持同搜救对象之间的双向联系。

(一)系统职能

一般来讲,搜救通信系统的主要职能包括:接收来自搜救对象的报警信息;与搜救对象进行必需的交流,使参加搜救任务的协调员、现场协调员和搜救设施间能够协调搜救工作;测向和引航,是搜救单元能够迅速准确地到达搜救地域,并对搜救对象所有的设备发出的信号进行引航。

(二)报警台

报警台是所有可以接受有关遇险情况并将其转发到搜救协调中心或搜救分中心的设施的统称,它包括空中交通服务(Air Traffic Control Service,ATS)和海岸电台(Coastal Radio Station,CRS)等设施,也就是说报警台仅仅是对具备相应功能的设备的统称,并不是指特定设施。通信功能可以是其主要功能,也可以不是,只要能够将搜救对象信息传递到搜救协调中心即可。搜救组织和搜救对象之间的通信通过报警台的模式实现,搜救组织可通过报警台获得已经发生或可能发生的搜救需求。实际上报警台就是指将搜救警报转发到搜救协调中心(RCC)或搜救分中心(RSC)的设施。报警台在收到相关信息后应立刻将信息通报搜救协调中心或搜救分中心,由中心决定采取何种反应。而搜救协调中心或搜救分中心可依托自身的通信设施或其他机构的通信设施转发警报,并进行航空搜救行动的反应通信。当应急救援需求发生时,搜救协调中心迅速、高效的反应能力很大程度上取决于报警台转发给它的信息的准确性和全面性。报警台和搜救协调中心、搜救分中心或当地搜救单元之间也必须建立快速、可靠的通信,通信方式可以是专线、无线电话、无线电报或其他方式的语音或数字通信等,但无论是何种方式,通信渠道应定期进行检测。其最佳的状态应该是在无人值守情况下,警报数据可以通过遇险等级的判断策略由专用的通信线路自动发送到相关的搜救协调中心或搜救分中心值班机构。

(三)搜索定位

定位能力能够减少搜救设施的搜寻时间,从而尽快到达搜救对象的准确位置为之提供救援服务,对于航空器和船舶必须配备的设备种类必须满足国际通行的基本要求:①要求大多数民用越洋飞行或远距离陆上飞行的航空器,以及其他航空器应配置应急示位发信机(Emergency Locator Transmitter,ELT),用于搜救的航空器必须能够跟踪应急示位发信机(ELT)的信号,以确定搜救对象的位置;② 要求参与搜救的船舶、航空器或潜水器装备具有信号发射能力的紧急(应急)无线电示位标(Emergency Position Indicating Radio Beacon,EPIRB),其信号的作用是用于指示存在险情并协助确定搜救对象的位置。

之所以有这样的要求是因为精确获悉遇险对象的位置是非常有用的,虽然航空搜救侦查范围广、到达迅速、救援效率高,但在夜间或者能见度不良的情况下,由于飞行高度高,通过肉眼很难搜索到没有地空联络装备的地面人员,由于滞空时间和人员生存能力的限制,如果不能在短时间内发现遇险人员则很容易造成搜救行动失败。正是由于位置信息的重要性,应在搜救责任区(Search and Rescue Region,SRR)内提供测向站、航空器监视系统和船舶交管系统等多种适当的定位方法,尤其要重视全球卫星搜救系统、应急无线电示位标和应急示位发信机最初提供的报警信息,这些信息既可以提供真实位置信息,也可以提供图像位置信息。

(四)搜救协调

搜救设施之间的通信取决于本地协议和搜救责任区内搜救服务的组织,同时也取决于设备状况。搜救协调中心(RCC)和搜救分中心(RSC)可以直接处理与移动设施之间的通信,或者通过相关的报警台处理。在理想情况下,与报警台或搜救系统中其他部分的通信,包括搜救协调中心(RCC)成员之间的国际通信应该是可靠的,要么是专线,要么应保留信息的优先级或有限处理。搜救协调中心(RCC)一般指定搜救任务协调员(SAR Mission Coordinator,SMC),来处理搜救任务,搜救任务协调员(SMC)可以特定专用线路与现场协调人(OSC)进行协调,并与各种现场设施间保持通信联系。

搜救协调中心(RCC)和搜救分中心(RSC)之间的通信应尽可能及时可靠,并足以满足最坏情况下的通信需求。搜救人员在任务实施过程中应获得国家的授权,使其能够对来自搜救协调中心(RCC)和搜救分中心(RSC)的搜救需求做出直接反应,而不需要外交途径反馈。

(五)现场协同

搜救单元(Search and Rescue Unit,SRU)和现场协调人(OSC)之间使用现场频道进行协同。搜救任务协调员应根据各搜救单元(SRU)所携带的设备指定一个可以供所有搜救单元(SRU)使用的现场通信频道。当参与搜救行动的航空、水面、地面设施之间需要一个现场无线电频率进行通信时,可以使用遇险和现场频率。被指定在海区进行搜救的航空器必须配备能在搜救行动中同船舶进行通信的频率。

三、搜救协调中心

(一)功能及要求

搜救协调中心(RCC)是一种运行机构,是提高搜寻救助服务质量的组织者并对搜寻救助责任区内搜寻救助行动的实施进行协调。救助协调中心(RCC)主要是负责国际民用航空组织(ICAO)的地区空中导航计划(Regional Air Navigation Plan,RANP)或国际海事组织(IMO)的全球搜寻救助计划中所述的国际公认的搜寻救助区内的救助设施协调工作,而提供搜寻救助设施的义务。航空搜救责任可以由航空搜救协调中心(Aeronautical Rescue Coordination Centre,ARCC)承担。负有海洋搜救义务的国家可由其海上搜救协调中心(Maritime Rescue Coordination Centre,MRCC)承担搜救责任。

如果可行,各国也可以将他们的搜救资源整合成一个联合搜救协调中心(Joint Rescue Coordination Centre,JRCC),负责航空和海上搜救,或者将海上搜救协调中心和航空搜救协调中心合并为单一机构。这种海空联合搜救协调中心(JRCC)的模式可以显著降低组织运行的开销,一方面可以建设和维护适量的设施,提高设施利用率;另一方面可以减少报警信息的交叉传递,降低警报响应判断复杂性;最后还能够更好地利用海空救援设备、装备和人员,发挥其最佳救援效益。同时,如果相关各国间能够达成协议,不一定要建立单属于自己国家搜救协调中心(RCC),可以由主要国家或多个国家建立一个共同运作的搜救协调中心(RCC),其他国家或参与国家可以根据实际情况以一个或多个搜救分中心(RSC)的模式参与。搜救协调中心(RCC)的人员配备可以由中心各主管机关或多个机构联合确定,管理人员应熟练掌握所负责搜救区域内现有的所有救助设施的性能。

搜救协调中心(RCC)必须具有一定的基本能力才能列入国际民用航空组织(ICAO)地区空中导航计划(RANP)或国际海事组织全球搜救计划(IMO GLOBAL SAR PLAN)中从而确定其对某个搜救责任区所担负的基本责任。当能力和资源允许时,可以增加一些额外的或更加完善的职能,即"必须职能"和"期望职能"。

(1)必须职能:①24 小时值班;②训练有素的人员;③具有英语工作能力的人员;④适用于该搜救责任区的(航空、航海、地形和水道)图表;⑤标绘手段;⑥接收遇险报警的能力;⑦能与相关单元进行即时通信的能力。

(2)期望职能:①标明搜救责任区、搜救分区和相邻搜救区、搜救资源的挂图;②计算机资源;③数据库。

(二)设施和设备

在搜救区域内搜救协调中心(RRC)应设置在能够有效执行其职能的地方。搜救协调中心(RCC)可以利用现有设施中合适的场所设置。通常,负责通信、国防、执法、空中和海上服务或者其他任务的机构都拥有一个业务中心,这个中心也可以随时被改造兼做搜救协调中心(RCC)使用。这些中心即使不是专用于搜救工作的,只要中心及其工作人员符合搜救的要求,也可以在执行其他职能的同时,用作搜救协调中心(RCC)用于开展组织协调与管理搜救任务。

这种中心可以安排现有的设备和训练有相关经验的人员组建,当然也有可能需要额外的人员和空间,这主要取决于可能面对的搜救次数和任务的复杂性。为了最大限度地降低对额外通信设备的需求,搜救协调中心(RCC)也可以设置在设备良好的其他中心附近,例如飞行情报中心(FIC)或区域控制中心(Area Control Center,ACC)。除了通信设施和一般的办公设备外,还需要配备绘图室、标绘有搜救协调中心(RCC)责任区域及其邻近区域的图表和档案室。除此之外,各种技术的运用可以改善搜救协调中心(RCC)的能力并影响对人员配置和培训的需求。如不能成立海空联合搜救协调中心(JRCC)时,航空搜救中心(ARCC)和海上搜救中心(MRCC)仍然能够进行相互间的信息交流和人员上的支持。他们之间直接的、密切的合作也可降低费用,加强协调并确保资源的有效使用。

(三)人员配备

搜救协调中心承担管理和运行双重职能。管理职能负责维护救助中心(RCC)处于连续的待命状态。对于搜救行动较少的区域,这些职责可由搜救协调中心(RCC)负责人或者兼职的搜救值班员履行。运行职责则是负责有效地实施搜救行动或开展搜救演习,因此具有一定的临时性。运行职责由搜救任务协调员负责,也可由搜救协调中心负责人或者其他训练有素的搜救协调中心职员担负。如果搜救行动使用来自军队、警察或者消防等单位的设施,可能需要这些单位的人员参与协调,以方便这些单位设备的使用。

1. RCC 负责人

RCC 负责人可能也负责其他工作,在搜救协调中心、空中交通服务(Air Traffic Control Service,ATS)或者其他类似的运行中心联合设立时,通常都是这些设施的负责人来承担 RCC 的责任。在这种情况下,应任命另外一个人负责 RCC 的日常管理。RCC 负责人必须制定适合的预案、计划和安排,同时监督 RCC 的日常运转,保证当事件发生时,能够迅速地按照预案采取相应的搜救行动。

2. RCC 职员

RCC 职员主要由能够制定计划和搜救行动的人员构成。如果 RCC 职员还能承担搜救之外的工作,在确定人员配备需求时,应考虑附加的职能。需要的人员数量应根据当地的需要、交通密度、季节条件、气象条件和搜救责任区(Search and Rescue Rogim,SRR)的其他条件而有所不同。RCC 必须处于连续的待命状态,如果 RCC 不能保证连续值班,就必须采取一定的预防措施,以便可以迅速调动备份的 RCC 职员。

3. 搜救任务协调员

每一次具体的搜救行动都应指定一个搜救任务协调员。这是一项临时性职能,可由 RCC 负责人或者其他指定的搜救值班员承担,并由足够的人员辅助完成。一次搜救行动可能持续很长时间,在此期间该搜救任务协调员将一直负责该搜救行动的实施,直至完成搜救任务或者确认任何努力都不会再有结果为止。RCC 的实施计划应给予搜救任务协调员增加任何可用装备、人员，以及接受或反对相关建议的权利。搜救任务协调员负责制定搜寻计划，并负责各搜救单元的行动协调。搜救任务协调员通常不参加搜救行动的现场执行工作，其数量取决于以下几个方面：①RCC 以外可能需要协调的行动；②搜救事件的预期发生频率；③区域大小和当时的环境；④休假、培训、疾病等可能的人员轮换。

（四）培训及资格认定

培训及经验对人员做出正确的搜救决策和反应至关重要。RCC 负责人、搜救任务协调员（Search amd Rescue Coordinator，SMC）和 RCC 职员在值守、协调不同的搜救设施，制定搜救计划方面需要进行特殊的培训。搜救管理人员需要对上述培训进行精心设计，从而确保培训针对性强，人员在经过培训后能够具备履行职责的基本能力。通常 RCC 负责人是所有搜救人员达到和保持基本能力的第一责任人。

培训本身只能提供基本的知识和技能，资格认证和考试发证过程用于确保获得足够的经验，成熟程度和判断力。资格认证过程中，个人必须能够表现出能够承担自己岗位工作的心理上和生理上的能力。认证机构通过一定的过程和考核对参与认证的个人能力进行认可后，才能进行相应的资格认定。

（五）行动计划

各 RCC 负责制定其 SRR 内的综合搜救实施计划，以及相邻 SRR 的协作搜救计划。这些计划应覆盖整个 SRR，并建立在搜救服务机构和设施的提供者或其他搜救行动支持者达成协议的基础上，对时间紧迫的搜寻计划编制和搜救协调过程可以起到很有价值的辅助作用。这些计划都应满足一下需求：达到有关国际搜救手册要求；覆盖所有 SRR 内可能发生的紧急情况；定期的评估和更新；具有简便易用的形式。

（六）搜寻救助责任区

SRR 是对应于某一 RCC 划定范围的区域，RCC 在该区域内提供搜救服务。国际民用航空组织的地区空中导航计划规定了世界上大多数地区的 SRR，海上 SRR 公布在还是组织搜救计划中，可能与航空搜救责任区相同，也可能不同。设立 SRR 的目的是对于世界上每一个区域的遇险情况明确主要责任机构，并且能够及时地将遇险警报发送到匹配的 RCC。一个国家可能拥有分开的航空和海上 SRR，或者分开的位于不同大洋/海区的 SRR。

1. 影响 SRR 范围的因素

当建立或变更一个 SRR 时，各国应充分考虑每个 SRR 是全球的一部分，尽可能地建立一个最有效地系统。主要的考虑因素应包括：①责任区的大小和形状；②空中和水上交通的密度和模式；③搜救资源的可用性、机动性、可用性和分布情况；④通信网络的可靠性；⑤国家的能力、资格、承担义务的责任感等（涉及各个国家的 SRR）。

2. 航空搜救区域的划分

航空 SSR 通常与飞行情报区（FIR）是一致的。这是因为：①为 FIR 提供飞行信息服务的空中交通服务（ATS）是收集和传送有关航空器遇险信息的中心点，并协调搜救航空器和其他空中交通业务;②RCC 和空中交通服务单位之间的通告、协调和联络相对简明;③共享 RCC 和 ATS 的职员、设备和通信网络是节省开销的有效途径。需要注意的是高空飞行情报区(Upper-flight Information Region,UIR)一般不用于航空搜救区的划定,主要原因是:①搜救一般低空进行,必须与飞行情报区内的其他交通设施进行协调;②用于搜救的 ATS 通信设施,特别是空地设施,更适合于 FIR 而不是 UIR。

3. SRR 划定的参考原则

经验表明,在大多数区域,统一的航空和海上 SRR 在搜救操作上有着一定的优势,这样某一地理位置的遇险警报不需要进行海空区分,警报传递效率更高。同时,为了提高搜救效率,相邻国家间应该在 SRR 划分时寻求一致,以加强协调和避免重复。而且为便于操作,如果可能,SRR 的界限最好是直线,并按照确定好的地理位置从南到北或从东到西划定,这样 SRR 的界限清晰、连续且不易重叠。需要注意的是,SRR 的划定与任何国家的边界无关,同时也不应损害边界的划定。SRR 的设立仅仅是为了保证在该区域内的搜救协调工作由指定的国家承担。SRR 的界限也不应成为对遇险人员实施搜救的障碍,无论险情发生在何时何地,搜救机构内的任何设施都应对所有的险情做出力所能及的反应。

4. SRR 设立与公布程序

SRR 根据国家之间的协议设立,当相关国家在设立或更改 SRR 边界能够提供更有效的搜救服务时,各国应该提出设立或更改的建议。相关国家根据他们之间正式或非正式的协议划分他们的 SRR 边界,然后根据这些 SRR 是航空方面的还是海事方面的,分别通知国际海事组织(IMO)和相应的国际民航组织(ICAO)。在履行了必要的程序后,这些信息就会在《国际海事组织搜寻救助计划》或相应的国际民用航空组织地区空中导航计划中公布。有时 SRR 界限会在国际海事组织搜寻救助工作组会议或国际民用航空组织的地区空中导航会议上临时决定,待日后再正式批准。

四、搜救分中心

当一个搜救协调中心不能对其 SRR 内某一地区的搜救设施进行直接有效的控制时,可以建立带有搜救分区(Search and Rescue Sub-region,SRS)的搜救分中心(RSC)。造成这种情况的因素主要有以下几个方面:①在 SRR 内的某一区域,通信设施不足以支撑 RCC 和搜救设施之间的协调;②SRR 包括几个国家或一个国家几个陆上的部门,由于政治或行管原因,不同设施只能由指定机构控制;③搜救行动由地区性的部门控制效率更高。在以上几种情况下,RCC 可以把部分或全部责任授权给一个 RSC,包括通信、指定搜寻计划和安排搜救设施等。RSC 可以具有和 RCC 同样的能力,行政管理越复杂,或者通信条件越差,就应该委派给 RSC 越大的职权。这样,RSC 对人员、装备和场所的需求将于 RCC 一样。但是,在一般情况下,RSC 的责任和能力应该比相应的 RCC 少,并且在人员、装备和场所方面的需求也较小。同样航空搜救分中心为搜救航空事故设立,海上搜救分中心为搜救海上事故设立。

五、搜救设施

(一)含义及基本配置

搜救设施包括用于搜救的平台单元和用于实施或支持搜救行动的其他资源。搜救单元是一个拥有训练有素的救生人员和能够快速有效实施搜救行动的装备平台的统称。搜救单元可以是路基、海基或者空基的设施。确定参与搜救的搜救单元应该能够快速到达事故现场,而且特别要具备以下一项或多项职能:①提供救援,防止事故进一步恶化或减少幸存者的痛苦;②对事故平台或人员进行搜寻;③向事故现场运送必需的补给品和救生装备;④为幸存者实施救助;⑤为人员提供食品、药品或其他必需品;⑥转运人员、装备和器材;等等。

具体来说,每个搜救单元应包括以下基本能力:①搜救单元必须具有和搜救任务协调员、现场协调人、其他搜救单元以及遇险人员进行迅速可靠的语音和数据通信手段;②搜救单元应能够进行快速的机动部署;③海空搜救设施应根据现场情况配备一定种类和数量的补给品和救生装备。水面和直升机搜救单元一般能直接给幸存者投送上述物品。若附近有合适的着陆区或现场满足空投要求,则固定翼航空器搜救单元也可以给幸存者投送补给品。补给品和救生设备的包装应适于运输,包装箱和包裹应结实,防水并能够漂浮于水面。包装上有醒目的颜色(见表 2-2)、并用包括英语在内的两种或两种以上语言、符号标明物品属性。所有的补给品和救生设备在使用时都要注意要适用于其所要使用的 SRR 环境。

表 2-2 应急包裹包装颜色对应物品属性表

序 号	颜色	物品属性
1	红色	医疗用品、急救设备
2	蓝色	食物和水
3	黄色	毯子和防护服
4	黑色	炉具、斧子、罗盘和炊具等杂项设备

(二)基本分类

1.指定搜救单元

对于一个稳定的搜救组织而言,可能都希望能够指定特定的设施作为其固定的搜救单元,以便于协调,且更利于向专业化方向发展。这些指定的搜救单元可直接隶属于搜救服务机构、国家机关或下属组织机构、非政府组织或志愿者组织。对于后者,应促成搜救服务机构和这些组织之间达成有关协议。搜救单元不必只为搜救需求服务,但是为了熟悉搜救作业任务、保障搜救人员安全、提高搜救效率,应该进行专门的培训、配备专业的设施设备。

2.专业搜救单元

专业搜救单元的人员经过特殊的训练、平台配备专用的搜救设备,用于应对特定搜救任务的专业队伍,例如,山地、沙漠、丛林、水上和海上救助等。搜救服务机构和这些组织应建立相关协议,以便于及时提供服务,提高搜救效率。

3. 其他搜救设施

在建立搜救服务时,各国可以尽可能利用一切现有的设施为搜救服务提供各类服务保障。许多并不是为搜救目的而建设的设施和人员往往在略加改造、添加装备或简单培训后,便可用于搜救任务。这方面的例子包括:①向志愿者和辅助组织传授瞭望搜索技术;②在渔船、游艇和其他舰艇上安装无线通信设备;③利用偏远的台站作为报警台。通过培训、加装一定必需的设备,并将其连入搜救系统中,就可以使其为搜救机构服务,这样不仅减少了对专业搜救单元的需求、节约了开销,也提高了搜救效率。

六、现场协调人(OSC)和航空器协调人

当两个或者更多的搜救设施执行同一搜救任务时,指派专人协调所有参与设施往往更有利于搜救行动的实施和确保搜救设施之间不会产生安全隐患。现场协调人一般由搜救任务协调员指定,他是现场参与搜寻的搜救单元、船舶或航空器的总负责人,或者附近设施中能够执行现场协调员职责的人员。在搜救任务协调员指派专人承担现场协调人职责之前,由第一批到达现场的搜救资源的负责人自动担负此职责。当现场协调人直接掌握险情和搜救需求,且无法和RCC建立通信联系时,现场协调人可以行使搜救任务协调员的职责,并实际筹划现场的搜救行动。考虑到搜救培训、通信能力和现场协调人所在设施可以在搜救区域停留的时间,现场协调人应该是现场最优的指挥人员,应尽量避免频繁更换协调人。鉴于航空器平台的视野优势,也可在航空搜救单元到达现场后,将现场协调人的职责交付航空器协调人,以便于有效协调陆、海、空搜救单元的搜救行动。

七、支持设施

支持设施是搜救系统能够有效运行,并提供高效可靠搜救服务的基础。没有支持资源,搜救体系就无法维持其基本功能,缺乏进一步完善和发展的潜力。一般认为服务和支持设施主要包括培训设施、通信设施、导航系统、搜救数据库、医疗援助、航空器起降场及志愿者服务机构等硬件设施,还包括设施维护、管理、研究和发展策略、预案计划、演习演练及硬件维护等软件设施。

除此之外,计算机资源作为支持设施提供的保障是最全面有效的。首先,可以较低成本获得大量的推断和数据存储能力。现代软件技术能够提供实用、价格低廉的计算、分析、数据存储、通信软件。普通的个人电脑就可以进行RCC的日常管理和搜救计划制定工作,甚至可以快速分析、搜救效果预测、环境数据收集研判等更复杂的工作。大多数数据库拥有快速访问、使用及数据汇总的能力,管理人员可以将其用于支持搜救系统的管理。RCC则可用其来制定搜救计划。而由学术团体、海洋组织、军事机构、气象部门维护的环境数据库则可以为风险预判、搜救力量预置、搜救计划制定提供基础信息。全球

卫星搜救系统也拥有包含基本搜救信息的登记数据库,这些数据库依赖于各国及时提供的数据和更正信息。其他数据库还包括国际移动卫星组织号码、船舶呼号、海上移动业务识别号码及船舶登记。这些数据库在工作时,应 24 h 随时为任何收到报警的 RCC 提供数据。

第三节　发达国家航空搜救体系

一、美国航空搜救体系

美国的民用航空救援是从在 1969 年通过军用直升机将休克的病人转运到创伤中心开始的,而其第一个以医院为中心的社会性质的医疗救援项目是 1972 年科罗拉州的"Fighting For Life"项目,当时仅有一架云雀直升机为丹佛市的圣安东尼医院提供航空救援服务。从 1972 年创建至今,形成了国家、民间及企业化的救援组织共同发展的特点。据统计,美国共有 3 000 多个县,拥有机场 19 990 个,其中 19 000 多个都可供通用航空飞机和直升机起降使用,几乎每个县都有自己的通航机场。经过几十年的发展,美国目前的航空搜救服务已经非常发达了,全美超过 124 000 名个人、35 000 个企业和几乎所有中心城市的警察局、大医院和电视台都配备有直升机,并有越来越多的高层建筑在屋顶设置了直升机停机坪,可用于救援的直升机已经有近万架。据不完全统计,美国每年要进行近 40 万架次直升机应急救援任务和大约 10 万次以上的固定翼飞机医疗转运任务,可见美国的航空搜救体系已经成为其救援体系中不可或缺的重要组成部分。作为世界上最早成立全国性航空救援体系的国家之一,目前美国依然拥有着世界上规模最大的航空救援组织。

美国航空搜救体系之所以取得如此瞩目的成就,一方面得益于其深厚的航空工业基础,另一方面也得益于其应急救援组织体系的有效指导。1956 年,美国颁布了《全国搜索救援计划》,该计划中将美国空军确定为其内陆地区的搜救执行机构,一旦出现航空搜救需求,由空军救援协调中心组织协调,在美国联邦政府和各州专业搜救力量和其他搜救机构的协助下,共同开展航空搜救行动。在该计划的指导下,美国的航空搜救体系在 20 世纪 70 年代前,美国的应急救援行动是由国家救援力量、地方政府救援力量和社会救援力量共同实施的,这种方式能够充分利用就近原则,进行快速的应急救援反应,在应对规模较小的自然灾害和人员救助时更为有效,是美国联邦体制下有效的救援方式,但在应对一些大型的灾害时就显得力不从心,逐渐暴露出其地域化的劣势。例如,1962 年,卡拉遭受暴风袭击;1965 年,贝迪斯遭受暴风袭击;1969 年,卡米尔遭受暴风袭击;1972 年,艾格尼斯遭受暴风袭击;1964 年,阿拉斯加发生大地震;1971 年,圣佛南多到南加利福尼亚地区发生地震。在遭受这些灾害时,国家很难从整体上把这些救援力量统一起来,因而导致应对危机的能力受到很大限制,在遭受重大灾害时本地力量往往无法提供有效的救援,外地力量又缺乏协同行动机制,救援效率往往大打折扣。

这主要由于对自然灾难、紧急事故和突发性事件的处理,涉及一百多个联邦政府机构。由于国家和地方的政策存在一些重复性的程序,因此使处理灾害的程序变得过于复杂。联邦政府决定精简灾害处理机构,使国家和地方政府对灾害进行集中处理。灾害事故的处理全权由联邦政府集中负责。于是在 1979 年,总统卡特将各个分散的灾害处理的联邦保险局、国家气象预报局、国家基础管理局的防备机构和国家住房与城市发展部的联邦防灾局等部门重新组合,将全国 100 多个联邦应急机构的职能进行统一、集中管理,成立了联邦紧急事务管理局(Federal Emergency Administration of the United Stat, FEMA)。在开始时,FEMA 是一个独立的、直接向总统负责的机构,下设国家应急反应队,由 16 个与搜救有关的联邦机构组成,实施搜救工作。联邦和州均设有搜救委员会,负责指挥和协调工作。FEMA 主要负责联邦政府对大型灾害的预防、监测、响应、救援和恢复工作。FEMA 在全国常设 10 个区域办公室和两个地区办公室,每个区域办公室针对几个州,直接帮助各州开展救灾和减灾工作。FEMA 组织建立和管理 28 支城市搜索与救援队,分布在美国 16 个州和华盛顿特区,其中有两支国际救援队。1992 年,美国出台了《美国联邦灾害紧急救援法案》,明确了灾害救援的原则、救援范围,规定了政府部门、军队、社会团体与公民应该承担的责任,并且确立了联邦政府与州、市等不同管理单元的权限,对于开展重大灾害的救援很有帮助。但在"9·11"事件后,美国政府为提升应对恐怖袭击的救援能力,于 2002 年成立了国土安全部。联邦紧急事务管理局由于其出色的应急救援能力和专业队伍,于 2003 年 3 月成为了美国国家安全部的直属部门,以保证对紧急情况迅速有效地做出反应,实施救援行动,从而使得美国应对社会危机的能力得到进一步增强。

在航空搜救领域,早在 1974 年,美国就制定了《斯坦福减灾和紧急救助法案》,该法案规定了 12 个领域的联邦应急计划,其中包括航空搜救领域。美国国会在 2000 年 10 月 30 日修订的《美国联邦灾难救济和突发事件救助法》第 34 条中规定,当遇到重大灾难时,总统可以命令所有联邦机构,无论有偿还是无偿,利用包括补给在内的各种资源来支援各州和地方政府的救援活动,其中也包括航空器。为了规范民用航空器的救灾工作,美国联邦航空局于 1998 年颁布了有关利用直升机和旋翼机开展救灾的咨询通告。该咨询通告对直升机和旋翼机救灾涉及的计划制定、通信方式、着陆区条件等作了规定,为参与救灾的各类航空活动提供了明确的指导。

在这种指导下,美国很多救援公司都得以进入该领域,航空医疗救援市场的竞争十分激烈,全国共有 300 余家专业的航空医疗救援公司。除 Air Methods 等几家大公司建立了全国性的网络外,其余大多为地区性公司。例如,面积为 5.8 万平方公里的佛罗里达州,就有 21 家专业的空中救护机构,这些救援组织有些是政府的消防、警察部门,有些依附于医院、教会,有些为独立的通航公司。这种结构使医疗救援市场竞争激烈,也促使企业不断加强安全和服务意识。目前美国约有 1 408 架专业航空医疗救援飞机,其中直升机 1 046 架,固定翼 362 架,年搜救飞行超过 70 万小时,救援 40 多万人次,共有 301 个救援中心,1 015 个救援点,覆盖全国 60% 的洲际公路网络,为全国 84.5% 的人口提供服务保障。美国空中救护每年的直接运营收入在 40 亿美元以上,这些费用的来源多元,主要有医疗保险(20%),商业保险(35%),另外的 45% 主要为政府提供部分资助,社会慈善捐赠和个人按需支付。除了商业化运作,非营利组织也扮演了重要角色。著名的民间空中巡逻队(Ciuil Air Patrol,CAP)就是非营利组织,90％的陆地搜寻的空中任务都是民间空中巡逻队执行的。

二、俄罗斯航空搜救体系

1991年4月17日俄罗斯发布总统令,成立"俄罗斯民防、紧急情况和消除自然灾害后果国家委员会",1994年1月由"委员会"改为"部",简称"国家紧急情况部"。俄罗斯紧急情况部建立之初规模并不大,其主要任务也就是发生自然灾害和重大生产事故时实施救援,后来,为了提高对重大灾害和突发事件的应急能力,俄罗斯紧急情况部的规模和任务不断扩大和发展,目前,俄紧急情况部主要由国家消防局、搜寻和救援局、民防部队和国家小型船只局四个基础部门组成,属于联邦执行权力机构,与国防部、内务部、联邦安全局和对外情报局组成俄政府五大强力部门之一,其部长是俄安全会议成员。紧急情况部内设11个职能司和11个局。11个司分别是业务管理司、紧急状态预警司、国土政策司、公民防护司、后勤装备司、基础设施发展司、组织机动司、干部政策司、国际活动司、行政法规司及财务经济司。11个局分别是军队和民防部队局、民防力量局、消防与专业消防部队管理局、国家消防监督局、水上目标乘客搜救局、航空及航空救援技术局、监察局、保护信息与保障搜救工作安全局、社会信息联系局、法律局及区域救助局。此外还有森林灭火委员会、抗洪救灾委员会、海洋河流盆地水下救灾委员会和营救执照管理委员会等协调机构。所以,俄罗斯是将航空搜救作为一个独立的、专业化的部门编入紧急情况部的,充分显示了俄罗斯作为疆域广阔的国家对航空搜救的高度重视。

俄罗斯的航空搜救主要是以紧急情况部为核心,其他有关部门配合组织实施的,紧急情况部下辖联邦紧急情况行动指挥中心,该中心内设民防与灾害管理研究所和救援培训中心,并在莫斯科、圣彼得堡、顿河罗斯托夫、萨马拉、叶卡塔琳娜堡、诺瓦西比斯克、契塔和卡巴洛夫斯克分设8个区域紧急情况行动指挥中心及8支专业救援队伍。地方的紧急救援管理机构按行政区域逐级分设,每个区域中心管理下属联邦主体紧急情况局,全俄罗斯形成了5级应急管理机构逐级负责的垂直管理模式,保证了紧急情况部有能力发挥中枢协调作用。这种近乎垂直的管理体制可以使国家体制内包括航空搜救资源在内的多种资源可以高度集中使用。作为俄罗斯政府中的强力部门之一,紧急情况部主要职责是在防范大规模战争攻击的同时,加强水灾、火灾和地震等自然灾害以及灾难性工业事故等人为灾害的紧急救援工作。该部是俄罗斯处理突发事件的组织核心,其主要任务是制定和落实国家在民防和应对突发事件方面的政策,实施一系列预防和消除灾害措施,对国内外受灾地区提供人道主义援助等活动。俄罗斯紧急情况部已成为国家专业化的救援救灾机构,它拥有在必要时调用本地资源和国家协调的权力,它可以通过总理办公室请求获得国防部或内务部队的支持。

救援力量建设方面,俄罗斯紧急情况部建立了许多专业化救援救灾机构,实行专业化救助的做法。俄罗斯紧急情况部有一个庞大的搜救队,专门负责发生灾害时的一般搜救工作,总人数近2万人,大多数队员同时掌握了多种专业技能,具有在水下、陆上和空中和任何复杂地理和气候条件下完成救助任务的本领和能力。2001 年还成立了 7 500 多人的"大学生搜救队",作为国家搜救队的后备力量,主要任务是保障大型活动的安全、在中小学进行搜救方面的实践和理论知识宣传。在消防方面,俄罗斯紧急情况部下设一支庞大的"俄罗斯消防部队",总人数达 22 万之多,由军事化消防部队、地方专职消防队和志愿消防队组成。俄罗斯紧急情况部还有一个"高风险救援行动中心",专门处理具有高风险的各种紧急情况,如核事故和化学放射污染事故等,拥有一流的工兵、驯犬专家、机器人专家、化学和放射性物质防护专家、潜水专家、登山专家,他们广泛使用机器人救助。此外,还有航空救助队、小型船只救援队、心理医疗救助队等。除日常搜救力量外,俄罗斯的航空搜救的还有航空航天搜救队,隶属于俄罗斯国防部航空航天搜救局,下设 2 个管理处和 1 个总搜救协调中心,其中一个管理处负责航空飞行员的搜救保障和空降兵培训,另外负责航天员的搜救保障,总搜救协调中心负责对参与搜救行动的联邦各部门和领导机构的所有力量进行协调。

三、日本航空搜救体系

日本作为一个海洋强国,其海上搜救水平居于世界先列,这有赖于其统一的海上搜救指挥体系、高效的专业搜救队伍、精良的搜救装备等。日本于 20 世纪 50 年代建立了系统的航空救援机构,是亚洲国家中航空救援体系建设较为完善的国家。依靠政府的强力推动,航空搜救体系从布局到初步成型用了 5 年,基本实现全境直升机 20 min 左右到达现场的救援服务,目前一年的救护人数约在 24 000 人次。以医院为基地开展救援业务,至 2015 年底,全国共有 46 家医院能提供直升机救援服务。

目前,其航空救援机构主要有民航救援系统和自卫队航空救援系统。这两个系统在组织航空救生工作时,有分工又有合作。一旦发生了空中或海上的各种事故,自卫队、海上保安厅、警察系统、消防系统、航空公司等机构的救生人员,都会积极出动进行抢救。在航空救援(包括搜索与救助)任务中,日本航空自卫队和海上自卫队根据各自情况将日本全国分成若干航空救援区域。在划定的航空救援区域内,由日本航空自卫队或海上自卫队分派区域指挥官。在采取初期行动的责任区域内,日本航空自卫队和海上自卫队所划定的主管区域不能重复。同时,日本航空自卫队的救援队可超出划定的主管区域在包括日本领土的防空识别区采取救援行动,日本海上自卫队的航空分遣队主要在大洋及离岛地区承担患者紧急运输任务。海上自卫队编有 7 个航空救援队,主要装备有 20 架 CH-17J"支奴干"、20 架 KV-107"海上骑士"、9 架 UH-6QJ"海鹰"搜救直升机和 3 架 US-1A 水陆两栖救援飞机。

日本航空自卫队下设航空救援团,专门从事航空搜救工作。目前,航空救援团编制有航空救援团司令部、飞行群本部、维修群和救援教育队共四大主力部队。其中,飞行群下设 10 支救援队,分别驻扎在日本各地的 10 个基地,以提供全方位的搜索与救援保障。主要装备有 19 架 UH-6QJ"海鹰"、28 架 KV-107"海上骑士"和 22 架 MU-2S 搜救直升机。根据基本编制规定,每支救援队配备 3 架 UH-6QJ 搜索与救援直升机作为救援飞机,配备 2 架 U-125A 喷气式救援飞机作为搜索飞机。

航空救援团的基本任务是军民搜索与救援,任务的主体是救援队,在极端严酷的环境下,当执行任务的航空自卫队、海上自卫队、陆上自卫队发生坠机等严重事故时,救援队负责进行坠机残骸搜索及幸存机组人员的救援与救助任务。目前,日本全国共划分为9个航空救援主管区域,在各自主管空域内,当特定的战斗机和教练机在进行飞行任务期间,航空救援队要派遣1架救助飞机和1架搜索飞机进入救援待机状态,以应对紧急事态。在此期间,当自卫队飞机宣布进入紧急状态时或发出紧急信号时,救助待机的机组人员必须迅速进入各自承担救助任务的飞机,并准备随时进入救助状态。在救援任务中,航空救援团通过装备的 U-125A 固定翼救援搜索飞机对遇难飞机机组人员进行空中的大范围定向搜索和救助,然后,再通过 UH-60 救援直升机对人员及装备等进行精确救援及空中运输。

航空救援团内设有日本航空自卫队中央救援调度所,它是日本国内统一的空难事故应对机构,并建立了空难情报收集及各地救援队迅速展开的统一救援体制。此外,日本海上自卫队和航空自卫队建立有相互联合的航空救援体制。并且,日本海上自卫队拥有日本航空自卫队在府中基地内所设立的航空救援情报中枢功能,在相应体制内,日本海上自卫队设置有由海上自卫官担任的救援联络员,无论是海难救助情报,还是航空救援情报,这些情报信息都可由日本航空自卫队中央救援调度所进行共享。

四、德国航空搜救体系

德国是现代汽车的发祥地,是生产汽车历史最悠久的国家。自从 1886 年卡尔-本茨发明第一辆汽车至今,德国的汽车工业已经走过了 120 多年的发展历程。到第二次世界大战爆发前,德国的汽车工业已具有相当的基础,戴姆勒-奔驰、奥迪、大众等汽车公司均已形成一定的生产规模。1950 年,联邦德国的汽车产量达到 30 万辆。随着国内高速普及汽车以及汽车出口竞争能力的不断提高,汽车产量大幅度上升,尤其以大众公司的"甲壳虫"汽车为代表,标志着德国汽车工业开始进入飞速发展的阶段。1960 年,德国的汽车年产量已达 200 万辆,10 年内,增长了 5.7 倍,年均增长率达 21%,从此成为欧洲最大的汽车生产国和出口国。伴随着汽车工业的飞速发展,德国的交通事故率直线上升。

面对事故逐年上升的势头,为有效实施公路救援,成立于 1903 年的德国汽车协会(Allgemeinor Deutscher Automobil-Club,ADAC)开始寻求有效减少事故的手段。1968年,ADAC 根据德国城乡的地形地貌,评估了利用直升机来进行紧急医疗服务的可行性,据称交通道路事故死亡者中,如能得到及时救援,至少有 20% 的人能生还。他们向南方直升机公司租用一架贝尔 206A"喷气突击队员"进行试验。对于采用直升机来改善患者治疗的效果有不同的看法。由于其他机构进行的救援飞行太少,提供的数据不足以令人信服。许多不赞成使用直升机的观点都是基于经济上的考虑。但 ADAC 并没有望而却步。它使用直升机的方法得到了航空界的支持和关注,同时也强调了需要一种可以承受的财务模式,和一种更加适用的直升机。

1970 年 11 月 1 日,ADAC 在慕尼黑建立了第一个民间的、常设直升机救助站,第一架 MBB 公司的 Bo105 直升机投入使用,该机是直接参照 1968 年专门进行的紧急救援试验的需要而设计的。到 1975 年,有 8 个基地使用由德国内务部采购的 Bo105。在随后几年内,直升机空中救援系统和方法逐步趋于成熟,成为一个公共服务项目。时至今日,德国的空中救援体系实现了国土领域的全覆盖,该体系由联邦政府德国汽车协会(ADAC)、德国飞行救助队(DRF)和德国内务部下属的救护力量等共同组成,在德国形成一个健全的空中救援网络。在该网络的支撑下,整个德国都具备了航空医疗服务能力,国土范围内任何一点在 15 min 内都可以得到航空救援服务。救援用直升机服务于其基点医院半径 50 km 的范围,所需费用大部分由个人、组织、机构的捐款支撑运行,其他部分由企业化经营获得。

经过数十年的发展,ADAC 航空队目前有 55 架救援直升机(如图 2-5 所示)分布在全德 37 个基地(有两个基地在邻近国家),所有直升机通体涂成黄色,被称为"黄色天使"。自 1970 年开始运作以来,直升机出动数量逐年增加,到 2016 年已经达到 90 万架次,按照这个速度,突破 100 万架次指日可待。2017 年,ADAC 航空队共出动 54 491 架次,有 49 000 患者获得救助,飞行距离 360 万千米,相当于绕地球 90 圈。参与 ADAC 航空队工作的有 200 名空勤人员(包括飞行员、副驾驶和机务工程师),直升机医生 630 人,护士 250 人。每天从早晨 6 时到日落后 30 min 为止,机组人员要求在得到通知 3 min 内起飞。要提供这样规模的服务,除了要保持一定量的救援直升机数量外,还需要对基础设施作很大的投资,德国法律规定,不适用的 HEMS 飞行器必须在 3 h 内完成修理和更新。ADAC 航空技术部下设 3 个大型工程支持工厂(ALT)完成大部分的维修工作,另外就是所有的空客直升机公司的服务站也承担这项任务。ALT 持有自己的欧洲航空安全局(European Aviatim Safety Agency,EASA)第 21 部执照,还持有若干与 HEMS 直升机相关的补充性机型认证。

图 2-5 ADAC 救援直升机

目前,德国共有 75 个直升机紧急救援基地,除了 12 个基地属于内务部外,德国直升机紧急医疗服务(Helicopter Emergency Medicd Service,HEMS)用的飞行器、机组人员、基地设施和提供训练都由联邦各州分派出去,以达到对德国的全面覆盖。每个基地拥有所有必要的物资,以维持日常的经营,直升机每次出动包括下列机组人员:一名飞行员和来自当地医院的医务人员，一名专门从事紧急医疗的麻醉顾问（称为急救医生），还有一名急救助手——接受过高级紧急医疗救援训练的非内科的专业急救医务人员。有的救援站，主要负责转院运送，其装备夜航设备，即采用夜视影像系统（Nigtit Vision Imaging Sgstem，NCIS）和仪表飞行规则（Instrument Flight Rules，IFR）。大多数飞机都仅按白天的目视飞行规则（Visual Flight Rules，VFR）飞行，低能见度限制飞行的标准是 800 m，所以很少因气象条件而停飞。

由于 ADAC 在筹划和创办 HEMS 体系中发挥着关键作用，因此大部分合同都由 ADAC 航空队来完成。但除 ADAC 外，DRF 组织也发展迅速，目前已经覆盖到了意大利和奥地利，是欧洲最大、最现代化的民间空中救援联盟，有直升机 300 余架（见图 2-6），35 个医疗站，在德国本土的基底有 28 个，直升机有 50 多架，约 570 名急诊医生，120 名护理人员，170 名飞行员和 130 名技术人员，在医学、技术和飞行运营领域制定了高标准，在德国可以实现 15 min 救援，并在 14 个医疗点 24 h 不间断地运送重症监护患者。所有直升机都配备了最佳的应急和重症监护设备，应对各种紧急的救援挑战。其救护飞机可用于世界范围内的病人送返。自成立以来，DRF 已经执行了 90 多万次空中救援行动。

图 2-6　DRF 救援直升机

五、瑞士航空搜救体系

瑞士的航空搜救体系主要基于一个航空救援组织 Rega 建立，它受瑞士联邦和社会监督，不接受各级国家政府机关的资金，是独立的、隶属瑞士红十字会的非营利性的民营基金会。Rega 的主要资金来源为社会捐赠，2014 年收到 250 万人捐赠 8 600 万瑞士法郎，捐助可以满足每年开销的 60%，其余的 40% 由保险公司提供，实现了免费全民服务。该组织起源于 1952 年，是由鲁道夫·布歇（Rudolf Bucher）医生在瑞士救援协会的代表大会上发起成立，最初时称为瑞士空中救援（Swiss Air-Rescue），是瑞士救援协会的一个分支机构。1957 年 12 月 22 日，飞行员赛普鲍尔在达沃斯执行瑞士空中救援的第一次直升机救援，使用的直升机是希勒 360。1957 年 12 月 25 日，瑞士空中救援负责人鲁道夫·布歇医生通过电台向社会宣布该组织的直升机和伞兵已准备就绪。1960 年 3 月 19 日，在弗里茨·布勒（Fritz Bühler）担任技术总监时，瑞士空中救援完全脱离了 SLRG，并进行了重组，成立了瑞士空中救援协会。

1965 年 3 月 1 日,瑞士联邦委员会通过一项决议,任命瑞士空中救援为瑞士红十字会的辅助组织。但后来直升机执行救援行动的运营成本逐渐超出了瑞士空中救援的负担能力,在寻求瑞士政府拒绝公共资金支持未果后,弗里茨·布勒(Fritz Bühler)呼吁公众捐款,得到了令人满意的呼应,一直到今天,这一模式基本保持不变。1979 年 5 月 12 日在苏黎世举行的股东大会上,瑞士空中救援协会的成员以绝大多数赞成票通过成立瑞士空中救援基金会(Rega)。基金会接管协会的资产和负债、赞助人的年度捐款、遗产和捐款将流入该信托基金。弗里茨·布勒(Fritz Bühler)被任命为基金会董事会主席。1981 年 6 月 13 日,在瑞士代表大会上,瑞士红十字会(Swiss Red Cross,SRC)投票赞成接受 Rega 为企业会员。1997 年 5 月 9 日 Rega 将总部从苏黎世市 Mainaustrasse 迁至苏黎世机场 Rega 中心。2002 年 1 月 1 日,Rega 从联邦民航局接管 SAR(搜救)控制中心。

任何遭受事故或重病的人都可以拨打 Rega 的紧急号码 1414 进行求救,不论是白天或是晚上。发出求救警报的人不用承担任何费用。指挥中心通过全国范围内的 34 个固定站和无线电网络来帮助组织和协调救援任务。行动协调者负责判断是否需要派遣直升机,但是这个决定需要与其他提供救援服务的合作者进行商议,如警察、消防或瑞士登山协会。直升机上除了飞行员和护理人员外,还配有一名医生。Rega 现在拥有 19 架直升机(7 架 H145、11 莱昂纳多和 1 架 H-125)和 3 架固定翼飞机(庞巴迪挑战者 C-L650),12 个基地和 406 名工作人员。从 REGA 运营效果看,具有显著的经济社会效益。直升机紧急医疗救护、地面紧急医疗救助院前急救平均时间分别为 45 min、90 min,直升机紧急医疗救护效果明显好于地面紧急医疗救助。

六、国家搜救体系评估

一个国家有多个机构在搜救方面进行合作,会产生同样的优势,尽管搜救管理更为复杂,但事半功倍的优势却可以有效抵消搜救的管理开销。

每个国家都应对其责任和要求进行评估,而后对其作为国家和地区的搜救服务提供者的能力进行评价。不论是建立一个搜救系统,还是定期考核已建立的系统,这种考核评估都为系统的改进提供事实依据。对于搜救系统的运行效益来说,评估能够帮助其获得更有效地维护成本,获得更多机构的支持和帮助。

对于一个国家而言,其搜救系统的自我评估主要包括以下方面内容。

(1)该国政府是否加入《国际民航公约》(1944 年)《国际海上搜寻救助公约》(1979 年)《国际海上人命安全公约》(1974 年)《公海公约》(1958 年)《海洋法公约》(1982 年)等搜救相关公约。

(2)该国政府是否有机构被赋予进行航空搜救行动的协调权利和责任。

(3)该国政府中负责陆上和海上搜救的机构是否为同一机构,如果不是这些机构间是否有着有效的协同、协调机制。

(4)在海上搜救方面该国的哪个政府机构享有相应的权利和责任,又在哪些地方具体规定了这种权利和责任。

(5)本国是否有国家搜救计划,在该计划中对该国所有能用于搜救行动的政府或非政府搜救资源的作用有无详细清晰地描述。

(6)当航空器已经或即将在水面迫降,是否有明确的规定使得在该国范围内的搜救机构能够及时获得报警信息,并且快速明确搜救职责和分工。

(7)所有水域附近的应急计划和搜救力量是否能够应对搜救落水遇险人员的特殊情况。

(8)用于接收航空和海上遇险信息的报警台设备设施是否24 h不间断值守。

(9)该国是否设立并明确航空和海上搜救区(SRRs)或搜救分区(SRSs)。

(10)该国SRRs和SRSs的地理界限是否一致。

(11)如果该国有航空飞行情报区,那么航空搜救区域的界限是否与之一致。

(2)该国SRRs和SRSs的界限是否与相邻国家或地区协调,并获得其正式认可。

(13)该国SRRs和SRSs是否存在空缺、重叠等问题。

(14)搜救协调中心或搜救分中心是否有24 h值守人员。

(15)搜救协调中心或搜救分中心是否承担影响其搜救协调能力的其他任务。

(16)该国是否将有关搜救协调中心、搜救分中心、搜救力量和责任区域的最新信息提供给ICAO或IMO,以及这些信息变化时及时报知的机制。

(17)各搜救协调中心或搜救分中心是否对其责任区域内主要搜救平台的完整信息汇总并掌握,资料信息是否细化,状态更新是否及时(例如对于航空搜平台而言,是否掌握其航程、搜救能力、人员受训情况、平台维护、所属机构联络方式等)。

(18)以下工作是否有具体职能单位负责:①航空器登记和安全;②空中交通安全;③空难事故调查;④船舶登记和安全;⑤海难事故调查;⑥无线电频率使用规定的管理和执行;⑦COSPAS-SARSAT报警数据的搜救联络点;⑧地面搜救;⑨处理国内民事应急事件;⑩国防;⑪维护搜救资源的开销;⑫提供志愿搜救资源;⑬国家法律的执行;⑭应急医疗咨询和护理;⑮医疗转运;⑯支持船舶参与船舶报告制度。

(19)对于上述职责,该国是否有搜救协调委员会进行协调。

(20)该国是否履行IMO和全球海上遇险和安全系统规定。

(21)该国是否派代表直接参加IMO和ICAO涉及搜救问题的会议。如果没有是否有渠道及时获知和落实相关会议决议。

(22)搜救协调中心或搜救分中心的工作人员是否经过系统的岗位培训。

(23)搜救协调中心或搜救分中心的所有工作人员是否都经过了正式的搜救培训。

(24)搜救机构的每个部门是否定期评价其工作人员的培训情况,并结合新的培训需求对培训内容修改完善。

(25)搜救协调中心或搜救分中心是否为所有常见的搜救案例提供具有指导性的《行动计划》手册。

(26)搜救档案(搜救记录)是否完整(足以重现事件全貌)、能否用于分析和改善搜救系统、是否符合法律法规要求。

(27)是否建有搜救事件的数据库。

(28)主要搜救平台的成员是否定期参加搜救培训或演习,培训是否具有正式的培训计划和严密的组织实施流程,演习是否有正规的规划和评估程序。

(29)该国的搜救协调中心或搜救分中心之间或其他相关国家的搜救协调中心或搜

救分中心之间是否定期开展搜救演习活动。

(30)该国是否有相应的责任机构负责协调和邻国间的搜救合作协议。

(31)该国是否明确需要配备121.5 MHz无线电遇险信标、406 MHz信标、国际海事卫星E站应急无线电示位标的航空器、船舶类型。

(32)406MHz信标的登记是否录入相关数据库,并开放给搜救机构随时调用。

(33)航空固定电信网(AFTN)或航空固定网(AFN)是否与该国的搜救协调中心或搜救分中心设置在一处或可以随时接入。

(34)搜救协调中心之间、搜救协调中心和搜救分中心之间的通信是否可靠迅捷。

(35)该国的有线通信系统是否覆盖全国并能够提供可靠的服务。

(36)搜救协调中心或搜救分中心的无线通信能力是否可以可靠的覆盖整个责任区,以便于指挥和联络搜救平台和遇险目标。

(37)搜救协调中心或搜救分中心《行动计划》手册是否包含与民用船舶、航空器建立通信的程序。

(38)搜救航空器或船舶的通信设备是否具备覆盖所有可能用到的频率,是否具备电子测向能力。

(36)搜救航空器或船舶是否具有精确的导航系统。

(40)该国的搜救协调中心或分中心是否使用卫星通信。

(41)该国的搜救协调中心或分中心最常使用那种方法收集遇险信息收集。

(42)如何向搜救平台通报遇险情况并对其实施指挥。

(43)搜救平台是否都具有相互兼容的通信设备。

(44)该国是否有改善通信能力和测向能力的计划。

(45)搜救协调中心或分中心在工作过程中是否使用帮助协助搜救的自动化国际系统。

(46)搜救协调中心能否对搜救反应和搜救进程实施监控。

(47)搜救协调中心或分中心能否对其所属的所有搜救平台实施有效指挥。

(48)搜救协调中心是否定期与其他搜救协调中心开展合作、交流、演习演练等活动。

(49)搜救协调中心和其他搜救协调中心合作时如何解决遇到的问题。

(50)搜救协调中心或分中心对志愿服务搜救活动的航空器、船舶、机构等资源的组织协调能力,搜救协调中心或分中心《行动计划》手册中是否包含对志愿搜救资源的协调指导内容。

(51)在搜救行动中搜救协调中心或分中心是否有向遇险对象提供医疗咨询的合理程序。

(52)是否对需要医疗转运的搜救行动制定规范的程序。

(53)该国的搜救平台是否配备可用于医疗转运的专用设备。

(54)搜救协调中心和分中心和区域所属医院建立规范的协作关系。

(55)搜救协调中心或分中心是否具备连续高水平英语协调的能力。

第四节 战场航空搜救体系

　　各国根据各自的特点和需求建立了适合自身的航空搜救体系,但无论是竞争激烈的美国模式、基于保险制度的德国模式还是以公益机构为主的瑞士模式,都需要和具体国情深度融合,从而为国民提供更好的应急救援服务。而实际上航空搜救体系最初的需求还是来源于战场救援,经过战场实践的优化,战场救援目前也是效率最高、考虑因素最多、危险性最高的航空搜救行动,其搜救体系相对民用搜救体系也更复杂。而美军在该领域无论从实践经验、组织协调,还是具体实施,相对其他国家军队都有着明显优势,在国家航空搜救体系建设和国际航空搜救协作方面都可以提供有效的参考。

一、美军航空搜救的组织

　　美军战场航空搜救行动以救援飞机为中心,根据实际情况和预案,编配指挥控制、通信、导航、空中掩护和加油等相关支援力量,在战时与救援部队组成搜救特遣队,其规模视任务需求而确定,至少是一架救援直升机,最多可包括多种型号 50 余架飞机。美空军救援协调中心对整个救援行动进行计划、协调和指挥与控制,并配合空中作战中心共同完成联合搜救任务。战斗搜救任务中,任务部队将在预定作战区域或沿途待命,随之准备实施搜救任务,若威胁程度较高时,则派出相应的武装力量实施掩护。其组织结构如图 2-7 所示,为有效实施战场联合搜救行动,美军在参联会、战区指挥、战术部队等不同层面建立专门负责搜救的机构或部门,这些机构分工明确、各司其职,确保联合搜救行动高效顺畅。

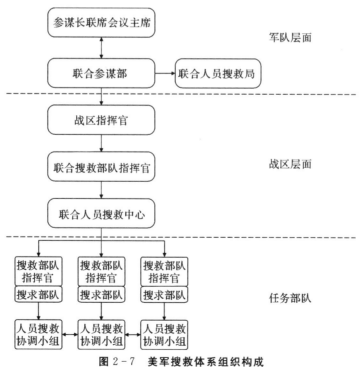

图 2-7　美军搜救体系组织构成

（1）联合搜救局。在参联会层面，美军成立负责人员搜救的专门机构"联合搜救局"。联合搜救局隶属于美军参谋长联席会议主席直接领导，被指定为整个国防部系统的人员搜救事务及相关政策的负责机构，其组织架构如图2-8所示。联合搜救局的任务目标包括：美国失散人员的返回、阻止敌人获取情报、防止美国失散人员被用于宣传、保持战斗部队的士气和"国家意志"。该机构的核心功能包括：提供人员搜救指导，发展、实施和支持人员搜救教育训练，向搜救行动演习和部署军队提供支持，开展研发活动提高搜救效率，等等。此外，联合搜救局还为指挥官、部队、个人提供教育和训练课程以及专业的个人训练。同时，该机构评估、建议并评价联合搜救训练的相关课程与标准，提供分析保障、技术研究与集成、数据库和档案维护、经验教训总结。

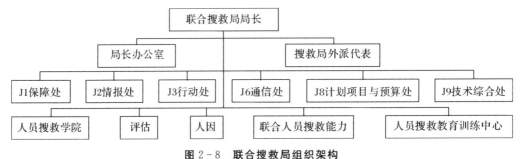

图2-8 联合搜救局组织架构

（2）联合人员搜救中心。联合作战时，联合部队指挥官对其责任区内的战斗搜索与救生作战行动负责，一般在战区指挥层面的战区司令部下设有一个或多个联合人员搜救中心，纳入联合作战司令部的作战指挥中心，负责策划、协调和监督人员搜救任务，整合人员搜救行动与其他作战行动。联合人员搜救中心一般包括主任和副主任，若干名值班组长、操控员、人员救援参谋、生存逃生专家、情报专家、通讯员，还包括相关部队的联络员，具体人员数量根据部队规模而定。联合情报支援部队及联合情报行动中心向联合人员搜救中心提供24 h情报支持。

（3）人员搜救协调小组。在作战部队层面，部队指挥员建立人员救援协调小组，其在规模、组成和位置设置上比较灵活，一般在本级作战指挥中心设立相应席位，负责协调本部队开展的所有人员搜救行动，包括协调战区层面的联合人员搜救中心和其他作战部队的人员救援协调组。人员救援协调小组由受过专门训练、装备精良的人员组成，能够有效地准备、计划、演练和执行人员搜救任务，组长向部队指挥员负责。

二、美军搜救力量的构成

目前，美国空军共有16个救援中队，其中现役救援中队8个，后备役救援中队5个，空军国民警卫队3个中队，除太平洋空军司令部的2个中队外，其余14个中队均由空中作战司令部指挥控制。美国空军共装备各类救援飞机130余架，搜救直升机已经发展了多个系列，可以满足全天候、全地域、纵深营救等战斗需要。救援中队的主力装备是HC-130P、C-130E、MC-130P、MC-130E和MH/HH-60G"铺路鹰"搜救直升机。

现役部队现有 64 架 MH/HH-60G"铺路鹰"搜救直升机,空军国民警卫队有 15 架,后备役部队有 26 架。空军担负现役战斗搜救任务的部队使用的 36 架 MH/HH-60G"铺路鹰"搜救直升机分别部署在内华达州的内利斯空军基地和佐治亚州的穆迪空军基地,其余全部驻扎海外,包括冰岛和日本。搜救直升机装备有卫星定位系统、导航系统、红外系统、救生绞车、吊架、挂梯、救生艇等设备。在联合搜救行动中,还有预警机、电子战飞机、武装直升机等,分别担负空中指挥控制、电子掩护、战斗压制掩护等战斗支援和保障任务。

美国海岸警卫队配有巡逻搜救飞机 68 架、直升机 136 架。设 1 个航空管理机构,管理 26 个航空基地,各基地的配置距离一般在 200~500 n mile 之间,每个基地根据不同任务配置数量不等的直升机和固定翼飞机,最低配置 3 架直升机,其中,1 架担负搜救值班,1 架担负训练任务和搜救备用机,1 架作为维修保养。直升机是美国海上人员搜救的首选,配备直升机的标准为 2 h 以内到达出事海域。为了确保航空搜救过程的完整性,美国还有伤病员后送力量。空军方面主要使用 C-9、C-130 军用运输机以及波音 B-767 民用客机改装的伤员后送飞机。其中,C-9 军用运输机主要用于本土内伤病员后送;C-130 军用运输机和波音 B-767 民用客机主要用于战时本土以外伤病员后送。

三、美军战场搜救的实施

从整体上来说,美国不仅有着完善的军事搜索救援系统和民用搜索救援系统,而且这两个系统已经建立起紧密的配合和协同机制。美国将其搜救范围划分为内陆搜索与救援区(即 48 个毗邻的州)、海上搜索与救援区(包括加勒比地区和夏威夷)及海外搜索与救援区(阿拉斯加划归本区域)三大搜索营救区,各搜救区有独自的搜救协调员。内陆搜索与救援区由美国空军负责,美国空军特种作战司令部司令为其在内陆执行国家搜救计划的行政长官,由隶属该司令部的空军救援协调中心具体负责;海上搜索与救援区由美国海岸警卫队负责,该区又分为大西洋海区和太平洋海区两大责任区,由美国海岸警卫队司令指定专人负责;海外搜索与救援区由海外联合司令部负责,海外联合司令部司令统一指挥协调。内陆搜索与救援区除美国空军所属的救援部队负责日常搜索救援外,美国民用航空巡逻组织承担了该区域 85% 以上的搜索和救援任务。民用航空巡逻组织是美国空军官方的附属组织,该组织是世界上最大的内陆民间志愿组织,它的主要成员由从事航空工作的平民、军队预备役人员和现役军事志愿者组成,主要任务包括航空航天宣传教育、空军所需人才预先培训以及各类应急事件的救援服务。

除日常救援外,美军的战场搜救主要由特种兵部队负责,行动主要包括:空勤人员在敌占区跳伞、坠机着陆、水上迫降、海上沉船或地面部队失联等情况。搜救部队接收到战场搜救事件的初始通报后立即行动,但一般在获得待救人员确切定位信息并建立联系后,才向中等强度威胁或高强度威胁区域出发。典型的战场搜救行动包括以下内容:①感知与通报;②态势评估;③制定任务计划;④出动搜救飞机;⑤在前沿作战阵地加油,或在进入目标区之前进行空中加油;⑥确定待救人员位置;⑦识别待救人员;⑧实施救援;⑨退出敌占区;⑩根据需要进行空中加油,并将待救人员后送至适当己方基地。

在战场搜救行动中,美军通常采取陆、海、空"三位一体"的方式实施多机种联合行动。首先,保持有一架 HC-130 救援指挥飞机在作战空域附近盘旋待命,及时接收被击落的美机的飞行员发出的救生信号;之后,由 HC-130 救援指挥飞机上的救护协调员设法测定飞行员或遇难飞机的方位;然后引导救护部队到达出事地点。空中掩护任务主要由战斗机、轰炸机来完成。每一次救援行动前 2 h 都要有轰炸机出动为其扫除地面障碍,2 架 F-15 或 F-16 战斗机则为其提供空中掩护,直接攻击妨碍营救行动的敌方飞机。同时,还可以动用 EF-111 或 EA-6B 电子干扰机对敌雷达实施干扰,并由高空的预警机随时提供战场情况,指挥营救行动。直接救护部队由 3 架 A-10 攻击机和 2 架救援直升机(MH-53 或 HH60G)组成。当确认是己方飞行员后,一般由攻击机用强大的火力压制敌人,封锁地面,阻止敌人接近救护对象。然后,2 架救援直升机立即飞抵出事地点实施救护。2 架飞机采用一前一后,一高一低,相互支援的战术。低的飞机救护,高的飞机提供支援。如果救护飞机被击落,高空的那架飞机当即接替任务。由这样一个高技术装备组成的救援组织,通过全力合作,正常情况下,在 10～15 min 内就可以将飞行员安全救出。

四、美军战场搜救的特点

(一)指挥体系完备、运行顺畅

经过多年的发展,美军建立了完备的航空搜救指挥体系且运行高效顺畅,在参联会、战区指挥、战术部队等不同层面分别建立联合搜救局、联合人员搜救中心和人员搜救协调小组等专门机构对搜救力量进行指挥与管理。联合搜救局为整个国防部系统的人员搜救事务及相关政策的负责机构;联合人员搜救中心负责策划、协调和监督人员搜救任务,整合人员搜救行动与其他作战行动;人员搜救协调小组则是在作战部队作战指挥中心设立的相应席位,负责协调本部队开展的所有人员搜救行动。这些机构分工明确、各司其职,确保联合搜救行动高效顺畅。

(二)任务分区负责、职责明晰

美军根据搜救飞机的性能特点和任务需求,将整个搜救区域进行了任务划分,每个搜救区域指定搜救单元负责,这样既实现了搜救范围的全覆盖,有保证了搜救的快速高效。美国将其搜救范围划分为内陆、海上及海外搜救区,各搜救区有独自的搜救协调员。内陆搜救区由美国空军负责,海上搜救区由美国海岸警卫队负责,海外搜救区由海外联合司令部负责。

(三)行动流程规范、时效性强

科学合理的搜救流程是搜救行动高效运行的关键,可以确保搜救行动按照预先计划有条不紊地实施,从而达成搜救目的。美军在战场搜救行动中,通常采取陆、海、空"三位一体"的方式实施多机种联合行动。一般以救援飞机为核心,由各类支援保障装备和人员组成搜救特遣队,共同实施搜救任务。正常情况下,10～15 min 内就可以将飞行员安全救出。

(四)平台要素齐全、性能优越

美军战斗搜救特遣队中既有搜救直升机、武装直升机,还有提供搜救任务保障的战斗机、加油机、预警机、电子干扰机等。特别是战斗搜救直升机可广泛应用于战场远\近距离、高\低海拔、日\夜边际作战,可在威胁环境下救援遇险人员;搜救平台装备有甚高频、特殊频话音保密通信和卫星通信设备、GPS导航系统与数据链设备、空中加油系统,并配备机枪、机炮、干扰弹发射器,具有较强的自卫能力,可深入敌境执行搜索救援任务。

第三章　我国航空搜救体系构建

我国是一个灾害多发频发的国家,应急救援能力的建设一直是每一代国家领导人关注的重点,为防范化解重特大安全风险,健全公共安全体系,整合优化应急力量和资源,推动形成统一指挥、专常兼备、反应灵敏、上下联动、平战结合的中国特色应急管理体制,提高防灾减灾救灾能力,确保人民群众生命财产安全和社会稳定,2018 年 3 月,我国将原国家安全生产监督管理总局的职责,国务院办公厅的应急管理职责,公安部的消防管理职责,民政部的救灾职责,国土资源部的地质灾害防治、水利部的水旱灾害防治、农业部的草原防火、国家林业局的森林防火相关职责,中国地震局的震灾应急救援职责以及国家防汛抗旱总指挥部、国家减灾委员会、国务院抗震救灾指挥部、国家森林防火指挥部的职责整合,组建应急管理部,作为国务院组成部门,主要负责组织编制国家应急总体预案和规划,指导各地区各部门应对突发事件工作,推动应急预案体系建设和预案演练;建立灾情报告系统并统一发布灾情,统筹应急力量建设和物资储备,并在救灾时统一调度,组织灾害救助体系建设,指导安全生产类、自然灾害类应急救援,承担国家应对特别重大灾害指挥部工作;指导火灾、水旱灾害、地质灾害等防治;负责安全生产综合监督管理和工矿商贸行业安全生产监督管理;等等。

第一节　我国航空搜救力量的基本构成

就职责分工来讲,我国的航空搜救力量建设应该由应急管理部具体负责。但不同于其他形式的应急救援工作,航空搜救有其自身特点:首先,任务多样,包括侦查、指挥、搜索、营救、医疗、灭火、投送、转运、通信、反恐和战场支援等,航空平台的需求及配置有较大差异;其次,行动不同,专业队伍建设和人员日常训练不尽相同;再次,维护保障复杂,不同于地面搜救保障,航空搜救在具体实施过程中还需要涉及航管、卫生、气象、机务、场务和油料等诸多专业;最后,航空搜救力量建设和维持开销巨大,要在我国庞大的国土面积上建立一支能够满足所有航空搜救的需求的专业力量,单纯依靠某一个部门显然是不可能的。因此,我国的航空搜救力量建设不仅依靠应急救援部门,还包括交通运输部及其管理的中国民航总局、公安部、卫生健康委员会等相关部门。除此之外,与绝大多数国家不同,我国宪法规定,我国武装力量的任务是:"巩固国防,抵抗侵略,保卫祖国,保卫人民的和平劳动,参加国家建设事业,努力为人民服务",这就决定了中国人民解放军的战场航空搜救力量也是我国航空搜救体系的重要组成部分。

一、专业航空搜救力量

前期由于我国应急救援工作分散于多个部门,航空应急救援缺乏统一的机构引领,这导致了我国的专业航空应急救援的任务长期以来是由警用航空、军用航空、医疗航空或消防航空等航空应急救援力量担负的,建设、使用、发展也没有合理的规划,始终没有形成合力,而且航空搜救力量建设投入巨大,各地方政府和相关部局也没有大规模的建设需求,因此,长期以来我国的专业航空应急救援力量发展相对缓慢。但是这种情况在我国 2018 年组建了应急管理部后,逐渐有所改观,应急管理部和各省市的应急救援厅(局)在航空搜救体系建设方面进行了很多有益的探索,并已经开始有步骤地开展了全国性、区域性、专业性的航空搜救体系覆盖建设试点工作。应急管理部下属森林消防局直升机支队作为国家综合性消防救援队伍中唯一一支航空救援力量,装备国产大型直升机 18 架,下辖黑龙江大庆、云南昆明两个基地,已具备以直升机为平台的侦查巡护、图像传输、搜索营救、兵力(物资)投送、吊桶(水箱)灭火、伤员转移、医疗救护等能力,目前已初步形成立足南北、辐射全国、空地协同、立体作战的航空应急救援新格局,遂行森林灭火、地震、山岳、水域等航空应急救援任务。除此之外,地方航空应急救援力是建设重要事件汇总表,如表 3-1 所示,重庆、山东、浙江、湖南等地也正在开展航空搜救力量和体系建设的相关工作,为下一步向全国范围推广提供了较好的经验。

表 3-1　地方航空应急救援力量建设重要事件汇总表

序号	所属省(市)	航空应急救援力量建设重要事件	事件年份
1	重庆市	《重庆市应急管理"十四五"规划》:1 个市级航空应急中心,万州、黔江、永川、潼南 4 个区域应急航空中心,重点区县新建 35 个森林航空消防救援站,布局约 100 个临时起降点	2021
2	山东省	《山东省应急救援航空体系建设规划(2020—2030)》:权责清晰的组织领导体系;集约统筹的基础设施网络体系(形成"莱芜基地＋区域基地＋应急起降点"的"1＋8＋N"三级航空应急救援结构);先进适用的技术装备体系;高效健全的救援管理体系;专业复合的人才队伍体系;协同有力的社会动员体系	2020
3	湖南省(长沙市)	长沙市应急管理局联合湖南湘江新区发展集团有限公司共同打造的全省首个市级航空应急救援基地成立	2020
4	安徽省(芜湖市)	芜湖市积极打航空应急救援基地,已初步建成以直升机、固定翼飞机和无人机为支撑的航空应急救援体系。可完成空中侦察勘测、空中指挥调度、空中消防灭火、空中紧急输送、空中搜寻救助、空中应急通信等任务	2020

续　表

序号	所属省（市）	航空应急救援力量建设重要事件	事件年份
5	江西省	应急管理部明确江西省为应急救援航空体系建设试点省	2019
		1.建立了空管协调和航空应急救援联动机制； 2.靖安应急救援专用机场一期工程竣工，赣州、宜春、上饶3个航空应急救援驻防站全面启动，全省建成大型直升机临时起降点107处，"1+3+100"的航空应急救援基础网络初步形成； 3.建成南昌和景德镇2个通航飞行服务站，南昌、景德镇、鄱阳、抚州、鹰潭5个地面基站已联网运行； 4.组建航空应急救援特勤分队、机动队和医疗队35支370人； 5.应急管理部与江西省政府签署协议，坐落于航空工业昌飞的航空应急救援重点实验室全面启动； 6.在景德镇建立了省级航空应急救援技术服务保障基地和装备成果展示交易中心； 7.应急管理部在江西景德镇召开航空应急救援力量座谈会	2020
6	浙江省	1.应急管理部明确浙江省为应急救援航空体系建设试点省； 2.东阳市"航空应急救援基地"授牌仪式在横店机场举行，东阳市空中应急救援通道正式开通	2019
		1.浙江省直升机常态化备勤项目签约暨运行启动仪式在杭州举行，自7月起启动直升机常态化备勤工作。 2.公布《浙江省应急救援航空体系建设方案》，提出重点做好"指挥平台、航空网络、救援力量、保障条件"的建设与完善工作。指挥平台方面，建设应急救援航空指挥平台和航空调度信息系统；航空网络方面近期布局5架直升机常年备勤，中期远期布局12架、15架直升机备勤；救援力量方面，整合各类力量资源建立核心力量，依托军队、民航、海事公安等专业队伍加强专业队伍建设，建立由应急、交通、航空等方面专家组成航空技术支撑队伍；保障能力方面，建立部门联动、区域协同、机制，完善标准政策制度、开展专项课题研究、强化财政资金保障	2020
7	湖北	1.经应急管理部同意，湖北省纳入应急救援航空体系建设试点，并确定围绕荆门漳河通航机场、武汉汉南机场、鄂州顺丰物流运输机场等航空应急资源，抓好应急救援航空网络、应急救援关键力量等重点建设任务； 2.湖北省航空应急救援工作座谈会在武当山航空护林站召开； 3.湖北省应急管理厅与民航湖北监管局签署航空应急救援联动工作机制合作协议	2020

续　表

序号	所属省(市)	航空应急救援力量建设重要事件	事件年份
8	陕西省	西北空中应急救援中心成立大会在陕西西安成功举办	2020
		陕西省红十字西北空中应急救援中心航空救援队在西安航空基地正式揭牌成立	2021

二、海上航空搜救力量

1973 年,为使在我国沿海遇险的人员、船舶得到及时救助,国务院、中央军委成立全国海上安全指挥部,其办事机构设在交通部,海上安全指挥部主要负责统一部署和指挥海上船舶防台风、防止船舶污染海域,以及海难救助工作。1989 年,为与国际海上搜救工作接轨,根据《国际海上搜寻救助公约》(1979 年)要求,国务院、中央军委联合发文,在交通运输部建立"中国海上搜救中心"(见图 3-1),负责全国海上搜救工作的统一组织和协调,日常工作由部海事局承担,并要求国务院有关部门和军队要配合"中国海上搜救中心"做好海上搜救工作。2005 年,为加强我国应对海上突发事件应急工作的能力,增进国务院各相关部委和军队在海上搜救工作上的协调配合,国务院批准建立了由原交通部牵头的国家海上搜救部际联席会议制度,指导全国海上搜救和船舶污染应急反应工作。明确中国海上搜救中心作为国家海上搜救部际联席会议制度的办事机构,负责组织、协调、指挥重大海上搜救和船舶污染事故应急处置行动,指导地方搜救工作,一直延续至今,其海上专业救助工作主要由其下属的救助打捞局完成,其组织机构如图 3-1 所示。

其中,四个救助飞行队是交通运输部各救助局下属的专业航空搜救力量,也是我国海上、水上搜救专业性最强的航空搜救队伍,主要担负海上遇险人员、船舶的搜救;配合救助、打捞船舶,实施海上救助、打捞以及清除污染等工作;配合海事部门进行海上执法及海洋环境巡查;日常飞行训练以及搜救演习等任务飞行;部救捞局下达的运送应急救灾物资、器材和人员等其他特殊飞行任务。

三、警用航空搜救力量

警用航空器由于覆盖范围广、响应速度快、机动能力强等优势,首先在西方工业强国应用于警务执法,截至目前,世界警用航空已形成相当规模,据统计,世界警用直升机有 5 000 多架,仅美国就有 2 000 余架,他们的每个警署都配有直升机。欧洲现有 400 余架警用直升机,用于警务、紧急医疗救助、搜索和救援等。在日本,直升机也得到了广泛应用,47 个地方警察本部各有一支警务航空队。

我国的警用航空力量主要是由公安部下属的各级公安机关建设和使用。该力量始建于 20 世纪的 90 年代初期,我国的改革开放促进了中国经济社会的快速发展和综合国力迅速提高,为警用航空的发展奠定了物质基础。武汉市公安局在此背景下,于 1993 年购置了我国第一架警用直升机,标志着我国警用航空力量建设的开端。此后,广东、浙江、河南等地的公安机关也根据需要相继组建了自己的警用航空队,为我国警用航空力量的建设、使用和发展提供了早期经验。但直到 2003 年之前,我国的警用航空力量建设一直处于自筹自建的无序发展阶段,这个阶段警用航空还缺乏有效的引导,一方面没有明确其属性,另一方面也没有明确的管理和保障体系,在隶属关系、运行模式、飞行报批和机型选择等方面都还缺乏有效的领导和顺畅的渠道,需要各地方公安机关自行协调沟通。因此,这个阶段的警用航空无论在建设质量还是使用效益方面都很难达到建设预期,没有发挥其应有的作用。

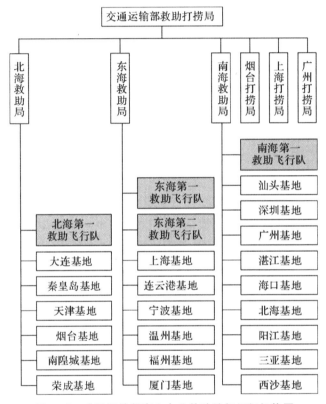

图 3-1　交通运输部海上专业救助队伍组织机构图

这种情况直到 2003 年才迎来了彻底改观,这一年国务院办公厅、中央军委办公厅正式批准在我国发展警用航空,并明确:警用直升机为国家航空器,警务飞行纳入军航保障体系,公安部作为一级管理部门,具体负责并统一领导全国警用直升机的安全、运行和管理工作。2004 年 1 月,公安部成立警用航空管理办公室,履行对全国警用航空的管理职能。这也标志着公安机关一个新警种的诞生,警用航空器作为公安机关遂行各项任务的重要手段,列入中国警察装备序列,也标志着警务活动范围已由地面向空中发展,形成空地立体化的格局。在各级党委、政府的领导、支持下,在社会各界的关心、帮助下,中国警用航空持续壮大。截至 2019 年底,全国已有 24 个省、自治区、直辖市、公安机关建立了 40 支航空警务队,配备警用直升机约 67 架,警航飞行员 100 多名。

另外,近年来,无人机作为一种新型警用航空装备,也呈现出良好的发展势头,规模数量快速增长,目前全国有 30 个省份配备了警用无人机,数量从 2014 年不到 100 架发展到目前近 1 万余架,操作员近 8 000 人,目前公安系统已经成为无人机保有量最大的行业之一,并在各项任务中发挥了其他警种不可替代的作用。

四、军用航空搜救力量

由于专业航空应急救援力量建设的相对滞后,我国的军事航空力量在以前、现在和在今后相当长的一段时间内都会是我国航空应急救援最主要的构成力量。2008 年 5 月 12 日,四川汶川发生了 8.0 级大地震,给灾区人民生命财产造成了巨大损失。在道路被毁、救灾物资和运输车辆无法进入的情况下,救援直升机成了灾区最快捷有效的工具。中大型直升机在运输救援物资与设备、运送伤员等方面具有明显优势,因此在应急救援过程中占主导地位。在汶川地震救援中,米-171、"黑鹰"等直升机发挥了重要作用,但无论是技术状态还是规模数量都不理想,在恶劣气象条件中、在复杂的山地地形条件下都不具备飞行能力。

震后十年,中国军队救援飞机的谱系更加完备,航空救援能力有了明显提升,新装备的搜救直升机运载能力和在复杂气象条件下飞行的能力都有了较大进步,同时也进一步丰富了我国救援直升机的型谱。而且近年来,我国固定翼运输机的进展也非常迅速,尤其是最新型国产大型运输机运-20 的装备使用,填补了我国国产大型军用运输机领域的空白,在航空救援时,无论是侦察还是输送人员装备的能力都有了较大进步。另外,我国航空指挥能力也进步较快,一改过去民航、军用两张皮的现象,实现军民合一、统一指挥,使军民两种航空能力在救援中可更好地发挥作用。总体来说,汶川地震十年以来,我军航空救援能力总体上有了明显的进步,无论是技术能力、同时出动的能力,还是投送人员和装备物资的能力都有所提高,如今我们已经具备了在复杂气象和复杂地形条件下连续飞行和起降的能力,可在同一时间内向救援地区大批投送人员、物资或撤出伤员。

五、通用航空搜救力量

一个国家的航空搜救能力发展需要各方面的配套产业发展,尤其是通用航空产业的发展。从历次救灾的实践中可以发现,通用航空在空中应急救援中往往发挥着越来越重要的作用。可以说通用航空产业的发展从某种程度上决定了一国的航空应急救援综合能力。然而,从另一个角度上来说,航空应急救援产业的发展也推动了通用航空产业的发展。通用航空产业涉及航空制造业、航空运营业和航空服务业,其发展离不开市场需求的增长,而空中应急救援恰恰为通用航空产业的发展带来了巨大的市场需求。

总体上看,我国通用航空产业发展比较落后,不仅与发达国家差距巨大,与巴西、墨西哥等发展中国家相比,差距也十分明显。据国际调查公司调研,通用航空产业是我国自改革开放以来唯一发展倒退的行业。虽然这一说法不能得到官方证实,但是我国通用航空飞机保有量、飞行量、从业人数、运营机场数量等核心数据较 20 世纪 60 年代有不同程度的下降却是残酷的现实,这也是我国通用航空无法承担重大自然灾害抢险救援的内在原因之一。在经历了 2008 年的汶川地震后,我国的通用航空迎来了一个较快的发展,但就 2019 年 2 月初统计,在民航局备案的医疗直升机仅有 102 架,具体情况如表 3-2所示。

表 3-2 2019 年我国直升机医疗救援备案情况

管理局	公司名称	架 数
华北局	北京五环通用航空有限公司	2
	北京华彬天星通用航空有限公司	17
	内蒙古庆华通用航空有限公司	1
东北局	无	0
华东局	上海金汇通用航空股份有限公司	58
	九九九空中救护有限公司	4
	上海中瑞通用航空有限公司	1
	江苏圣豪通用航空有限公司	3
	江苏宏源通用航空有限公司	1
中南局	无	0
西南局	无	0
西北局	格尔木京城通用航空有限公司	—
	陕西直升机股份有限公司	
	敦煌飞天通用航空有限责任公司	
	西安惠翔通用航空有限公司	
新疆局	西亚直升机航空有限公司	—
	新疆通用航空有限责任公司	
合计		102

2017 年,国务院办公厅印发《国家突发事件应急体系建设"十三五"规划》,提出到 2020 年要建成与有效应对公共安全风险挑战相匹配、与全面建成小康社会要求相适应、覆盖应急管理全过程、全社会共同参与的突发事件应急体系,并提出通过委托代建、能力共建、购买服务、保险覆盖等方式,支持鼓励通用航空企业增加具有应急救援能力的直升机、固定翼飞机、无人机及相关专业设备,发挥其在抢险救灾、医疗救护等领域的作用。

在相关政策的引领下,近年来,通用航空企业积极参与各地发生的森林草原火灾、洪涝灾害、地震滑坡、安全生产事故的抢险救灾与灾后重建工作,通用航空在航空应急救援中发挥了重要作用。特别是面对 2020 年突如其来的新冠肺炎疫情,全国 141 家通用航空企业共使用 1 002 架航空器执行了 378 次疫情防控任务,累计 2 362.41 飞行小时、7 189架次,运送各类药品和物资 90.96 t,充分显现了通用航空快速、高效、灵活的优势。无人机参与疫情防控的作用也得到广泛应用,疫情防控的无人机数量占到全部通用航空器的约85%,主要用于监控喊话、喷洒消毒、物资转运等方面。但由于资金来源渠道单一、人才外流、机制不顺、空域管制、法律法规和标准体系缺乏等原因,目前通用航空的航空搜救力量发展还相对缓慢,还有很大潜力有待挖掘。根据统计情况分析,我国目前可用于应急救援的通用航空力量距离实际需求还相去甚远,不但和欧美国家差距巨大,甚至和一些发展中国家也有较大的差距,因此,要在短时间内完成追赶和超越并不现实。但需要关注的是在我国其他技术产业发展迅速的今天,通用航空的空中救生力量却发展缓慢,其主要原因是在于缺乏促进通用航空快速发展的政策环境、运行环境和保障环境,具体表现在:通用航空没有形成良好的发展产业链,制造业技术落后、经营水平不高、定价机制不合理、相关服务业尚未发展、保障设施和服务不配套、低空空域资源不能充分利用等。此外,我国通用航空的整体实力太薄弱,拥有的航空器数量少、质量差,与运输航空相差较远,严重违背民用航空发展规律。

因此要全面推进我国航空搜救事业发展,重点是要对解决制约通用航空发展的问题,推出强有力的政策支持,迅速明确低空开放政策、减免通用航空器材的税负、对公益和应急救援飞行提供财政补贴、整体规划通用航空机场的总体建设和布局。

六、中国民用航空局

中国民用航空局(Civil Aviation Administration of China,CAAC)简称民航局,是中华人民共和国国务院主管民用航空事业的部委管理的国家局,归交通运输部管理。其前身为中国民用航空总局,于2008年3月改为中国民用航空局。对于航空搜救活动,其相关的主要职能包括:① 对民用航空器运营人实施运行合格审定和持续监督检查,负责民用航空飞行人员、飞行签派人员的资格管理;②审批机场飞行程序和运行最低标准;③管理民用航空卫生工作;④负责民用航空器型号合格审定、生产许可审定、适航审查、国籍登记、维修许可审定和维修人员资格管理并持续监督检查;⑤编制民用航空空域规划,负责民航航路的建设和管理,对民用航空器实施空中交通管理,负责空中交通管制人员的资格管理;⑥管理民航导航通信、航行情报和航空气象工作;⑦监督管理机场建设和安全运行;⑧审批机场总体规划,对民用机场实行使用许可管理;⑨管理和指导机场安检、治安及消防救援工作;⑩对民航企业实行经营许可管理;⑪组织协调重要运输任务。

虽然中国民用航空局并不直接配属专业航空搜救力量,但所有航空搜救活动的实施都必须通过其具体实现,航空搜救行动组织、人员装备管理、维护保障、场地建设等都和其密切相关。

第二节 我国航空搜救体系的总体框架

一、我国航空搜救体系存在的问题

(一)救援主体过于依赖军队

大灾面前,我国的搜救队伍主要是军队。军队作为国家的武装力量,以抵御外敌入侵、国防备战为主要职责。近年来,我军虽然强调了履行多样化任务的能力建设,但由于职能所限,军队实施搜救缺乏必要的救灾装备、技术和训练,容易导致救灾行动不够规范、具体操作不够专业。同时,从国防经济学角度而言,动用常备精锐部队长期频繁执行救灾任务其实并不划算。而且,由于军队的编制体制、服役年限等诸多限制,在军队中编制航空搜救人员、配备搜救物资容易造成军队不计成本使用行政资源挤占社会化、专业化的救援市场,从根本上造成不公平竞争。例如,在2008年南方雨雪冰冻灾害后,为加快灾后重建步伐,贵州等地积极协调陆航等部门,开展了直升机电力巡线的工作。单纯从应急响应的角度看,陆航出动包括米-171在内的直升机的确是有助于地方开展紧急救援工作,但我们也必须清醒地看到,米-171直升机为通用型运输直升机,体积大、重量大,完全依靠人工趴伏在机舱门附近目视作业,效益不够高。相比之下,我国民航部门装备的专业化巡线直升机型号,成本低廉、速度快、断点定位精度高,但却得不到有效利用。

因此,我国应该进一步加强对军队参与抢险救灾的立法,完善《军队参加地方抢险救灾条例》,让军队的国防资产发挥出更大的社会和军事效益,同时也给社会化直升机搜救留出宝贵的空间。

2007年,英国一名农夫的奶牛不慎坠入山涧,无法自行脱险。农夫向当地警察局申请,但警察局没有直升机设备,因此只能向英国皇家海军提出需求。在对于营救一头牛是否属于公益性的直升机搜救的问题上,英国国防部和皇家海军内部产生了巨大分歧。因为如果是公益性的救援飞行,皇家海军必须无偿执行作业任务,而如果是商业化的飞行任务,就必须收取相应的成本费用。最终,经过多方协商和讨论,皇家海军认为公益性的直升机搜救的对象应该是人,因此对奶牛实施救援不属于公益性救援行为,必须收取相应的费用,否则就是浪费纳税人的钱,也是对普通搜救的市场侵占。后来,英国皇家防止虐待动物协会按照每小时3000英镑的标准支付了执行救援任务的"海王"直升机3h的出动费用。

从上述事例可以看出,大量的可以通过社会化实施的救援行动应该让市场发挥资源配置作用,军用航空救援资源应用于急、难、险、重的救援需求中。如此一来,不仅提高了救援资源的效率和效益,也可为社会化救援产业留出必要的空间和市场。

(二)基础设施建设过于薄弱

航空搜救产业需要包括地面服务保障设施、飞机和各类专业人员队伍的共同发展才能够发展。而我国由于管理理念、经济水平以及人员培养等诸多方面的长期滞后发展,导致航空搜救的基础不够牢固,持续发展的后劲受到严重影响。以汶川大地震为例,当时地面交通和通信几乎全部中断,数以十万计的灾民望眼欲穿,迫切等待空中救援力量的到来。但遗憾的是,空中力量真正投入救援已是大灾发生40多个小时以后的事情,而且调集的直升机也仅仅百余架。由于空管、机场、机型和机载设备条件、机组等诸多因素限制,真正投入救援的其实更少,如图3-2所示是汶川大地震救灾飞行情况统计情况。

从2008年5月14日中国民用航空局下令征调全国直升机参与抗震救灾起至22日,直升机集结非常迅速,不到24h就集结了16架直升机,但日飞行架次不高,即使到了灾后第7天,直升机平均日出动架次也仅略高于1次/日。这在很大程度上是由于我国通航基础设施建设过于薄弱造成的,无法满足高强度、高密度的救援飞行保障工作。当然,造成我国直升机搜救基础设施建设过于薄弱的原因来自方方面面,既有技术方面的原因,也有管理方面的原因,更有认识方面的原因。以救援直升机起降点为例,由于极为严格的低空空域管制和各类非市场化的不合理收费以及土地管理等方面的原因,全国各地的直升机机场、起降点数量屈指可数。参照一下国外的情况,例如美国。美国共有3 000余个县,拥有机场19 990个,其中公共机场5 233个,私人机场14 757个,供运输航班使用的有500个,其余19 000多个机场可供通用航空飞机和直升机起降使用,几乎每个县都有自己的通航机场。表3-3是2017年12月31前我国通航产业发展情况的统计表,可见我国在基础建设方面的差距明显。

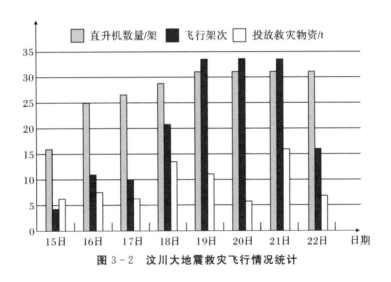

图3-2 汶川大地震救灾飞行情况统计

表3-3 我国通航产业发展情况的统计表

（数据截至2017年12月31日）

管理局	省市	运输机场	通用机场				产业园		制造		空中游览	
			已取证	未取证	在建	规划建设	已使用	在建和规划建设	已投产	在建和规划建设	已开展	拟开展
华北	北京	2	5	2	0	1	0	0	1	0	2	0
	天津	1	3	1	0	2	2	1	1	0	3	0
	河北	6	3	3	4	18	0	1	0	0	0	0
	山西	7	1	3	0	18	0	5	2	5	0	11
	内蒙古	19	4	3	7	23	0	0	0	0	6	11
	合计	35	16	12	11	62	2	7	4	5	11	22

续表

管理局	省市	运输机场	通用机场				产业园		制造		空中游览	
			已取证	未取证	在建	规划建设	已使用	在建和规划建设	已投产	在建和规划建设	已开展	拟开展
东北	辽宁	8	4	5	1	19	2	19	6	9	6	21
	吉林	6	2	2	3	6	0	1	3	3	1	1
	黑龙江	13	7	72	1	16	0	2	2	1	2	0
	合计	27	13	79	1	16	0	2	2	1	2	0
华东	上海	2	2	0	0	0	2	1	7	0	1	0
	江苏	9	5	0	6	3	9	3	0	0	0	0
	浙江	7	9	1	5	7	2	4	0	4	2	0
	山东	9	4	1	4	31	2	2	1	1	3	10
	安徽	5	1	1	0	10	1	5	1	3	0	2
	福建	6	2	0	0	3	4	1	3	0	2	6
	江西	6	5	1	0	22	22	2	3	3	2	8
	合计	44	28	4	15	76	22	18	15	11	11	28
中南	河南	3	1	0	3	16	2	0	2	2	3	3
	湖北	6	4	0	2	4	3	6	4	2	1	4
	湖南	7	0	1	1	7	0	3	2	1	1	4
	广西	7	0	1	1	7	0	3	0	0	4	0
	海南	4	3	5	2	23	0	2	0	0	14	2
	广东	8	6	4	1	5	3	0	2	0	2	0
	合计	35	14	32	10	60	8	14	10	5	25	21
西南	四川	13	5	11	2	2	2	9	16	10	14	7
	重庆	3	1	0	4	4	1	0	3	2	3	8
	贵州	11	0	1	0	5	0	2	0	0	2	2
	云南	15	0	3	2	53	0	1	0	0	4	0
	西藏	5	0	1	1	22	0	0	0	0	0	2
	合计	47	6	16	9	86	3	12	19	12	20	19
西北	陕西	5	1	0	3	2	2	1	0	0	4	0
	甘肃	8	1	3	2	23	0	11	0	4	4	8
	宁夏	3	2	2	2	1	6	0	1	0	0	1
	青海	6	0	0	1	6	0	1	0	0	0	6
	合计	22	4	5	8	32	3	14	0	5	9	20
新疆		19	0	72	2	20	0	0	0	0	3	0
总计		229	81	220	60	377	40	87	59	51	88	132
		229	738				127		110		220	
			967									

(三)专业装备及人才短缺

长期以来,我国直升机搜救产业发展缓慢,救援飞行力量捉襟见肘。仅以警用直升机为例,美国在 1980 年就拥有警用直升机 1 500 多架,而我国到 21 世纪的今天,全国医疗直升机仅有 102 架,远不能满足大规模救灾需要。大型运输直升机方面,例如,米-26 直升机,该机一次最大可载运 20 t 货物,可承载 105 人,能大批量将受伤灾民外送,更为关键的是可以以吊运方式运送大型机械和救援器材,但是此类直升机国内数量极少。其他诸如 EC-225 型专业救助直升机等,国内也仅有两架。

虽然飞行器可以通过购置进行弥补,但是人才的短缺却无法在短期充实,发展航空搜救产业需要方方面面的人才,特别是驾驶人员。但目前,我国很多的通用航空公司面临飞行员断档的危险。当面临像汶川大地震这种大规模的自然灾害时,技术人员的缺乏以及技术水平的缺失,必将会对救灾工作造成严重的负面影响。在美国,有 66 万人拥有飞行驾照,为国防安全以及抢险救灾提供了强大的技术和人才保障,而我国持有飞行驾照的仅 1.2 万人,维持民航自身运行都存在困难,一到抢险救灾这种关键时刻,飞行员只好超时飞行,造成巨大的安全隐患。

除此之外,空中救生员、医护人员都是航空搜救必不可少的人才,我国目前还不具备空中救生员的培训能力,成熟的救生员只能由国外相关机构培训,部队多数单位的空中救生员都没有经过系统培训,空中医护人员也没有专业的培训。

(四)顶层规划不够明确

在我国现行的管理体制中,与航空搜救直接相关的部门大约有 21 个,其中,能够直接实施现场救援的主要有 5 个。另外,国家卫生部和红十字会作为专业化的医疗卫生救援机构,是国内除军队外唯一可以进行医疗救助的部门。目前,各单位各部门都普遍认识到航空搜救对于社会和谐稳定和经济发展的重要作用,希望投入力量进行航空搜救体系的建设。从救援事业本身的发展来讲,这是非常值得高兴的,但我们也必须清醒地认识到,这些部门普遍使用财政资金进行救援体系建设,成本高昂、覆盖面有限、救援效益也有限。而如何能够在国家层面上,统一部署和规划,调动各单位各部门的力量,有步骤有计划地开展具有我国特色的航空搜救体系建设是摆在我们面前的一个重大课题,也是必须解决的难题。

二、我国航空搜救体系的基本框架

到目前为止,我国航空搜救体系发展还处于起步阶段,近年来虽然发展有所加速,各相关部门都加快了航空搜救体系建设的探索,但在组织指挥、搜救资源、人才素质和保障能力等方面距离我国的航空应急救援的需求还有较大差距,还需要在统筹现有航空应急救援力量的基础上进行深入的论证,研究建立适合我国国情的航空搜救体系。在这方面很多学者和相关机构都提出了不同的体系框架模型,有的甚至已经进入到了实际应用检验层面,但很少有体系框架能够综合考虑我国现有的应急救援机制、航空搜救实践、相关机构任务职能和发展建设的现实情况,而航空搜救体系的建设不但要考虑和国际接轨,还要和各自国家的具体情况相结合。因此,笔者认为我国的航空搜救体系建设应首先在国际民航组织(ICAO)和国际海事组织(IMO)提出的全球搜救体系架构的基础上,结合我国航空搜救相关部门的职责分工、力量构成、任务需求,从指挥链条构建、搜救力量建设、响应机制设计等方面出发,建设既符合航空搜救客观实践又符合我国具体国情的高效的航空搜救体系。

就目前我国各相关部门机构的具体分工而言,我国航空搜救体系建设应该以各级应急管理机构为核心,按照响应、协调、处置三个环节构建整个指挥行动体系框架,并依托医疗卫生机构、公安机构、应急救援机构、军事机构、交通运输机构和通航公司(个人)等机构按照不同的任务分工和需求在应急管理部门的协调下,共同构建"指挥统一、综合协调、全面保障、高效利用、素质全面"的航空搜救体系,其基本框架,如图3-3所示。

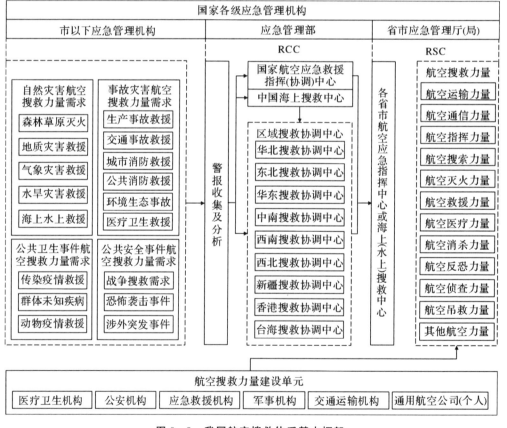

图 3-3　我国航空搜救体系基本框架

航空搜救是由于灾害、医疗、事故、案件等特殊情况产生的特殊应急救援需求,一般情况下由于地面行动组织相对简单,在以上特殊情况产生时,应该首先考虑采用基于地面的应急行动实施救援,如果需要采用航空搜救力量实施救援任务时,应该由应急响应部门根据实际情况进行搜救风险评估、搜救需求分析、搜救力量预估,并向对应的搜救协调中心上报搜救需求的警报。这个响应工作,应由市以下地方的应急管理机构和公安、消防、医疗、旅游、交通运输等相关部门的警报渠道对接,在其需要航空力量搜救时对警报信息进行预处理,并按照事故等级和事故地域上报相应的搜救协调中心。

三、我国航空搜救行动的组织协调

笔者认为,现阶段我国航空搜救协调中心按照等级应该划分为国家和地区两个等级,主要负责搜救任务的统一调配,其功能类似国际搜救体系中的搜救协调中心(RCC);具体搜救任务的实施控制应该由各省市的航空应急指挥中心负责,其功能和国际搜救体系中的搜救分中心(RSC)基本一致;航空搜救力量(含义类似国际搜救体系中的搜救设施)建设由任务相关单位或个人按照一定的规划进行分布式建设,但在使用阶段应本着一定的原则统一有效调用。

(一)国家级搜救协调指挥中心

按照现行体制和任务的一般划分,所有的应急救援任务应该都由应急管理部门负责,但是由于海事救援的特殊性和救援工作的延续性,我国海上/水上应急救援工作前期一直由交通运输部负责,其下属的海上搜救中心也是对接国际救援的重要部门,因此按照国际通行的搜救体系而言,我国应该在应急管理部成立一个国家联合搜救协调中心(Joint Rescue Coordination Centre,JRCC),负责对所有的航空搜救任务进行统一协调,而后根据事故发生地域,再将任务划分给国家航空应急救援指挥(协调)中心(即全球搜救体系中描述的航空搜救协调中心,Aeronautical Rescue Co-ordination Centre,ARCC)和中国海上搜救中心(即全球搜救体系中描述的海上搜救协调中心,Maritime Rescue Co-ordination Centre,MRCC),其中国家航空应急救援指挥(协调)中心由应急管理部管理,主要负责组织航空搜救力量对我国陆地范围内的事故实施搜救行动;中国海上搜救中心由交通运输部管理,主要负责组织海空搜救力量对我国水域范围内的事故实施搜救行动。其中我国的国家联合搜救协调中心和航空搜救协调中心可合并为单一机构,以便于资源优化整合和提高协调的效率。

(二)区域级搜救协调指挥中心

按照全球搜救体系中对RCC区域划分的描述,我国应该有11个搜救协调中心(包括台北搜救协调中心)分别对应11个飞行情报区:沈阳飞行情报区(ZYSH)、北京飞行情报区(ZBPE)、上海飞行情报区(ZSHA)、台北飞行情报区(RCAA)、武汉飞行情报区(ZHWH)、广州飞行情报区(ZGZU)、香港飞行情报区(VHHK)、三亚飞行情报区(ZJSA)、昆明飞行情报区(ZPKM)、兰州飞行情报区(ZLHW)、乌鲁木齐飞行情报区(ZWUQ)。

由于政治、经济、历史和成本效益等原因,现阶段我国的航空搜救区域实际划分为9个,包括华北搜救区(北京飞行情报区)、东北搜救区(沈阳飞行情报区)、华东搜救区(上海飞行情报区)、中南搜救区(武汉飞行情报区、广州飞行情报区、三亚飞行情报区)、西南搜救区(昆明飞行情报区)、西北搜救区(兰州飞行情报区)、新疆搜救区(乌鲁木齐飞行情报区)、香港搜救区(香港飞行情报区)和台北搜救区(台北飞行情报区)。

需要注意的是本书所描述的我国区域搜救协调中心和航空搜救区概念是不同的,前者是指在需要航空搜救力量实施应急救援的区域,后者主要是负责航空器遇险处置的区域,两者之间是有着明显区别的:首先,前者的搜救对象要包含后者的搜救对象;其次,前者由应急管理机构负责,后者由民航部门负责;最后,前者主要是航空搜救力量的协调机构,后者能够提供航空器事故搜救的一切力量的协调机构。虽然两者之间有着明显区别,但就其职能而言两者都是执行搜救协调的机构,而且都和航空器的使用密切相关。因此,从效益角度出发,笔者认为在航空搜救中心的基础上构建我国的区域搜救协调中心是较为科学的,这样一方面便于航空搜救力量的调度,另一方面可以减少协调的难度、提高搜救效益。

(三)各省市航空应急指挥中心

就我国而言,各省市航空应急指挥中心实际上对应的是国际搜救体系中的搜救分中心(RSC)概念,由于我国的应急管理机构并不是按照航空搜救区域的体系构建的,而是按照国家、省、市……的结构由各级政府机构按照级别设置的,这就使得各省市的航空应急指挥中心可能会对接两个或多个搜救协调中心的搜救任务,但这并不影响其实际功能和正常运转,其主要任务只是为各协调中心的具体任务对接中心配置的相关航空搜救力量并提供相应的保障服务。

(四)航空搜救力量的建设单元

根据搜救需求的不同,实际上航空搜救力量在建设时都是具有一定针对性的,比如用于应急救援的航空搜救力量更注重搜索器材和悬停吊救设施的配置和救生人员的能力培养、医疗救援的航空搜救力量更注重机载医疗救护设备的配置和医护人员的空中医护能力建设、用于空中灭火的航空搜救力量更注重的是直升机的运载能力和操控人员的精确控制能力等。因此,在航空搜救力量建设时,应该由不同的职能部门、机构、公司或个人根据需要进行建设,但当航空搜救需求出现时,应该由距离最近的省(市)应急指挥中心根据不同的搜救任务需求,调配航空搜救力量实施救援,在资源调配时一般优先调用警报来源机构的航空搜救资源,在无法满足需求时,再根据具体情况灵活配置其他航空搜救平台予以支援。这里需要注意的是,航空搜救力量的建设不仅仅包括硬件平台的建设,还包括机组、后勤、保障和空中勤务人员的培养,而且每个搜救平台还应培养一个能够担负现场协调人(OSC)职责的指挥员,可以担负协调现场搜救行动的任务,主要负责协调所有搜救单元的协同、落实上级指挥中心的搜救指示、防止发生次生危害等工作。

第三节 我国航空搜救行动的组织指挥

一、我国航空搜救组织指挥体制的需求分析

(一)对应需求、分层响应

不同规模的灾害对搜救力量的规模需求是不一样的,我国一般将灾害划分为特别重大、重大、较大和一般四个级别,在响应时分为Ⅰ级、Ⅱ级、Ⅲ级和Ⅳ级,虽然根据灾害种类、事故类型的不同,在对各种灾害事故进行响应时指挥机构和对应级别不尽相同。比如应对特别重大地震灾害,启动Ⅰ级响应时,我国的《国家地震应急预案》规定"由灾区所在省级抗震救灾指挥部领导灾区地震应急工作;国务院抗震救灾指挥机构负责统一领导、指挥和协调全国抗震救灾工作"。应对较大地震灾害,启动Ⅲ级响应时,"在灾区所在省级抗震救灾指挥部的支持下,由灾区所在市级抗震救灾指挥部领导灾区地震应急工作。中国地震局等国家有关部门和单位根据灾区需求,协助做好抗震救灾工作"。而在《国家防汛抗旱应急预案》中,在启动Ⅰ级、Ⅱ级、Ⅲ级和Ⅳ级应急响应时,都是由国家防总主持会商,做出相应工作部署,不同之处在于主持会商的领导不同、要求标准不同、相关省、自治区、直辖市的工作重点、内容和标准有所不同。这种响应机制是和具体的灾害性质和国家的应对策略密切相关的,因此不同的灾害事故在应对时是有较大差异的。

我国在应对各类灾害事故时,在指挥组织方面确有不同的模式,但一般是按照国家、省、市、县区的级别进行响应、实施指挥的。虽然灾害程度越严重可能对航空搜救资源的需求就越大,但实际上,在遇到灾害事故时,我国对人民生命财产的援救是不计代价的,因此我国在对航空搜救力量的使用方面不应按照灾害级别进行响应,而是应该按照实际需求进行响应,比如当在搜索遇险人员时,如果某地区的航空搜救力量不足以在短时间内覆盖搜索区域,而如果搜索时间过程可能导致人民生命财产的损失时,应立刻调集周边区域或全国区域的可用资源全力援助,即"按需求实施航空搜救响应"。因此,在航空搜救的组织指挥体制在构建时应明确不同的响应层级,以对应不同规模的航空搜救力量

需求。

(二)精准配置、统一调用

航空搜救力量最显著的优势是时效性高、到达能力强,劣势是数量规模难以提升。因此航空搜救力量的使用一般主要面向急、难、险的应急救援任务,鲜有大规模的集中使用需求。基于航空搜救行动特点,各国都倾向于将搜救力量进行分散部署,除非战争等可以预期有大规模搜救需求时才会集中配置。而绝大多数事故灾害却是不可预见的,要对这些事故进行快速响应,航空搜救力量就必须进行分散部署,使得在某一区域范围内都可以获得较快的航空应急救援服务,目前国际上航空搜救体系相对健全的国家基本都采用的这种分散部署的方式,不同之处仅在于部署的密度不同,发展较好的国家响应时间相对较短,反之则时间相对较长。我国由于航空搜救力量薄弱,目前还不具备全国部署、全域响应的能力。因此,分散平均部署的模式并不适合现阶段我国的航空应急救援需求,要最大化航空搜救力量的使用效益应综合考虑我国所有搜救力量的配置、航空搜救需求、地形地貌影响、灾害分布特点以及潜在事故风险等多种因素,对有限的航空搜救力量实施精准配置。

除此之外,航空搜救手段是搜救手段的一种特殊搜救手段,由于其运载能力、数量规模、行动限制、技术手段等原因,不一定所有的场合、所有的行动都适合使用,即使适合也不一定能满足灾害事故的所有需求。因此,在应对不同等级和不同形式的灾害事故时,航空搜救力量是否使用、如何使用、使用规模都需要在综合考虑救援规模、搜救条件、保障能力等多方面因素的基础上按需视情调用。基于以上考虑,灾害事故警报不应直接对接航空搜救指挥中心,而是应该对接专项的灾害事故指挥中心,各灾害中心按照受灾情况对救援、医疗、搜索、转运等搜救力量进行统一调配,航空搜救作为特殊的搜救资源也应该由专项事故指挥中心根据实际情况,提出相应的需求,而后由区域以上级的航空搜救协调中心负责调配力量实施救援。需要注意的是航空搜救力量在使用时需要兼顾气象、航管等多种限制条件,还要统筹机务、油料、起降点等保障条件,因此不同于其他资源的使用,各指挥中心应单独设置"航空搜救的协调人"岗位或部门,专门负责对接航空搜救力量的使用,这要根据事故或机构规模灵活设置,并不是特指该指挥部的某一个人。

(三)权责清晰、分工明确

使用航空搜救力量实施救援的原因主要包括四个方面:一是时效性要求高,如果救援力量不能快速到达,人员财产损失会几何基数上涨;二是地面力量难以到达,如受到地质灾害影响,地面力量无法到达遇险地域实施救援,只能依托空中力量进行协同救援;三是地面救援手段无法满足救援需求,比如在地面通信基站受到破坏时,利用无人或有人空中通信中继站能够更快地恢复局部范围内的通信指挥能力;四是空中搜救手段更加便捷高效,例如实施大范围人员搜索时,空中平台视野更开阔、行动效率更高。通过对航空搜救力量使用的原因剖析我们可以看到,航空力量的组织指挥一定要注重发挥平台优势,重点是要关注以下几点。

1.在提高其时效性方面

组织指挥体制应尽量考虑提高航空搜救力量的反应速度,这就需要各指挥层级间要明确任务职能,减少不必要的任务重叠,使得组织指挥链条尽量简洁,现场指挥机构能通过和上级指挥机构的沟通直接解决制约行动的主要问题。

2.在空地平台协同方面

在组织指挥过程中应合理认识和使用航空搜救力量,不应过分依赖也不能完全摆脱航空搜救力量,需要充分整合可用的各种搜救资源实施救援,这就要求组织指挥职能机构素质要全面,要对整个搜救指挥进行通盘考虑,但同时指挥机构专业要精通,对航空搜救力量的使用要安全、精准、高效。

3.在航空搜救力量建设方面

组织指挥机构要具备专业的总结、分析、研究、整改、提升、发展能力,能够全面总结现阶段航空搜救行动的不足和缺陷,分析问题根源,研究解决途径,整合力量对问题进行深入整改,为提升航空搜救体系整体应急救援能力打牢基础,并能够创新应用新技术、新手段,不断推进航空搜救水平的发展。

4.在现场行动组织指挥方面

航空搜救行动的现场指挥和组织不但要考虑搜救行动还要兼顾平台特点,指挥员能够充分利用各搜救平台的优势,在保证安全的前提下提高搜救效率;机组、空地之间要能够有效协同、相互配合、合理补缺;平台内部成员间应步调一致、合理分工、精准配合。

二、我国航空搜救组织指挥体制的基本设计

通过对我国航空搜救组织指挥体制的基本需求分析可以看到,我国航空搜救行动的组织指挥机制需要结合我国航空搜救力量的发展、相关机构的职能分工和航空搜救行动特点等要素进行总体设计。笔者综合上述分析,提出了如图 3-4 所示的适应我国现阶段航空搜救需求的组织指挥体制基本设计,该设计可以有效解决以下问题。

(一)密切对接应急救援体系

首先,航空搜救是应急救援体系的重要救援力量,其使用模式和响应机制都应和我国的应急管理机构密切对接。就航空搜救体系而言,其力量调用应该划分为搜救协调中心(RCC)和搜救分中心(RSC)两级,分别对应区域搜救协调中心、各省市航空应急指挥中心或海上(水上)搜救中心两个级别。一般情况下,区域搜救协调中心是国家级的应急响应机构,但我国幅员辽阔,连同港台地区有 9 个搜救协调中心,如再单独设立对外搜救协调中心,那么共需要 10 个区域协调中心,如果将这 10 个协调中心统一设置在国家级,显然是不能满足我国的航空搜救任务快速响应需求的。因此,我国的航空搜救响应级别应按国家、区域和地区三个层级设置。

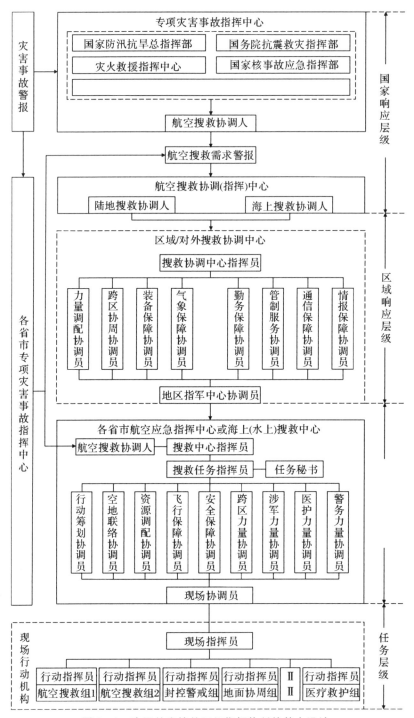

图 3-4　我国航空搜救组织指挥体制的基本设计

其次,我国的应急管理机构主要有国家(应急管理部)、省市应急管理机构(应急管理厅(局))和基层应急管理机构三级。应急管理部设置国家级的专项灾害事故指挥中心,各省市应急管理厅(局)设置各地区的专项灾害事故指挥中心,没有区域级的灾害事故指挥中心。因此,我国区域搜救协调指挥中心并不对应任何级别的事故灾害指挥中心。

综上,我国航空搜救体系、搜救协调体系、应急管理机构和灾害指挥中心的对应关系应如图3-5所示。在应对不同级别的灾害事故时应由负责处置灾害事故的指挥中心明确航空搜救的平台需求、数量规模需求、时效性需求等具体内容,而后由能够提供相应航空搜救力量的航空搜救指挥中心予以响应。

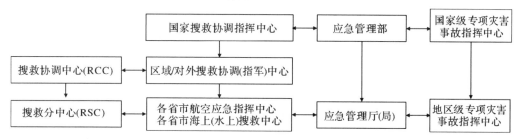

图3-5 我国航空搜救体系、搜救协调体系、应急管理机构和灾害指挥中心对接关系示意图

(二)科学融入应急救援任务

我国的应急救援任务主要由国家各级应急管理机构的各类灾害事故指挥中心具体应对处置的,而航空搜救力量仅仅是处置各类灾害事故的一类重要力量,不同之处在于其需要专业的保障支撑才能完成搜救行动的具体实施,而航空搜救体系在搜救实施过程中更应关注的是搜救力量的快速集中配置和具体任务的实施两个方面。

首先,在航空搜救力量的快速集中配置方面。在国家层级一定要保持一定规模的各种航空搜救力量,这些搜救力量的建设可以根据部门分工和行业发展建设需求由应急救援部统一规划,进行分布式的建设。比如可以由卫生健康部门重点建设航空医护救援力量、由交通运输机构重点建设海上(水上)航空搜救力量、由公安机构重点建设陆上海空搜救力量等,最后由应急管理机构按照其他机构的建设情况进行补充建设;在区域层级,应满足所有航空搜救力量的功能覆盖,确保在出现航空搜救需求时,可以在临近区域快速调集具备相应功能的航空搜救平台;在地区层级,应注重分析灾害事故多发地区的航空搜救需求,统筹地区内航空搜救力量配置,精准部署地区所属航空搜救力量。

其次,在航空搜救任务的具体实施方面。国家响应层级需要对所有的灾害事故警报进行响应,在搜救任务归属不明确时,负责明确具体航空搜救任务的任务协调中心和任务指挥中心,同时在应对特殊航空平台调度或需要大规模使用航空搜救力量时负责两个或多个搜救协调中心之间的协调;区域响应层级不直接对灾害事故警报进行响应,而是为各省市的航空搜救行动提供装备、气象、勤务、管制、通信和医疗等保障协同,同时在省市航空搜救力量无法满足应急救援需求时,为其调配支援力量和跨区协同保障;地区响应层级是航空搜救行动的实际响应层级,是各类航空搜救行动的直接组织机构,主要职责有为航空搜救行动的实施进行行动筹划和调配资源、为其航空搜救行动的开展进行空地联络协调、为航空搜救提供直接的飞行和安全保障协调,当本地区搜救力量不足时,调配跨区、涉军、医护和警务力量进行支援。

总之,航空搜救的组织指挥应主要服务于各类应急救援任务,在特有的行动体系支撑下,服从各类指挥机构的调配,多渠道对接应急救援需求,面向不同搜救任务,最大化平台救援效益。

(三)有效提升应急救援质量

航空搜救的组织指挥体制要有效提升应急救援的质量,一方面要提升自身的反应效率和保障规模,另一方面还要充分发展平台优势和其他救援力量有机融合,形成立体化的应急救援体系。这就要求航空搜救的各级组织指挥机制能够充分挖掘航空搜救模式的救援潜力,并不断拓展潜力基础,大力发展配套设施、人才梯队、装备器材等基础建设。具体来说主要是科学划分航空搜救组织指挥的四个层级的任务职能,并各自在职能范围和对接模式上不断优化。

首先,任务层级要努力提升执行效率和协同效率。现场指挥员要熟悉参与应急救援的搜救力量的特点和搜救平台的特点,能够针对参与应急救援任务的搜救力量和平台情况科学制定合理的行动方案;各搜救小组能的行动指挥员能够指挥所在小组准确落实现场指挥员的命令,并提出合理建议;小组成员则能够熟练掌握本岗位搜救技能,高质量完成行动指挥员赋予的各项任务。

其次,地区响应层级要注重提升任务的响应速率和协同保障能力。地区响应层级是航空搜救力量的直接管理和指挥层级,是航空搜救时效性提升的关键层级,应尽量优化灾害警报到航空搜救力量响应之间的组织链路,使航空搜救力量能够在收到警报后的第一时间出动实施救援。同时该层级也是各类航空搜救力量和空地搜救力量进行协同的关键层级,平时应注重各类航空搜救力量的协同指挥和协同保障演练,并努力提升和地面救援力量之间的协同能力。

再次,区域响应层级应侧重提升为飞行活动提供基本保障的能力。区域响应层级在实施组织指挥链条中主要担负跨区协同的协调工作。但实际上,该层级的核心任务并不是指挥,它是航空搜救行动得以实施的基本层级,重点是建设包括气象、装备、管制、通信、情报和勤务保障在内的各种基础保障能力,并对搜救力量的装备建设、人才梯队建设、常态化训练和装备维护等工作负责。

最后,国家响应层级应重点提分析研究和专业指导能力。国家响应级一般只对应重大灾害事故的警报响应,为大量航空搜救力量需求协调国内外可用的航空搜救资源,为隶属不清的事故警报指定负责机构,对高难度搜救任务予以远程或现地指导,并不直接参与和指挥具体的航空搜救行动。但是该层级应该对国家航空应急救援体系的建设负总体责任,应有专业的科研力量和专家库等对我国航空搜救体系进行系统研究,查找体系不足并提出合理改进建议,研究高效的航空搜救技术手段,开发适用性、可靠性更强的搜救平台或装备,针对任务特点和平台特点制定有效的搜救协同战术,等等。

三、我国航空搜救组织指挥体制的功能描述

(一)国家响应层级

国家响应层级在我国航空搜救组织指挥体制中位于最高层级,其主要职能应该包括

以下三个方面。

1.研究航空搜救发展的重难点问题

影响航空搜救效能的要素包括组织指挥、人才培养、装备建设、行动效率以及日常训练等多个方面,只有不断优化完善相关环节,才能不断推进航空搜救质量的不断提升。国家响应层级应加强国内外航空搜救行动的研究,对自身建设中存在的问题进行分析,确定问题根源和改进措施,为应急管理部门开展航空搜救力量建设、完善组织指挥模式、研制新型航空搜救平台、制定航空搜救人才培养方案、改进航空搜救训练大纲、优化航空搜救力量布局等提供参考和依据。

2.对接国家专项事故灾害指挥中心

由于不同事故灾害处置的差异性较大,我国在应对不同事故时由专项指挥部或中心负责具体处置事项,但如果为每一个专项灾害事故指挥部都单独配置一套航空搜救力量的指挥机构无疑会造成巨大的人力资源浪费,并且也不利于航空搜救力量的整体建设和灵活使用。因此在每个专项灾害事故指挥中心单独设置一个航空搜救协调人岗位,用于确定事故灾害救援时的航空搜救需求,并将需求警报传递给响应层级的航空搜救指挥组织,再由统一的航空搜救组织负责航空搜救力量的调集和搜救任务的规划即可。

3.响应跨区航空搜救力量调配需求

当灾害事故后果严重,以至于区域中可用航空搜救力量无法满足需求,需要跨区调集大量航空搜救力量用于应对事故灾害时,由航空搜救协调(指挥)中心负责对接其他区域或国家的航空搜救力量进行支援。需要明确的是,其职能仅限于协调,确定支援力量的人员构成、装备型号、规模数量等具体情况,而支援力量的具体行动方案和保障协调等职责则由区域响应层级组织指挥机构具体负责。除此之外,当事故发生在区域交叉地域或陆海交叉地域,搜救任务隶属不清晰时,也由其负责为任务匹配邻近的搜救力量和指挥机构。

(二)区域响应层级

区域响应层级的职能机构是区域/对外搜救协调中心,是我国航空搜救体制中的中间环节,一方面要在救援时负责跨区力量的具体调配和区域内的所有飞行保障,另一方面在平时要做好本区域内航空搜救力量的建设工作,具体来说主要包括以下三个方面内容。

1.跨区域航空搜救力量的调配

首先,收集来自区域内各省市航空应急指挥中心或海上(水上)搜救中心的力量调配需求,若内在区域内完成力量调集,则直接进行力量的配置,该任务主要由区域搜救协调中心的力量调配协调员完成;其次,若本区域内的航空搜救力量无法满足需求时,则对接国家航空搜救协调(指挥)中心,进行跨区航空搜救力量的协同,该任务主要由区域搜救协调中心的跨区协同协调员负责;最后,跨区协同协调员还要负责当其他区域航空搜救力量不足时,从本区调动力量进行支援的协调任务。

2.区域内航空搜救的行动保障

航空搜救行动和地面行动的不同之处就在于其具体行动需要的实施需要多种资源和信息情报的实时保障,才能确保行动的安全和高效。区域搜救协调中心就需要为在本区域内飞行的所有搜救航空器协调各种所需的保障,保证航空搜救机组能够将精力集中于具体的搜救任务方面。该任务一般在搜救协调中心指挥员的统一协调下,由装备保障、气象保障、勤务保障、管制服务、通信保障和情报保障等协调员具体实施,再由地区指挥中心协调员负责对保障情况进行通报,并对下收集新的保障需求。

3.航空搜救力量的建设和训练

区域搜救协调中心要根据国家航空搜救协调(指挥)中心的统一规划,制定本区域内航空搜救力量的建设方案并负责监督落实,在落实过程中收集相关改进意见建议并及时上报;监督各省市搜救力量按照不同航空搜救平台的要求,落实其年度训练大纲,为保持和恢复平台搜救能力提供具体指导,对训练中发现的问题要及时予以纠正。同时,在合适时机应在区域内或跨区域随机抽调航空搜救力量进行协同演练,演练形式可以根据年度任务安排以专项考核、综合演练以及协同救援等形式开展。

(三)地区响应层级

地区响应层级的职能机构是各省市应急指挥中心或海上(水上)搜救中心,是航空搜救行动的直接指挥机构和搜救力量间的协调机构,其核心任务一方面是在救援时为现场行动提供协调保障,另一方面是在平时做好地区内航空搜救力量的建设工作。具体来说主要包括以下四个方面内容。

1.对接地区级专项灾害事故指挥中心

由于地区级响应层级是航空搜救力量的直接指挥和响应机构,和国家、区域响应层级相比,地区响应层级接警报后,航空搜救力量能够最快响应。但是在各地市级指挥中心都单独设置一套航空搜救指挥体系或航空搜救岗位显然不适合人力资源的最佳配置需求,因此将该协调岗位直接设置到各省市应急指挥中心或海上(水上)搜救中心,各专项指挥中心只需要提出具体的航空搜救力量需求,并将该需求向搜救中心的航空搜救协调人明确即可。

2.对接现场指挥员的协调和保障需求

航空搜救平台可以单独执行搜救任务也可以和多平台协同执行搜救任务,协同可以是地空协同也可以空空协同,参与搜救的平台可能来自应急救援机构,也可能来自医疗、公安、军队或其他区域,这些平台之间的协同仅仅依靠现场行动机构是很难有效完成的,需要后方指挥机构也就是各省市应急指挥中心或海上(水上)搜救中心予以协助完成。这些协调任务主要由现场协调员首先对接现场指挥员,在充分了解协调需求后由跨区力量协调员、涉军力量协调员、医护力量协调员和警务力量协调员等协调其他参与力量配合实施,当然这些专项力量协调员岗位不一定设置于各省市应急指挥中心或海上(水上)搜救中心,也可以根据实际情况设置于各专项灾害事故指挥中心。除搜救力量协调需求外,现场指挥员如果还有其他资源的需求也可以通过现场协调员交于资源调配协调员负责落实。

3.现场指挥的辅助决策和协助指挥

各省市航空应急指挥中心或海上(水上)搜救中心会有一个指挥员负责该地区所有航空搜救任务的协调,同时会为每一个航空搜救任务匹配一个专门的搜救任务指挥员,搜救任务指挥员将第一时间汇总该任务的所有情报信息,并和行动筹划协调员一起在航空搜救力量准备和到达前对现场行动进行先期规划,并和现场指挥员建立通信联络,在其到达前会形成至少一套较为完善的行动方案,现场指挥员在到位后会根据实际情况适当修改,并组织现场应急救援行动。营救行动开始后,搜救任务指挥员的工作重心就应该放在后续处置的接续安排上,例如航空医疗救援的后送点的确定、地面转运力量的到达、医疗机构的准备等,而行动筹划协调员则始终关注现场指挥,根据搜救力量变化、环境情况变化协助现场指挥员进行搜救方案的调整和实施。

4.所属航空搜救力量的建设和训练

搜救任务结束后,航空应急指挥中心或海上(水上)搜救中心应及时组织总结行动经验,并对存在的问题进行分析,撰写任务报告,提出改进意见建议。平时,地区响应层级应按照各航空搜救单元的训练大纲,负责组织安排日常训练,按照要求检查维护航空搜救平台和装备,保持区域内所有航空搜救平台的执勤率不低于一定水平。同时,加强对区域内的风险点研究,对事故灾害多发地区、地面力量不易到达区域、季节性事故区域进行认真分析,适时调整地区内部航空搜救力量的部署。

(四)任务层级

任务层级没有指挥机构,仅由一名现场指挥员负责组织指挥所有现场的搜救力量,一般当有人航空搜救平台参与的应急救援任务时,现场指挥员都是由某个航空搜救平台的行动指挥员兼任,原因在于航空平台的视野更好,更容易掌握现场情况和所有参与行动的搜救力量情况,其他某一类救援力量各为一组,由带队指挥员担任行动指挥员,在现场指挥员的指挥下协同完成应急救援任务。具体来说,该层级的主要职能包括以下三个方面。

1.现场情报的收集和上报

任务层级位于灾害事故位置,直接面对险情地、直接接触遇险人员、直接感知周边环境,便于事故灾害情报的收集,现场指挥员应尽可能的指挥所有搜救力量掌握现场情况,并及时对接现场协调员,上报现场情况,为任务指挥员协调更多支援力量、完善修改救援方案提供可靠情报和数据。现场指挥员也可根据现场情况做出判断,上报救援所需的其他需求,以便于搜救行动的有效展开。

2.搜救力量的组织和指挥

现场指挥员应和各行动指挥员充分沟通,在充分了解搜救力量情况、平台情况、救援需求后,根据现场情况对搜救预案进行修改完善,而后根据搜救预案对搜救力量进行任务分组,明确各自任务、协同要点、任务顺序、行动次序和处置流程,并建立各协同小组之间的通信联系,情况允许的情况下应对特情进行充分的预想预防,尤其对处置过程中的危险环节要予以明确,防止因处置失误造成更严重的人员财产损失。

3.搜救行动的协同和实施

搜救行动的协同工作包括组间协同和组内协同两个方面的内容,组间协同一般需要现场协调,原因在于两组人员间可能来自不同的搜救机构,如果平时没有协同演练,则需要对协同的重难点环节予以明确,尤其是在协同的时机、协同的人员、协同的方式上进行详细的沟通,如果时间不允许可以边救援边协同。组内协同一般不需要现场协调,原因在于同组人员一般来自相同机构,日常训练协同相对娴熟,只需要根据实际进行简单协同即可。但需要注意的是有协同关系的小组间一定要建立通信联络,防止因协同不畅导致任务失败。

第四章 航空搜救组织

第一节 搜救协调层次

一、国际与地区层次

(一)国际层次方案

建立全球搜救系统的历史进程,首先是建立国家搜救系统,然后将它们联合起来成为一个整体。建立国家搜救系统的途径之一就是将其职责指定给某个机构,并期望其依靠各种资源形成搜救能力。而采取全球化、区域化或多机构联合的途径,或许是一种更好且更具成本效益的选择,即全球化搜救体系解决方案。

国际民航组织(ICAO)和国际海事组织(IMO)在全球范围内协调各成员国的力量,提供搜救服务。其目的在于提供一个能够支撑世界范围的搜救系统,无论在任何位置需要救援时,都会得到相关成员国的搜救服务。全球按照一定规则划分成若干搜救责任区,每个责任区按照一定原则设立一个协调中心和相关搜救机构。其意义在于任何一国的公民在远离所属国家遇险时,可以快速获得遇险区域责任国的搜救服务,各成员国只需关注自己责任区域内所有的搜救需求即可,而无须考虑其国籍和环境。该系统的建立在提高搜救效率的同时也大幅降低了搜救成本。

援助遇险的任何人员、航空器、船舶、潜水器是符合所有国家利益的,这是在传统人道主义义务基础上所公认的国际惯例,同时也是国际法所确定的。险情在任何地方任何时机都有可能发生,甚至有些事故灾害可能会覆盖多个搜救区域。例如一架航空器可能在远离飞行中突然发生紧急情况;同样,人或者船舶在海上遇险也可能漂流相当远的距离。

全球搜救系统的建立是要确保任何人员、平台和形式的灾害事故,都能够得到快速的援助。《国际民用航空组织公约》的《搜寻救助》附录12和国际海事组织的《国际海上搜寻救助公约》是建立搜寻救助服务所需条件的主要文件。各个国家为搜寻救助服务所采取的措施,应视为全球搜救系统的一部分。因此,涉及某一特定陆地区域或海域的国家应当相互合作,以便运用所有的可用资源对遇险人员进行搜救。

（二）地区层次方案

搜救协调中心的运作一般以国家或某一区域为基础构建。所有《海上人命安全公约》《国际海上搜寻救助公约》和《国际民用航空公约》的缔约国，应当在其领土、领海和公海内履行提供全天候的空中及海上搜救协调和服务的义务。而要有效履行各自的搜救义务，各成员国应按照实际情况，单独或联合建立一个地区性搜救机构。ICAO 在《地区导航计划》中要求在全球大部分地区建立空中搜救责任区，这个责任区和 IMO 在《搜救计划》中公布的海上搜救责任区相似，但不一定完全相同。空中搜救责任区建立的目的是为了明确在划定的各个搜救区域内响应遇险警报实施、采取搜救措施的责任人，这对遇险警报的快速传递及响应特别重要。

（三）搜救协议框架

搜救协议的当事方可以是国内机构之间、两个或多个国家之间（一般是搜救区域相连的国家之间）的海上和/或搜救主管机关或更高级别的机关，因此框架要符合多重层级协调需求。这就需要在国际法原则基础上，从国际海事组织和国际民用航空组织及有关国家和组织的目标出发，按照各方意见在基本框架的基础上选择使用或改编。

当协议中涉及搜救区域时，通常只规定各当事方搜救区的分界线，因为搜救区的其他界限通常还涉及国家而不一定是当事机构，因此机构间的协议对地理方面的责任区可不予明确，当然如果允许的情况下应尽量明确，这对搜救力量的配置、搜救任务的规划、搜救行动的指挥都有潜在的好处。协议各方还应认识到，建立搜救区主要是为了保证搜救服务的有效性以及便于将遇险警报精确快速地发送给对应的 RCC。如果当事方为了改善或简化搜救行动而同意划定搜救区域的边界时，该区域的划分依据不能作为政治边界的参考，也不用和政治边界一致。

二、地区以下组织层级

（一）搜救协调人（SCs）

在搜救行动层面，搜救协调系统有三个协调层次，分别是搜救协调人（SCs）、搜救任务协调员（SMCs）和现场协调员（OSCs）。除此之外，航空搜救行动还应指定航空器协调人（ACOs）。SCs 对搜救系统的设置、人员、装备和运行管理负有全部责任。其主要职责包括提供有关法律和资金的支持，设立搜救协调中心和分中心，提供或安排搜救设施，组织搜救协调训练和完善搜救制度。SCs 是最高管理层，一个国家通常会有一个或多个适合该指定名称的人员或上级机关。需要明确的是，SCs 一般不参与具体搜救行动的实施，也不是单指某一个个人，而是一个管理机构，以我国为例，在成立应急管理部后该职责应由其具体承担。

（二）搜救任务协调员（SMCs）

SMCs 是具体搜救行动的组织指导者，通常由搜救协调中心负责人或专门指派人员担任，对于复杂或长期的搜救任务，通常还需要为其指派一名辅助小组协助工作。SMCs 应受过搜救程序的所有训练，能够快速收集遇险信息，综合气象、环境、搜救资源等情报，根据预案快速制定高效合理的搜救计划,并有效指挥、协调搜救力量付诸实施。SMCs要对搜救行动全程负责,直至搜救行动最终结束,或者当搜救任务转由其他搜救中心负责时。其主要职责包括以下内容:

(1)获取并评估所有紧急情况下的信息,保持了解各类相关信息。

(2)查明遇险人员、平台配备的应急设备数量、质量和类型等情况。

(3)必要时,查清所有搜救区域内所有可以提供搜救支持平台的状态;通报所有可能进入搜救区域的平台协助观察并在相关通信频道值守,以便于更全面掌握周边情况和调集更多力量介入搜救。

(4)确定搜救范围,明确重点搜救位置和区域,为各搜救平台指定搜救任务和方法。

(5)制定搜救计划,指定OSCs,派出搜救平台并分配搜救区域,确定现场通信频率。

(6)通知搜救协调中心负责人、事故调查机关、遇险平台和人员所属国或登记国。

(7)必要时,沟通临近搜救协调中心派出搜救力量配合行动。

(8)及时了解更新搜救相关信息,并根据实际情况及时调整搜救计划。

(9)搜救时间较长时,要统筹安排好搜救平台轮换、人员休整、生活补给、装备油料保障等勤务工作。

(10)对整个搜救行动进程进行精确记录,并实时上报及公布进展情况。

(11)根据情况判断延缓、暂停和放弃救援的时机,并向参与搜救的平台发布相关指令。

(12)搜救行动结束后,有序安排参与搜救的平台和人员归建,整理全部搜救资料,形成一份搜救报告。

(三)现场协调人(OSCs)

当两个或两个以上搜救单元(平台)同时参加某一搜救行动时,若指定某个人来具体协调所有搜救平台的行动,会在一定程度上有效提高搜救效率,这个人称为现场协调人(OSCs)。OSCs一般由搜救任务协调员指定,在搜救任务协调员对OSCs进行任命之前,首先由最先到达现场的搜救平台的指挥员履行职责。搜救任务协调员在指定人员履行OSCs职责时,应综合考虑其所处平台、个人素质、通信能力和在搜救位置的停留时间等要素,而且要尽量避免频繁更换OSCs。OSCs在履职后,应完成以下任务。

(1)协调现场搜救平台的行动。

(2)接收来自搜救任务协调员的搜救行动计划。

(3)根据现场环境和搜救任务协调员沟通完善修改搜救行动计划,情况紧急时可先修改执行并同时或稍后上报。

(4)向其他搜救平台通报搜救相关信息。

(5)协调各搜救平台全面了解搜救计划,明确各自职责、任务职能、任务衔接等关键内容,按照修改后的搜救计划实施救援。

(6)监控搜救进度、了解各平台进展。

(7)协调搜救航空器的飞行,确保其安全。

(8)实施救援行动,向搜救任务协调员反馈进展情况,并进行详细的情况报告。

(四)航空器协调人(ACOs)

和现场协调人一样,航空器协调人(ACOs)通常由搜救任务协调员指定。特殊情况下,可由现场协调人直接指定。在安全飞行状态下,航空协调人是搜救行动中拥有最多无线电设备、雷达和训练有素的搜救人员,而且对搜救现场情况掌握较为全面,能够快速发现现场环境变化和潜在威胁,因此航空器协调人也是现场协调人的最佳人选。航空器协调人应该在搜救任务协调员的指挥下履职,且必须和现场协调员密切协作。航空器协调人的职责可由固定翼、旋翼、船舶、固定平台或合适的陆上平台担负,主要完成以下职责。

(1)保障飞行安全。

(2)明确搜寻范围,并结合参与搜救的平台特点,分配搜索任务,一般优先使用航空平台实施搜索任务。

(3)地面力量无法救援时,协调空中力量实施救援或协助救援。

(4)及时向搜救任务协调员、现场协调人汇报环境及搜救情况。

(5)密切配合现场协调人。

第二节　航空搜救的阶段划分

搜救行动由于任务不同、参与力量不同和规模不同等差异,会在搜救的具体组织方面有所差异,但是按照搜救时间的发展阶段来讲,搜救行动的组织在每个阶段都有不同的重点和特点,抓住这些阶段特点就可以实现对不同搜救行动的有效组织。

一、计划及预案阶段

搜救任务的成功实施常常依赖于搜救力量的快速反应及搜救行动的快速实施,这大部分依赖于快速的制定和执行行动计划。因此每个搜救协调中心应该在其搜救责任区内,根据搜救力量、平台、部署、通信、职能和训练等情况,制定周密可行的搜救计划和行动预案。计划和预案在制定时应重点考虑以下内容。

(1)计划和预案的针对性要强。首先,应该对区域内的安全隐患进行全面分析,明确可能出现搜救需求的地域及可能发生的险情及灾害类型;其次,要针对每种灾害类型和搜救需求,进行任务规划及力量统筹;最后,要综合考虑区域内搜救力量的机动能力、保障需求、搜救能力等,搜救预案要切实可行。

(2)计划和预案要明确现场指挥人员的产生和调整。首先,要根据不同的搜救任务、不同的搜救规模、不同的救援区域,分别明确搜救力量的构成和参与搜救的平台数量,明确每种搜救力量协调员的生成方式;其次,要根据搜救力量的参与情况、搜救重点和任务难点,明确现场协调人的产生方式,以火灾救援为例,应以消防救援力量为主行动,因此指派消防指挥员为现场协调人更为合适;最后,要根据搜救力量的到达顺序、搜救规模的扩大、搜救重难点的转移等情况,明确调整搜救任务协调人的时机、方式等。

(3)计划和预案要综合考虑装备、生活、通信等方面的保障。首先要全面分析每种预案和参与力量的装备使用情况,研究油料、损耗和保养规律,为其指定装备保障力量;其次要根据不同的搜救规模和搜救时间,研究人员轮换、生活保障、跨区域协同的方案,并指定专门的责任单位和责任人;再次要根据不同搜救力量的参与情况和装备情况,为现场搜救、后勤保障和多层级指挥明确切实可行的通信联络手段,并为之配备相应的通信器材。

在制定好计划和预案后应在适当时机,采用实兵演练、模拟推演、座谈研究等形式,对计划预案进行全面分析、研究和论证,并在实践中进行检验,并进一步进行优化。当计划和预案的背景变化较大时,也应及时进行修改完善,以便于适应实际情况需要。

二、监控及发现阶段

应急管理部门在日常要加强宣传,明确遇险报警渠道、方法和手段,在加强宣传的同时还应鼓励单位、个人、社会团体等针对不同事故灾害进行应急处置演练,为减少初期伤亡、降低财产损失、及时上报情况等总结经验和方法。在此基础上还应统筹搜救机构在所属救援领域加强监控,增加监控手段、下沉监控力量。在搜救需求出现之前,搜救机构是无法对事件有所反应的,但是可以通过对以往事故灾害进行规律性总结,研究容易发生事故的地点、季节和气象条件,提前发出警示和预先部署搜救力量。除此之外再无他法,只能尽量缩短事故灾害出现到警报发出的时间,主要从以下几个方面进行完善。

(1)建立重点平台的自动报警机制。当航空器、船舶或其他运载平台发生故障时可自动接通搜救机构并上报故障情况,当其逾期未抵、失去联络或接到紧急状态信号时直接通过告警台上报搜救协调中心;有些更为紧急事故灾害应建立直达式的自动报警机制,比如地震警报可由地震监控预警器材直接连接本地的广播、电视、电信等公共网络,可在警报发出的第一时间报知危险人群和搜救机构。

(2)建立定期联络、专业联络机制。为潜在的风险平台指定管理机构和专业机构,为其提供周期性的安全检查和风险告知服务。例如交通服务部门接收大部分商用航空器的飞行信息,并定期与其联络。因此空中交通部门可能会更早注意到航空器的遇险警报,如当一架航空器处于紧急情况时,通过空中交通服务部门监控和报警更为迅速。

(3)建立广泛的警报收集网络。不同的灾害事故可能会因为其可用的通信手段不同,发出不同的遇险信号,例如使用海岸无线电台是接收船舶或水上运载工具遇险警报的最佳手段。因此,应该针对不同的灾害事故特点,设置不同的报警渠道,并通过宣传手段广泛地告知相关人员该报警渠道,有条件的应设置多报警渠道。

(4)建立有效的保存分析机制。搜救协调中心要能够完整地保存警报信息,并进行深入全面的预先分析,对遇险位置、现场情况、搜救需求、搜救规模等内容进行快速预判,并迅速将警报信息和研判报告传递给任务搜救任务协调员,以便于其开始初始行动。

三、分析及准备阶段

在收到事故灾害的警报后,为全面掌握现场信息,对预判的遇险情况进行进一步确认,获得更加全面的评估信息,搜救协调中心可能会适当延迟搜救力量的出动时间,但无论是否延迟,应首先按照预判情况通知航空搜救力量进入准备并随时听令出发。在收到警报后,搜救任务协调员应主动跟踪事故灾害的发展,通过各种渠道收集现场信息,并在此基础上进行信息评估工作。作为搜救任务协调员的一项重要工作,信息评估必须仔细研究搜救行动前和行动过程中收到的所有信息,研判真实性和可靠性,并判断搜救行动的紧迫性和需要投入的搜救力度。

尽管信息评估工作困难且耗时,但却是搜救力量调配和搜救时机掌握的基础,搜救任务协调员必须予以重视。在完成所有信息的评估后,就可以基本研判事故等级,当然根据情况的发展,事故灾害可能会被重新分级,而这将作为搜救力量调配的主要参考,灾害等级越高,需要的搜救力量就越多。除了判定事故等级,搜救任务协调员还要对事故灾害所处的紧急状态进行分析,以作为派出搜救力量时机的主要参考。通常事故灾害的紧急阶段可划分为三个子阶段,分别是不明阶段、告警阶段和遇险阶段。

不明阶段是指对某些情况仍需要进行监控或收集更多信息,搜救力量进入准备的阶段。这一般是指当发生风险的可能性信号被传递到搜救协调中心,但没有直接证据说明事故灾害发生的状态,比如当航空器逾期未达或人员长时间失联时。

告警阶段是指当人员正在遭遇困难可能需要帮助,但是不会立刻陷入危险的状态,应视情派出搜救力量予以支援。如果确信情况会随着时间的推移持续恶化时,应立刻派出搜救力量到现场提供搜救保障。

遇险阶段是指有足够的信息确认遭遇灾害事故,人员正处于危险环境中或已经遇险的状态,应立刻派出搜救力量前往支援。对于未按照逾期抵达的航空器、船舶或失联人员,如果没有进一步的信息,也可以认为其转为遇险阶段。搜救力量应该按照一定原则,首先进行搜索行动。

当然,无论处于何种阶段,都需要按照各自阶段的具体情况和需求进行搜救任务的准备,这一方面要相应规模的搜救力量按照不同阶段的要求进行搜救前的准备,以应对随时出现的出动需求;另一方面需要搜救协调员、搜救协调中心要随时关注灾害、事故的具体情况,收集各种情报信息,对搜救地域、环境情况以及搜救需求进行分析,对计划预案进行修改完善,以便于行动实施时能够按照相对完善的计划实施搜救,提高搜救行动的执行效率。

四、行动及结束阶段

行动阶段是指搜救力量出发实施救援,为遇险人员提供救助、将其转移到安全地带并对完成对现场的后续处置的所有活动的总称,是搜救活动的核心阶段。在此阶段,搜救任务协调员主要负责搜救任务的监督、指导和各类情报的及时汇总传递,确保现场协调人能够收到、理解和执行搜救计划;在情况有变或发现搜救行动可能会失败时,为现场协调人提供可行的备份计划,确保现场协调人能够及时调整或完善搜救计划。在搜救行动阶段出现以下情况时,可认为搜救行动进入结束阶段:

(1)收到作为搜救目标的航空器、船舶或人员发送的未遇险信息。

(2)搜救单元(平台)已确定所搜救对象的位置,并且幸存者已经获救。

（3）在遇险阶段中,因仔细搜索过评估遇险区域,并调查了所有的可能区域,或因搜救对象已经不再有生存的可能性和搜救价值时。

当以上情况发生时,搜救任务协调员可决定终止进一步的搜救行动。但是需要注意的是,当搜救地域有自然灾害或潜在威胁时,搜救任务协调员可调整搜救力量的进入时机、方法和途径,防止次生灾害对搜救力量造成更为严重的损失,但要进行科学的评估,认真分析潜在威胁对搜救力量的影响,既要兼顾搜救力量的安全,但也要充分考虑对遇险人员的搜索营救。

在搜救行动过程中,要对搜救任务进行有效的记录。搜救协调中心必须记录每条搜救事件的信息,要求必须能够详细且完整地呈现整个搜救案例,为日后训练、教学、研究和决定提供理论参考。内容可全部记录,也可以应用永久性记录的格式,例如报告、表格、电报、电话记录、雷达资料、录音和视频等形式,这些记录保存的格式并不重要,只要符合逻辑,便于检索即可。最初的遇险报告要按照标准的事故处理格式发布,搜救协调中心、分中心和空中交通服务部门和其他报警台应备有此类格式。这主要是因为在此后的各个阶段获取此类信息已经不太可能或太费时间,因此需要标准格式来确保首次联系中就获得所有的重要信息,而固定格式则不会发生重要信息的遗漏。随着搜救行动的逐步展开,要把不断出现的情况记录在行动日志上,使之成为搜救案例的一部分,记录的内容一般是按照时间顺序记录。所有有关具体搜救事件的信息应放入一个明显标记的文件夹中长期保持,而后根据搜救行动的重要性、敏感性、参考性及典型性等多种因素,由搜救协调人具体确定留存时间。

第三节　搜救组织能力形成

遇险警报的精确判断、环境情况的准确分析、搜救力量的快速到达、救援行动的有效展开都离不开所有参与搜救的人员、平台和单位具有较高的专业素质、熟练的专业技能和密切的相互配合,而这些能力的形成、发展和提升都需要基于有组织、有计划、有针对性的培训和演练,这就需要进行有效的训练组织。

一、搜救岗位培训

(一)培训项目

通常搜救机构也就是各个搜救单元(平台)的隶属单位负责设立培训项目。在项目设立过程中主要考虑该机构搜救单元面临的主要灾害事故背景、日常的重点任务、平台的特色救援能力等要素。例如直升机搜救平台的基础培训项目应主要有大范围快速定位搜索、复杂地域悬停吊救、搜救物品准确投放、地面及空中紧急救护等。在基本培训项目基础上,不同的搜救机构还可以根据机构承担的具体任务设立特色培训项目,比如军事机构应设立战场搜救项目、公安机构应设置反恐搜救项目、海事部门应设置水上搜索项目等。这样一方面考虑了直升机搜救平台的通用搜救能力训练,另一方面也考虑了该平台的主要应用背景,兼顾了搜救平台的通用化和专业化。

（二）人员培训

搜救机构在完成了培训项目的设置后,要使搜救单元掌握并保持较高的搜救能力,就需要按照培训项目的设置开展各种类型的人员培训。每个搜救单元负责人则应根据培训项目和岗位需求,对所属人员的特定技能和典型搜救程序进行专项的培训,在个人熟练掌握岗位技能的同时,还能够和其他成员进行有效的协同。对于航空搜救单元而言,搜救训练一般由绞车手负责组织,也可由机长负责。搜救内容一般包括理论、技能和协同等几个方面,负责人可灵活使用理论讲授、实际演示、影视、文字材料、解读、分析、研究、模拟训练和实际训练、演习演练等多种方式组织授课,让所属人员能够尽快熟练地掌握平台必需的技能。

（三）资格认证

无论采取什么样的培训手段和模式,培训过程主要是要求受训人员在理论及技能方面有所提升,而具体提升的效果需要通过资格认证进行判断。认证过程则是通过理论或实践的方式,由经验丰富、专业熟练、心理成熟、判断合理的考评人员根据受训人员的具体表现进行判断,受训学员可能会被分配给一位或几位考官,由其判断学员是否胜任受训岗位。资格认证过程中,受训人员应尽量展现自己通过培训所学到的理论和专业技能,证明其能够胜任担负的岗位需求。具体的资格要随着工作场所、岗位的变化而变化,当受训人员的岗位和工作场所调整时,应重新组织认定。认定完成后,搜救机构应给出认定结论,当受训人员达到岗位要求时,应发放相应资格证,确认其岗位能力和技术等级。在获得资格认定后,受训人员可参与相应岗位的搜救任务。

（四）定期考核

搜救机构还应该根据不同岗位和人员素质等,制定不同条件下的定期考核和鉴定,确保岗位人员搜救技能保持在一定水平。定期考核还可兼顾晋升考核的功能,以激励人员提升岗位技能和综合能力,这需要在一定的岗位等级从事一段时间的搜救工作或执行若干次搜救任务后,方才具备晋升的基本条件,在经过培训和资格认证后,可晋升人员在岗位上的岗位等级。以空中救生员为例,其最初资格认证只能是吊救员岗位,在通过认证后,经过一段时间的搜救工作实践,在定期考核时如果达到更高等级技能水平时,可予以晋升。当在吊救员岗位晋升到最高等级后,方可参与绞车手岗位资格认证,通过后继续通过一段时间的绞车手岗位工作实践方可晋升,在晋升到最高等级后,方可进行搜救教官的岗位资格认证,通过后才可担负搜救任务的教官岗位。

二、协调岗位培训

在搜救行动中,搜救协调中心和分中心负有特别重要的责任。值班人员通常需要正规的搜救协调培训。如果不能立即接收正规培训,至少应接收一段时间的岗位任职训练。在培训接收时,搜救中心的每个值班人员都要进行资格认定。他们必须完全胜任搜救事件分析、搜救计划制定和搜救行动管理等相关工作。如果搜救协调中心是一个整合了该地区空中与海上搜救协调中心功能的联合搜救中心,那么该中心的值班人员应该能够同时兼顾海空搜救协调的专业技能,当然可以有所区分,航空、航海专业分别负责各自领域,但却可联合协作完成整个搜救任务。具体来说,搜救协调中心的值班人员需要进行的正规培训的主要内容如表4-1所示。

表4-1 搜救中心值班人员的培训内容

分类	训练内容
搜救组织	搜救组织的知识及其与空中交通管制部门的关系
	搜救组织的知识和与海上安全及通信机构的关系
	与搜救设施、毗邻搜救机构之间的协议
	现有搜救平台的能力与限制
	法规方面的知识
程序	如何获得和评价信息与报告
	警报的获取及搜救行动的实施
	不同船舶报告系统之间的信息转换
	确定搜救区域
	空中、海上、陆上搜救单元的收集技术和方式
	搜救信息的标识
	通信程序
	救助程序
	补给投放程序
	迫降援助、接应和护航程序
	向搜救人员下达指令和询问程序
管理	一般性行政职能
信息	对搜救单元、搜救物品的了解
	救生物品的包装及装载
	从书本、影视资料和实践中获得的知识

三、演习演练组织

(一)演习层次

搜救行动除了所有参与行动的个人都能够适应岗位任职需求外,搜救单元内部、搜救单元之间、搜救力量之间都要进行协调,行动都要达到一定的熟练程度,这种熟练程度只通过人员训练是无法形成的,只能通过演习的形式开展不同层次的协同训练,以增加经验以及提高沟通及协同能力,形成不同层次的默契。因此演习根据不同层次的协同训练需求可分为以下三层:①单平台演习,一般由搜救单元负责人组织,针对该平台的典型搜救场景,采用模拟或真实手段,在一定的想定下,在平台所有人的协同下共同完成某项搜救任务的演习,主要目的是通过演习形成平台内部的行动默契;②多平台演习,一般由搜救机构组织,针对该机构面临的典型搜救任务,采用模拟或真实手段,在一定的想定下,由多平台共同协同完成某项搜救任务的演习,主要目的是通过演习形成平台之间的行动默契;③多机构演习,一般由应急管理部门组织,搜救协调中心实施,针对某一种或几种搜救需求,采用模拟或真实手段,在一定的想定下,协同多个机构的多个搜救单元(平台)共同协同完成某项搜救任务的演习,主要目的是通过演习形成不同机构之间的行动默契。

(二)演习模式

根据不同的演习需求,可采取不同的手段以降低演习的复杂度和开销,因此根据演习采用的具体模式可将其划分为三类:①通信演习,这类演习相对简单,无须进行繁琐的计划,主要目的是通过演习熟悉不同平台、不同机构间的通信手段,确保在应急救援行动中能够互通互联;②模拟演习,这类演习需要进行周密的计划,并需要一定演习时间,是指在一定背景和想定下,在不同平台和机构的协同下,进行模拟处置反应,涉及所有参演的机构平台,但并不实际部署装备,主要目的除了确保有效通信外,还要确保搜救流程的有效对接;③实兵演习,和模拟演习一样,实兵演习也需要进行周密计划,并需要一定演习时间,不同之处在于实兵演习需要实际设置模拟的灾害事故场地,动用所有参演平台的搜救装备,对模拟灾害场地进行实际处置,增加了对装备和实际操作的演练测试,目的是对搜救行动进行全要素、全流程检验。

(三)演习计划

演习计划首先要明确演习的目的,具体来说演习是为了提升指挥能力、应急反应能力、相互协同能力、装备操作能力、全流程处置能力等。在明确了演习目的后,即可进入演习计划阶段,主要包括以下几方面的内容:①选择参演对象,一般来说演习目的是提升哪方面的能力就应该选择相关的人员和单元作为主要参演对象;②设置演习环境及背景,即进行演习的想定,想定的难度应根据参演对象的专业能力水平进行合理设置,难度不应明显高于或低于参演对象的实际能力;③科学设置评估标准,应选择考评专家结合演习想定、岗位需求、考评手段、任职标准和演习流程,建立一套覆盖全面、易于量化、差异合理的评估标准;④组织演习保障,根据不同的演习层次、演习模式,一方面要对参演对象和考核专家进行全面保障,另一方面还要对演习想定、装备、记录、展示等内容进行准备,在确保参演人装得到全面保障的同时,更要关注演习的全流程记录和分析。

第四节　公共关系工作组织

一、公共关系工作的重要性

搜救行动尤其是有航空器参与的航空搜救行动,通常会引起公众和各种媒体的高度关注,如果处理不好可能会引起恶劣的舆论影响,分散搜救行动指挥者、组织者和实施者有限的精力。为有效减少新闻媒体对搜救行动的干扰,在搜救过程中,搜救协调中心应在合适的时机将保密范围以外的搜救行动信息公之于众,这样一方面可以减少公众对于搜救行动的指责或非议,另一方面也可以从公众处获得支持、理解和其他相关信息,更有效发挥搜救资源的作用。

公共关系工作具体应由主管人员或者公共关系专家负责,但也可以委派给搜救协调中心。当搜救协调中心担负公共关系工作的职责时,要与媒体建立良好的沟通,确保能够通过媒体向公众提供真实、完整、可靠、及时的信息。这种良好的关系和顺畅的交互应在平时就应建立和维持,以便于在搜救行动开展过程中媒体可以协助搜救协调中心展示搜救行动的积极方面,便于搜救协调中心调集力量、排除干扰、获得支持。

与媒体良好关系的建立是搜救协调中心的日常工作之一,需要搜救协调中心在平时做好以下几个方面工作:一是积极向媒体提供有关搜救协调中心及其服务内容的信息;二是给予媒体积极的形象,使媒体相信搜救协调中心是一个专业、负责、公开的组织机构;三是要主动提供培训、演习、专业介绍等新闻报道的机会,以便于在实施重大搜救行动时,媒体能够从专业角度跟进思考和报道。

二、公共关系工作的组织实施

公共关系工作可以采用新闻发布会、记者招待会、接受采访和现场报道等手段具体实施。

(一)新闻发布会

新闻发布会是社会组织在发生重大具有积极影响的事情时,向新闻界公布信息,借助新闻提升该组织或者与该组织密切相关东西的形象的会议。在航空搜救行动中,新闻发布会通常是搜救行动的重要节点采用的信息发布手段,一般在搜救行动开始阶段、事态发生重大变化阶段、遭遇重大挫折、取得阶段性成果或搜救行动结束后实施。所有发布的信息都应在搜救任务协调员和相应主管机关允许的范围内,而且只能够发布某些事实信息,不能有推论、猜测、判断等不实信息,其内容主要包括"什么人、什么事、何时、何地、为何、怎么样"等具体内容。

(二)记者招待会

记者招待会往往不先发布新闻,主要立足于回答记者提问。时间一般较长,回答问题的范围更广泛。因记者招待会权威性更高,所以更受媒体和公众重视,记者出席的人数更多,影响也更大。在搜救公共关系工作中,主要为搜救协调中心提供以下机会:提供信息;回答问题;解除疑惑;分析形势;研判前景。可以对从灾害事故发生到现阶段的整体搜救工作进行全面介绍,让公众一目了然,让媒体有机会获得广播所用的录像、照片和音像资料。尤其是可以借其获得公众关注的热点问题,并予以重点关注。

(三)接受采访

为避免发布错误信息和产生误会,通常只有一位指定的发言人接受媒体采访,其他人则集中精力实施搜救行动。在选定发言人时应考虑其专业背景、专业能力、搜救行动的了解情况、权威性等多方面因素,确保其能够传递全面、可靠、及时和积极的信息。发言人与搜救协调中心应保持联系,以保证获得完整和及时的信息,正确判断搜救态势和相关情况。避免在接受采访时发生以下情况:①就人员、失踪人员信息,搜救人员、协调人员、现场协调人、机长、船长等人员的判断能力、经验和培训情况发表个人观点和贬抑性信息;②发表有关搜救行动的低调意见(只允许提供事实性信息);③发表有关事故发生原因及如何避免的个人观点和理论;④对成功可能性表现出不负责任的乐观和悲观情绪;⑤在尽最大努力通知遇难者家属之前泄露失踪或者遇险人员的名单;⑥在航空器、船舶或其他运载工具的管理者或拥有者被通知之前,提供他们的名单;⑦泄露搜救事件信息提供人的姓名。

三、公共关系工作的注意事项

公共关系工作影响广泛,需要谨慎对待,一旦处理不慎可能会引发严重群体性事件,可能会对搜救工作造成严重负面影响,尤其在处理遇险人员名单、重大事故和失踪人员家属问题时更要谨慎对待。

(一)遇险人员名单的公布

公布遇险人员名单是一个非常敏感的问题,应按照国际法律和规章建立指导性原则。在尽最大努力联系到家属之前,不得公布遇险人员的名单,在确认无法联系后方可择机公布。名单公布时,应利用国家或当地公众机构公布名单。在通知到家属之前,一般只允许公布人员失踪的数目及幸存者和受伤人员的名单。军事罹难人员的名单应转由其所属军事部门予以公布,当条件允许时,对此类事故的质询应当参考军事部门的意见。在得到确认辨认之前,不得公布幸存者的名单。虽有例外,但一般来说,在公布事故信息前不得公布有关幸存者的信息,应该鼓励幸存者自己尽早和亲属取得联系,并提供相关的通信保障。同时,搜救协调员应向幸存者解释明确可以公布的信息内容和保留某些信息的原因。

(二)重大事故的处置措施

当发生重大事故或事故涉及许多国家时,搜救协调中心很容易成为全世界关注的焦点,例如大型客机或游船的事故等。这时,搜救协调中心应采取尽快采取以下措施开展公共关系工作:①挑选合适的新闻发言人;②尽快召开新闻发布会并组织召开记者招待会;③为新闻媒体提供采访食宿、器材和行动保障。同时,在展开公共关系工作时,还应考虑以下几点:①搜救协调中心一旦确定重大事故的发生,就应该立刻通知媒体,确立其作为主要信息源的地位;②公布的信息要求清除、准确并且详细;③确定遇险人员的国籍便于预判涉及的新闻媒体,有助于减少无关媒体的介入;④开展公共关系工作时还应考虑选用何种语言与媒体交流,当事故灾害涉及多个国家或者引起了国际关注时,应使用通用语言或提供专业翻译人员。

（三）失踪人员的家属工作

搜救任务协调员应该知道失踪人员家属所关心的问题。搜救过程的焦急等待以及信息匮乏会给遇险人员的家属施加巨大压力，同样会影响搜救协调中心的工作。在搜救过程中，搜救任务协调员或工作人员应定期与遇险人员家属主动联系，向他们提供详尽的信息，概略描述下一步的行动计划。如有可能，可指派专员开展家属工作，或在搜救指挥中心预留家属席，使之亲身感受搜救人员为搜救行动所付出的努力，这样，即使未能成功搜救到失踪人员，家属也有较长时间的心理准备，也会在后期的收尾工作中对搜救工作予以配合，接受搜救任务协调员关于结束搜救的相关决定。

第五节 计算机资源辅助

计算机资源可以用较低的费用取得并保持大量的计算、数据存储、分析和辅助决策能力。现代软件可以为搜救行动提供文字类格式模板、数据库、辅助决策以及便捷的通信交互手段，用户还可以在此基础上开发各类适合自己需求的搜救支撑软件。

一、办公自动化

搜救活动中通常会用到的格式范例有搜救行动计划、情况报告、核查清单和搜救计划工作表等。文字处理软件能够提供标准的格式且能够很好地满足国际、国家和地区的需要，这些格式可以通过计算机输入处理，也可以打印成表格手动填写。这一方面让制表人员可以利用表格上的标准信息，防止发生人为失误，只需要将不同的内容填写到表格中即可；另一方面也可以保证不遗漏关键资料、确保正确的计算顺序。

电子数据表格的应用使搜救协调中心的协调人员最大程度的从繁杂的统计、报告和计划工作中解脱出来，更多地关注搜救行动的具体组织协调。目前大部分的搜救计划工作表都可以由电子数据表格轻松完成。搜救计划人员只需要输入必要的数据，软件就可以完成全部所需的计算，极大地提高了计划人员的效率、减轻了计算负担，同时减少了不必要的错误，可以有效提高搜救行动的时效性。而且如果有数据变动的情况，只需改变单一数值即可，其余相关数值的变动交由软件自动处理计算，便于快速进行反馈。

二、数据库

数据库主要用于存储大量信息。如果在某些报告中需要或合并一些信息时，可快速从数据库中获得所需内容并选入其中，在搜救应用领域最典型的应用主要有以下两类。

（一）搜救系统管理数据

存储的内容有：收到的警报数目、反应行动次数、出击的次数、搜救设施在行动中所持续的时间、搜救事件的位置、日期、时间、获救人数和获救财产价值等。而这仅仅是搜救管理层级中的部分有用信息，实际上该系统能够提供的数据支撑远不止此，系统的使用人员可随时根据不同的需求、不同的种类建立、存储、调阅系统数据信息。

(二)搜救计划管理数据

搜救计划管理数据一般以遇险平台编号、灾害事故日期、类型或其他形式对已经发生的搜救行动进行索引,如果类似事故再次发生可以根据索引为本次搜救行动的组织计划提供更有价值的信息参考。存有航空器部署位置、型号和能力信息的数据库,可以使计划人员快速确定最佳搜救力量,规划任务航线;存有医疗机构及其能力信息的数据库有助于计划人员根据不同的救助需求和紧急程度,为遇险人员匹配最佳的医疗机构;存有海事信息的数据库,有利于计划人员根据前期的漂流轨迹信息,更准确地判断遇险人员的最佳搜救位置。除此之外,对以往搜救信息、事故灾害信息的统计分析,还有利于事故的预想预防,提高搜救反应能力及搜救效率。

(三)辅助搜救资料数据

辅助搜救资料数据包括两种类型:①有关搜救事件、幸存人员或者遇险平台的补充线索数据;②直接用于搜救计划制定或程序的资料数据。第一种类型数据资料可能存储于已有的数据库中,或者其他机构的数据库中。例如,如果一个国家对拥有的船舶进行了注册登记。那么搜救计划的制定人员就可以通过相关机构对遇险船只的情况进行初步了解,再根据这些信息查阅其装载货物、人员配置、行动航线等等相关数据信息。第二种类型资料主要是指一些动态数据资料,包括天气、风或者洋流数据等,这些资料可以从当地气象部门的数据库获得。还有船舶报告系统等,可对加入该系统的商船位置保持动态更新。有利于快速的搜索定位和实施救援。

三、管理、分析、决策

(一)计算机辅助管理

计算机辅助管理(Computer Aided Management,CAM),是指利用电子计算机高速、准确、大量地处理数据的能力帮助管理人员处理各项业务工作。计算机在搜救体系中可应用于3个层次的管理工作。

1.上层管理工作

属于决策性质的管理,通过建立搜救体系的管理信息系统进行一些决策性的工作。例如,收集整理有关搜救决策的数据资料;建立搜救体系管理的评价方法和数学模型;对搜救体系的建设、发展和部署进行分析;对各种资源保障预案、建设规划方案通过计算机模拟进行评价和可行性分析,找出最佳方案,对搜救需求进行预测和编制发展规划等。

2.中层管理工作

属于计划和组织性质的管理。计算机可以辅助编制搜救预案和搜救计划,平衡搜救、医疗、保障、装备等资源条件,求得较好的搜救效果;管理新产品的研制工作;建立搜救资源调度系统;组织搜救机构和搜救平台的协调合作;掌握各搜救机构和搜救平台的工作动态,进行分析比较,以作出正确的指示等。

3.基层管理

属于执行性质的管理。计算机辅助搜救大多由基层入手,它最适合完成大量重复性的业务工作。例如:①搜救装备的管理,多数搜救装备都有使用次数和使用时间的限制,使用计算机进行管理更为准确便捷;②搜救人员的管理,包括人员的资质、训练、经历和任务执行情况等,可作为人员评价的重要参考;③管理人事档案、统计搜救时长、发放工资等。

(二)计算机辅助分析

计算机辅助分析,就是针对某一特定对象,借助有关的计算机系统进行信息的统计、分析、模拟、推理,并给出相应的统计分析结果的研究工作。在搜救应用领域计算机辅助分析主要由四个主要步骤构成。

1.数据采集

按照搜救分析的具体需求,遵循一定的程序、采用科学的方法,对搜救活动中真实、有价值的信息进行有组织、有计划、有目的的采集的全过程,其目标是尽可能多地采集与具体搜救相关的信息资源。例如要进行搜救力量的部署时,就要对本地区以往的事故地点进行数据采集,分析事故概率较大的地点,作为力量部署的重要依据。

2.数据筛选

对采集到的数据进行筛选和鉴别,剔除虚假的、过时的、错误的数据,提高数据的准确性和有效性。一般来说,还需要建立相应的数据评价体系,根据所收集数据的基本特征或特点,分别置入评价体系进行价值评价,做适度的筛选以利于数据的针对性使用。比如在进行公路事故数据地点采集时,应该去除废弃公路的相关数据。

3.分析方法

数据的分析方法从性质上看,有定性方法、定量方法和拟定量方法;从功能上看,有相关分析方法、预测方法、评估方法和综合分析方法等。方法的选择及其组合应保证信息分析各项目标的实现。在确认方法后,可基于方法研制相应的软件,以便于提高分析的效率。例如在进行水上遇险人员位置分析时,可以在以往遇险人员漂流数据的基础上采用预测方法进行分析。

4.数据分析

数据分析是整个计算机辅助分析流程中的关键步骤。在专用数据库的支持下,利用所选择的方法,展开具体的数据分析过程。必要时可建立起相应的假设,一部分假设由分析人员自己提出,另一部分假设由分析工具产生或建立。经过统计、计算、比较分析,验证或证明假设,得出分析结论。比如在利用预测方法对遇险人员进行位置分析时,应利用漂移数据库,选用相应洋流模型进行位置分析,分析过程中还应加入突变假设,考虑因特殊原因遇险人员向其他区域或方向漂流的概率。

(三)计算机决策支持

计算机决策支持是在管理信息系统基础上发展起来,是一种帮助决策者进行分析问题与辅助决策的工具。它帮助人们收集与处理信息、构思与设计方案、分析与比较方案、降低或消除面临的风险,最后做出正确的选择夺取机遇赢得成功。搜救行动中决策者面临的主要问题是:对搜救活动中的可能存在或肯定存在的风险进行汇总,分析这些风险的来源、可能对搜救人员和平台造成的安全威胁,而后根据这些威胁形式,研究并采用相应的方法来有效降低或消除这些风险,防止发生二次威胁;当有些风险无法规避或只能部分降低时,应研究尽量多的可行性方案,在这些方案中进行全面的权衡,从中选出风险小、搜救效率高的相对科学合理的风险并予以实施。

决策过程一般包括信息、机遇和资源三大要素。信息是人们用来克服风险的一种资源,夺取机遇是决策者的目的,相关资源是实现决策的物质保证。对于搜救决策而言,气象信息、地形信息、威胁信息、遇险人员信息、搜救人员信息等都是信息的主要来源,通过对这些信息的总结梳理,指挥员要利用搜救人员、搜救平台和各种有利因素,抓住机遇开展搜救行动,而指挥人员决策过程中所利用到的人员、平台和各类支撑系统就是决策的资源。

通常情况下搜救行动统筹资源多、搜救人员多、搜救平台多、影响因素多,对于指挥员来讲不利因素主要在于决策时间短、信息收集难、可选方案多、决策风险大,需要指挥员能够在短时间内综合各种可用信息做出最优决策,这一方面要求指挥员有着丰富的救援经验,另一方面要有精准的现场感知。但即使如此,指挥员要每次都能做出正确的决策也是不可能的,但是搜救决策支持系统却可以在短时间内完成信息的收集整理,按照预先配置好的方法库和知识库进行分析判断,完成对可选方案的判断,形成优劣对比,为指挥员决策快速地提供支撑,指挥员仅仅需要在这些基础上进行简单调整即可做出决策,不但提高了决策效率也降低了决策失误的概率。

第五章　搜救通信体系

第一节　遇险通信

一、遇险通信基础

遇险通信包括所有有关遇险人员、航空器或者海上遇险船舶需求援助的信息,以及为搜救行动的实施而进行的搜救通信或现场通信。在进行遇险与安全通信时,信息内容应尽可能完整,并防止有害干扰,只有搜救人员在必要时才能使用有害干扰,并应当与执法机关合作,报告和制止干扰事件的发生。任何降低、阻碍或中断无线电通信的干扰都会带来巨大的危害,因此遇险通信绝对要优先于其他通信,某些安全与遇险频率,除遇险和安全通信外不得使用。任何收到遇险呼叫的人员,必须停止发送有可能干扰该遇险呼叫的通信,并在该遇险呼叫频道上进行值守,以便于传递各种遇险信号。

遇险航空器或船舶应该使用一切手段发送遇险警报,从而引起他人注意,显示遇险位置,获得帮助。遇险报警可能从各种设备及通过各种告警台传至搜救协调中心。告警台包括(但不限于)海岸电台、Corpas - sarsat 系统地面用户终端和任务控制中心、国际海事卫星系统的陆地地球站、空中交管部门、公共安全机构(如警察和消防部门)以及船舶、航空器或其他可接收或转发警报的人员或设备。也就是说,告警台只是报警者与相关搜救协调中心(甚至可能包括其他搜救协调中心)之间转发遇险警报的中介设施。

二、航空遇险通信

当搜救行动涉及航空平台时,搜救协调中心必须与遇险航空器、搜救行动的航空器以及直接涉及航空器操作的不同部门之间建立联系,以便于进行紧密的协调。国际电信联盟分配给航空移动业务的频带包括高频(HF,3 000～30 000 kHz)、甚高频(VHF,30～300 MHz)和超高频(UHF,300～3 000 MHz)。航空遇险通信的职责可以由协调中心以外的人员或兼有其他任务的搜救协调中心工作人员具体执行,任务分配时可视协调中心、航空搜救平台和遇险航空器的具体情况确定,如果航空器处于很远的位置,应以该位置为基点,距离其较近的空中交管设施可能更适合提供援助。除此之外,国际民用航空组织的地区导航计划或其他地区性搜救计划或协议可为如何选择合适的航空搜救频带提供指导。

VHF调幅 121.5 MHz航空应急调幅频率通常只用于应急呼叫或紧急救援的情况。在应急事件中,该频率可作为:遇险航空器与地面站之间的无干扰频道(当正常频道用作与其他航空器联系时);国际空中管制通常不使用的航空器与机场之间联系的频道;涉及搜救行动的航空器之间和航空器与地面设施之间的通用频道;航空器和配有相应装备的船舶及救生艇(筏)间的空对地通信频道;当机载设备故障妨碍了常规频道的通信,航空器需要进行空对地通信频道;民用航空器和拦截航空器或拦截控制单元之间的通用频道。如果用于搜救民用航空器,民用航空器、搜索平台与空中交通服务部门之间的频道;对经由路基或移动测向仪发出的信号源进行定位。

通常情况下,空中遇险电文的初始发送与航空站在途中频率上进行。前往搜救的航空或地面(水面)搜救平台可从地面指挥电台处获得与遇险航空器的通信频率。该频率通常用于初始通信和遇险航空器、搜救航空器和地面指挥电台之间的通信。如有必要,且天气和条件许可,搜救协调中心可以建议航空器保持或增加飞行高度以提高通信、雷达或无线电测向仪的接收性能。除此之外,当搜救单元在遇险航空器的无线电通信范围内时,通常与民用航空器进行初始通信联系的频率为 121.5 MHz,与某些国家军用飞机联系使用 243 MHz频率。一般情况下,所有的航空平台装有可收发 121.5 MHz信号的通信器材,除航空平台外,所有机场都应该监听 121.5 MHz语音的应急呼叫,以便于能够确保遇险信号可被快速接收。在搜救行动中,除非有特殊需求,否则在搜救行动中不应要求飞行员改变频率。是否更改频率应视具体情况而定。

民用航空平台一般还装备有应急发射机(Emergency Locator Transmitter,ELT)作为初始通信的重要手段,工作频率为 121.5 MHz、243 MHz 和 406~406.1 MHz。ELT也称应急电台,分便携式和机载固定式两种类型。一般来说,便携式在左后乘务员座椅后面,但是有时候也可以放在飞机前部行李架上,使乘务员可以看到它。机载的一般位于后乘务员站位头顶板附近。当飞机发生剧烈撞击或触水,ELT 装置可以传出应急信号。如果飞机是正常降落,ELT自然不会打开;当飞机受到巨大外力撞击或触水时,这个一般位于机身后方的装置会自动开启并发射信号,持续时间一般不少于 24 h,国际卫星搜救组织的卫星系统可以接收信号。

除了确定遇险需要救援,当航空器、船舶延误且超时未进行联络报告时,也应启动搜救程序,对于遇险航空器一般由空中交管部门或飞行计划系统启动搜救。除此之外,如果与进行《飞行仪表规则》或《目视飞行规则》飞行的航空器的雷达联络或通信意外中断,也可以启动搜救程序。如果可能,搜救程序启动后,参与搜救行动的航空器之间,航空器与地面站之间的通信需要一个通用频道时,应使用频率 123.1 MHz,将 121.5 MHz作为备用频率。因为在搜救行动中,有时会将 121.5 MHz作为发射频率的紧急示位发信机和无线电应急示位标,这可能导致不能使用该频率进行可靠的通信。当搜救范围显示需要采用高频通信时,可以利用各种手段使得 3 023 kHz,4 125 kHz 或 5 680 kHz可用于现场协调和搜救行动通信。

三、海上遇险通信

船舶间和船舶与海岸无线电台间的通信可用中频、高频和甚高频。接收机可以自动接收遇险报警,不需要人工值守,从而大大提高了遇险报警的成功率。除此之外,海上遇险通信还具有以下特点。

(1)中频(MF,300~3 000 kHz)一般用于海上通信,航空器很少使用。很多海岸和船舶电台配备 500 kHz 无线电报机或者 2 182 kHz 无线电话机的自动信号发生装置,发送无线电报警信号。报警信号在 500 kHz 以摩尔斯码发出"SOS SOS SOS……"或在 2 182 kHz 无线电频率上发出"MAYDAY MAYDAY MAYDAY……"呼救。

(2)500 kHz 莫尔斯电码作为遇险、安全和呼叫传输频率,它有助于克服语言障碍,为了便于接收遇险呼叫,该频率上每小时内有两段 3 min 的静默时间,分别从每小时后的第 15 min 和第 45 min 开始,每段的最后 15 s 用于进行遇险、紧急或安全通信。然而,随着更为先进的技术出现,500 kHz 的使用日渐减少,在船舶上配备此设备的国际性要求已经于 1999 年废止。

(3)2 182 kHz 是海上遇险、安全和呼叫的国际海上语音频率,也适用于特定的搜救航空器。为了便于接收到遇险呼叫,该频率上每小时有两段 3 min 的静默期,分别从每小时的第 0 min 和 30 min 开始。

(4)无线电摩尔斯报警由每分钟内发出的 12 短划组成,每短划持续 4 s,相邻的短划间隔 1 s;无线电警音报警由两种音频交替发射(类似某些救护车的两种警笛声)。它持续发送 30 s~1 min,在报警结束时的 1 连续长音表明该信号来源于海岸无线电台而不是船舶电台。

(5)无线电报警仅用于表明以下情况:①遇险呼叫或电文即将发送;②将播发紧急气象警报;③船上人员失踪,仅凭发送紧急信号获得的他船救助无法满足搜救需求时。

(6)禁止测试无线电警报。

(7)分配给海上高频的使用频带很宽,可分为无线电报和无线电话。在世界某些区域,除 2 182 kHz 外,无线电话频率 4 125 kHz 和 6 215 kHz 被指定用作遇险与安全频率。

(8)甚高频通信中,调频 156.8 MHz(16 频道)是国际海上甚高频语音遇险、安全和呼叫频率。156.3 MHz 可用于现场搜救通信频率。

四、遇险通信程序

(一)搜救通信计划

应在搜救计划中明确分配给指挥、现场、监控、导航和公共关系频率的频道。应有效利用一切已有通信设备,并定期使用和测试所有设备器材。搜救任务协调员应该选择搜救专用频率,通知现场协调人或搜救单元(平台)。在合适时机,与相邻的搜救分中心以及搜救平台的所属机构之间建立联系。现场协调人应当与所有搜救单元和搜救任务协调员保持通信畅通。现场通信应指定首选频率和备用频率。所有搜救单元应保留一份《国际信号规则》,因为它提供了全球航空器、船舶和遇险人员公认的通信联络方法。

(二)遇险报警通信

遇险报警是将遇险事件发送至能够提供救援的单元。这些单元可以是岸上的某一搜救协调中心,也可以是临近的飞行器、船舶,称为机/船对岸报警和机/船对机/船报警。在搜救协调中心收到警报后,向附近可提供搜救的单元发出警报,以便实施搜救行动。因此,报警包括机/船对岸、机/船对机/船和岸对机/船三个方向。

(三)任务协调通信

任务协调通信是在接到遇险报警信息后,搜救协调中心与遇险对象及参与救援的船舶、航空器或其他搜救平台间的通信。协调通信主要是对参与搜救行动的平台进行指挥协调,使搜救行动更为有效,同时和搜救平台建立联系、了解情况,使之能够更好地配合搜救行动的展开。现场协调人有权协调现场通信,确保通信畅通。通常情况下,搜救单元通过所分配的频率向现场协调人报告情况,若转换通信频率,则应对万一在新频率上无法建立通信的可能性做出规定。

(四)搜救协同通信

为搜索确定遇险对象位置、开展救援,在参与搜救的航空平台、水上平台、路基平台之间的通信称为搜救协同通信。一般情况下,这种通信的距离较近。一般使用电话或电传,在中频或甚高频频带内指定的遇险与安全通信频率上进行。无线电话的频率是156.8 MHz和2 182 kHz,无线电传的频率是2 174.5 kHz。当有飞行平台参与救助时,飞机与船舶一般使用3 032 kHz、4 125 kHz、5 680 kHz、123.1 kHz和156.8 MHz进行通信。此外,如果飞机配备了适当的设备,也可以在2 182 kHz和156.8 MHz及其他合适的海上移动通信频率上进行通信(详见本节第三部分)。

(五)搜索定位

在海面由于风和洋流的影响遇险船舶、飞行器、人员的位置不是固定不变的,会随着搜救力量到达的时间呈现出较大差异,而且当遇险地域有浓雾、大浪或是夜间搜救时,即使搜救力量也很难在视野范围内搜索到遇险船舶、飞行器、人员。为尽快完成搜索定位实施救援,需要其为参与搜救的平台提供距离和方位的引导信号,即搜索定位。

第二节　通信支撑系统

一、系统架构

相对于陆地搜救,海上搜救对通信的要求很高,一方面由于风和洋流的影响,海上搜救行动定位更困难;另一方面,海上搜救对时效性要求更高,相对于陆地,人员在落水后由于失温、惊恐、淹溺或海洋生物等原因更容易造成死亡。这就要求海上搜救定位更精确、搜救效率更高,而这都需要有效的通信系统支撑。在这个需求的推动下,由国际海事组织（International Maritime Organization，IMO）提出的全球海上遇险与安全系统（Global Maritime Distress and Safety System，GMDSS）于 1992 年 2 月 1 日开始实施，它是利用现代化的通信技术改善海上遇险与安全通信，建立的海上搜救通信程序，并用来进一步完善现行常规海上通信的一套庞大的综合的全球性的通信搜救网络。GMDSS 由卫星通信系统、地面无线电通信系统、海上安全信息播发系统和定位与寻位系统等组成，具有遇险报警、搜救协调通信、救助现场通信、海上安全信息播发、寻位、日常通信以及驾驶台对驾驶台安全避让通信等功能，其系统架构如图 5-1 所示。一旦在海上遭遇险情，GMDSS 能够立即向陆上搜救机构及附近航行船舶通报遇险信息，陆上有关搜救机构能够以最短时间延迟调配就近的航空、水面搜救力量进入协同搜救活动。

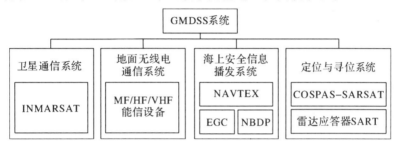

图 5-1 GMDSS 系统架构

二、国际移动卫星通信系统

国际移动卫星通信系统是一个使用同步卫星进行通信的搜救支撑系统，该系统于 1982 年 2 月开始向全球提供海事通信业务，时称国际海事卫星通信系统（International Maritime Satellite，INMARSAT）。后来陆续向航空和陆地通信拓展，并分别在 1985 年和 1989 年开通了航空通信和陆地卫星通信业务，并在 1995 年最终更名为国际移动卫星通信组织（International Mobile Satellite Organization，IMSO），但英文缩写 INMARSAT 沿用未变。该系统由卫星、海岸地面站、船舶地面站、网络协调站和运行控制中心组成。

（一）卫星

INMARSAT 卫星，主要是起无线电中继站的作用，按照不同系列的卫星发展划分阶段，目前已经发展到第 5 代。第 1 代是从 1982 年起，通过租用美国和欧洲国家三大洋上空的卫星和转发器实现；第 2 代共有 4 颗卫星于 1990 年投入使用，采用全球波束覆盖，具有独立的空间段卫星资源，系统容量提高了 2.5 倍；第 3 代共 5 颗卫星于 1996 年投入使用，其中一颗是备用卫星，系统容量是第 2 代的 8 倍；第 4 代共 3 颗卫星于 2008 年全部发射，卫星上装有一个 20 m 口径的相控阵多波束可展开天线，有 1 个全球波束、19 个宽点波束和 228 个窄点波束，其中全球波束用于信令和一般数据传输，宽点波束用于支持以前的业务，窄点波束用于实现新的宽带业务。第五代 INMARSAT 卫星系统"全球特快（Global Xpress）"于 2010 年进入开发阶段，于 2015 年推出。"全球特快"使用 Ka 波段卫星信号进行连接，为包括航运和航空业在内的各个市场提供全球卫星服务，其容量大约是前四代总容量的两倍。

（二）海岸地面站（CES）

海岸地面站（Coast Earth Station，CES）简称岸站，它是陆上公众通信网和卫星系统的接口，也是一个控制和连接的重要节点，主要功能包括以下几个方面。

（1）响应船舶地面站等移动地球站呼叫，分配信道并建立通信。

（2）对所拥有信道的状态（如空闲、申请受理、占线、排队）进行监视和管理。

（3）为陆上用户提供 INMARSAT 通信网络接口。

（4）受理新船舶地面站的申请，编排和核对其识别码。

（5）记录用户岸站及信道使用情况，按照规则计费并收取费用。

（6）监听遇险报警信息。

（7）备用网络协调站功能，当其故障时 CES 可临时替代。

（8）对船舶地面站进行启用试验、链路测试等性能测试。

（9）通过卫星的自环测试。

（三）网络协调站（NCS）

INMARSAT 系统覆盖了大西洋东区（AOR－E）、太平洋区（PRO）、印度洋区（IOR）和大西洋西区（AOR－W），每一个洋区内允许最多设置 15 个岸站。为了有效管理卫星，合理使用每一条线路，IMSO 就在每个覆盖洋区内选择一个岸站兼负网络协调站（Network Coordination Station，NCS）的功能，其具体任务主要包括以下几个方面。

（1）负责本洋区海岸地面站和船舶地面站之间的通信。

（2）掌握船舶地面站的工作状态，向其发布广播业务。

（3）发射公共 TDM 信息，用于移动站跟踪卫星。

（4）遇险报警的及时处理，当信道繁忙时，优先处理遇险呼叫。

（四）船舶地面站（SES）

船舶地面站（Ship Earth Station，SES）简称船站，它是装在船舶或陆上的其他移动载体上的地面站或终端。由于其安装于移动载体，船站的天线必须能够排除自身位移、侧滚、偏航等因素产生的影响。在满足带宽需求的同时，为保证移动载体自身的稳定性，船站的天线在外形和质量上都有严格要求。因此，SES 的天线在跟踪卫星时，必须能够排除船身移位以及船身的侧滚、纵滚、偏航所产生的影响；同时在体积上 SES 必须设计得小而轻，使其不致影响船的稳定性，在收发机带宽方面又要设计得有足够带宽，能提供各种通信业务。

SES 根据所支持的通信业务不同，一般被分为 A、B、M 和 C 型。A、B 型船站的功能相同，均能提供电话、传真、电传和数据通信功能，但是 A 型船站的电话及传真为模拟信号，B 型船站的电话及传真是数字信号；C 型船站只有电传和数据通信功能；M 型船站只有电话、传真和数据通信功能。采用数字技术的 B、M 型船站最终将取代 A、C 型船站。

三、地面无线通信系统

地面通信系统是使用中频/高频/甚高频频段及配套设备构成的通信系统。每一频段及所使用的设备对应一种通信分系统。各通信系统功能如表 5-1 所示。

表 5-1 各通信系统功能

序 号	系统类型	功 能
1	中频(MF)通信分系统	近、中距离遇险报警及通信
2	高频(HF)通信分系统	远距离遇险报警及通信
3	甚高频(VHF)通信分系统	近距离报警及通信

地面通信系统所使用的通信设备包括中频/高频/甚高频无线电收发信机及数字选择性呼叫(Digital Selective Calling,DSC)和单边带无线电话(Single Side Band TP,SSB TP)、甚高频无线电话(Very High Frequency,VHF)等终端设备。

(一)数字选择性呼叫 DSC

DSC 是根据国际无线电咨询委员会(Internatinal Radio Consulative Committee,CCIR)的建议建立的电台或台组之间使用数字编码传送信息的一种无线电通信技术。它仅仅能呼出某一(组)电台并传输简单信息。它是为了有效利用频率,在多数电台使用同一频率时,对多数电台中任一电台赋予该电台特定数字进行编码,并进行有选择的自动通信,其功能主要包括以下四个方面。

(1)遇险报警是船舶发出遇险报警,其内容有本船识别码及其他有助于搜救的信息。

(2)遇险确认是收到遇险报警后通知遇险船只,表明已经收到报警。

(3)遇险广播是将船舶和岸台发出的遇险报警向有利于救助的其他岸台或船台广播该遇险警报。

(4)选择性呼叫是有针对性地呼叫船台和岸台,有所有船舶呼叫(All Ships Call)、海区呼叫(Area Call)、群呼叫(Group Call)和单台呼叫(Individual Call)。呼叫类别分为遇险/紧急/安全/船舶业务/日常。

(二)单边带无线电话 SSB TP

单边带无线电话(SSB TP)是一种话音通信方式,与其他无线电话语音通信的区别在于调制方式不同。它仍是一种幅度的调制,也就是信号的幅度变化反映了语音信息,但是占据普通幅度调制的一半带宽。它可以充分利用发射机的辐射功率,具有一定的抗干扰能力,单边带无线电话可以经海岸电台直接进入公众通信网,用户可以直接和船舶电台进行海上遇险、搜救和船舶业务通信。

(三)甚高频无线电话

甚高频无线电话是 GMDSS 系统中一个重要的通信方式,它可以完成遇险与安全通信、日常业务通信,而且也是水上交通管理的重要手段。甚高频无线电话是收发合一共用一副天线的电台。按照规定,水上甚高频无线通话使用的频段是 156~174 MHz,以调频体制传送话音。这种调频体制抗干扰性好,但占据较宽的频带,因此,只能在频率较高的频段上进行传输。由于传输距离短和地球曲率的影响,这种手段的通信距离不能太远,一般在宽阔海面上传输距离为 56 km 左右。

四、海上安全信息播发系统

海上安全信息(Maritime Safety Information,MSI)是指有关航行安全的信息。比如海岸电台或海岸地球站播发的航行警告、气象警告、气象预报等有关航行安全的信息;船舶在航行中发现危及船舶航行安全的情况;本船主机发生故障,正漂流修理,需告知其他船舶注意;电子航行系统更新信息等。用于播发 MSI 的系统由航行警告系统(NAVTEX)、INMARSAT 系统中 EGC 安全网系统和窄带直接印字电报(NBDP)三个分系统所构成。

(一)航行警告系统(NAVTEX)

航行警告系统(NAVTEX)是在 518 kHz 频率上由各国主管部门指定的岸台向约 400 n mile 以内的海域范围航行的船舶,使用英语定时播发的航行警告、气象预报和其他海上紧急信息所用到的信息系统。本系统将全球划分成 16 个航行警告区,中国沿海划在第Ⅺ区。除此之外,不少沿海国家相继设立或确立了国内协调机构,并根据本系统的要求开展工作。具体警告按照级别不同划分为以下三类。

(1)区域警告。每个航行警告区的有关国家和地区共同协商确定一个区域协调人,负责收集、核对、整理和播发整个辖区的远程航行警告。

(2)沿海警告。每个沿海国家确定一个国家协调人,负责收集、核对、整理和播发本国沿海和邻近沿海水域的航行警告,同时迅速把它传送给所在区域的协调人。中国的国家协调人是交通部水上安全监督局。

(3)地方警告。由港湾当局向辖区播发,作为对沿海警告的补充。

可能时,所有航行警告均应以英语播发,地方警告可仅用本国语言播发。必要时,以联合国法定语言中的一种语言播发区域警告,以本国语言播发沿海警告。能够接收 MSI 系统信息的接收机也是履行《海上人命安全公约》船舶必须配备的设备之一。

(二)增强群呼系统

增强群呼(Enhanced Group Call,EGC)系统是 INMARSAT 系统的子系统,是 NAVTEX 系统的后续补充,主要用于接收安全网和类似服务信息。搜救机构、气象部门和航行机构利用安全网发布海上信息。它将地面上的有关组织或机构信息通过 NCS 或 INMARSAT 卫星以报文或数据流的形式发送到具有 EGC 接收机功能的用户端。除此之外,一些 INMARSAT 海岸地球站也提供群呼船队网服务,用来管理船队信息和提供特殊船队的基本信息,搜救协调中心可以利用这些服务,为搜救行动提供信息支撑。

(三)窄带直接印字电报

窄带直接印字电报(Narrow - Band Direct - Printing,NBDP)是 GMDSS 地面无线民系统中的一种重要通信技术,其终端设备要与中频、高频通信设备连接使用。它是以窄带直接印字电报方式发送和自动接收海上安全信息的系统,是 GMDSS 的重要组成部分之一。莫尔斯电报以手动键入操作不同,NBDP 是海上通信的新型通信终端,所谓"窄带"是指它的信号所占用的频带比其他海上通信形式所占用的窄。它把陆地公共通信网使用的有线用户电报赋予特殊的传输形式,移植到海上无线通信中,使之可以像陆上用户电报一样,操作人员仅需要在键盘上用字符显示器输入报文即可完成报文传输,并能够直接打印,可作为船岸之间双向报文交换自动操作设备终端。NBDP 和船舶 SSB 电台相连接可以实现船岸间、船舶间、船台间和经岸站延伸的电台或国际用户间的自动电传业务,还可以向某船组或所有船舶发电传信息。

五、定位与寻位系统

(一)搜救卫星系统(COSPAS – SARSAT)

搜救卫星系统(COSPAS – SARSAT)是 COSPAS – SARSAT 低高度近极轨道搜救卫星系统的简称。COSPAS 是俄文的音译,意为搜寻遇难运输载体(船、飞机或陆上平台)的空间系统,SARSAT 是英文 Search And Rescue Satellite – Aided Tracking 的缩写,意为搜救卫星指示追踪系统。它最初是由加拿大、法国、美国和苏联联合开发的,以后又有其他国家陆续参加的全球性搜救卫星系统。目前,搜救卫星系统已经有超过 42 个成员国,系统不仅广泛地应用于航海领域,也为航空和陆地用户提供卫星搜救服务。我国于 1994 年加入该组织,并发挥了积极作用,2017 年 10 月,在蒙特利尔召开的第 31 届国际搜救卫星组织联合委员会会议上,我国的交通运输部提交了《北斗系统搭载搜救载荷技术状态》和《北斗系统搭载搜救发射计划》两份文件。经委员会审议通过了将北斗系统及北斗系统搭载遇险搜救载荷写入国际搜救卫星组织中轨搜救卫星系统框架文件。2018 年 2 月,国际搜救卫星组织第 59 届理事会批准北斗卫星搭载搜救载荷纳入国际中轨道搜救卫星系统发展规划,标志着北斗系统在加入国际搜救卫星系统进程中迈出了关键一步。同年,北斗卫星搜救载荷与伽利略卫星搜救载荷下行频率协调特别工作组会议在法国召开,原则上同意在 COSPAS – SARSAT 框架下北斗搜救载荷下行频率使用频移后的新频点。2018 年 9 月,北斗系统第 37、38 颗卫星成功发射上空。这两颗搭载了搜救载荷的北斗卫星,将建成北斗卫星搜救系统,并作为全球卫星搜救系统的组成部分,为全球范围遇险提供报警服务。

(二)雷达应答器

搜索定位可通过使用搜救雷达应答器(Search Aided Radar Transponder,SART)和搜救平台上的雷达相互作用快速完成。当雷达波扫射到 SART 时,SART 会自动响应,并发出一系列信号,搜救平台据此判定目标位置。也就是说搜救雷达应答器实际上是一个被动触发式的雷达信号产生器,该设备开启后,在没有被雷达信号触发前,设备处于接收状态,在被导航雷达波触发以后,应答一个雷达信号,在导航雷达上显示一连串的点,使搜救船舶和飞机非常容易就能够发现和辨别。当船舶遇险弃船时,必须携带搜救雷达应答器下船,然后安装并启动 SART,在没有雷达脉冲的作用下,SART 处于接收状态,在雷达扫描脉冲的作用下,发射应答信号,应答信号在搜救雷达荧光屏上,能沿半径方向显示出一连串的亮点,最多 12 个,亮点的个数与雷达的量程和 SART 与搜救船的距离有关,其中第一个亮点到雷达荧光屏中心的距离是搜救船到幸存者的距离;12 个亮点的连线与船首线的夹角就是搜救船到幸存者的相对方位。12 个亮点的大约距离是 8 n mile，每两个亮点大约是 0.65 n mile。当搜救船逐渐靠近 SART 时,亮点逐渐变为圆弧;进而变成同心圆。

(三)信标(PLB/ELT/EPIRB)

个人定位信标(Personal Locator Beacon,PLB),也称为陆用信标,一般用于陆上从事野外工作或探险、运动遇险时使用。包括 PLB 在内,RMDSS 使用的信标还有船用信标和航空信标,共有三种,其原理和功能基本一致,相当于一个小型发射机,可漂浮在水面,自备有电池和卫星天线,可自动或人工启动发射遇险信号。航空信标也称为应急定位信标(Emergency Locator Transmitter,ELT),工作频率在 121.5 MHz 或 243 MHz。船用信标一般称为无线电应急示位标(Emergency Position Indicating Radio Beacon,EPIRB),工作频率在 121.5 MHz 或 406 MHz,寻位频率在 121.5 MHz 或 243 MHz。当人员、船舶或航空器遭遇事故灾害需要救援时,自动或手动激活求救信标(PLB/ELT/EPIRB),信标会在发送遇险求救信号的同时,利用内置的 GPS 定位模块告知救援中心自己的遇险位置。信标发射后,会被经过上空的搜救卫星接收并捕获,将消息发送给附近的陆地上的地面接收站(Local User Terminal,LUT)。LUT 接收到信号后,进行信号的解码工作,将信标的信息发送给任务控制中心(Mission Control Centre,MCC),多数情况下 MCC 就是当地的搜救协调中心,MCC 再根据信标的信息安排救援队伍前往遇险地点实施救援。

第三节　搜救单位(单元)通信

一、航空器和船舶通信

如果民用船舶或航空器的其中一方遇到紧急情况或正在执行搜救任务时,它们之间可能会需要相互通信。由于多数情况下航空搜救平台并不经常参加海上的搜救行动,或对船舶实施救援,所以很少携带额外的通信设备,这就容易造成通信困难。因为航空移动通信业务通常使用调幅甚高频电话,而海上移动通信业务使用的是调频设备。同样,除了具备搜救功能的船舶,大部分小型船舶通常也不能通过 3 023 kHz、5 680 kHz 或 121.5 MHz 和 123.1 MHz 进行通信。因此,只有双方都有或某一方具有相互兼容的设备时,船舶与航空器可利用下列频率进行通信。

(1)2 182 kHz:包括渔船在内的几乎所有船舶都会配备该频率的通信设备。一些运输航空器也可通过 2 182 kHz 进行通信,经常参与或指定参与海上搜救行动的航空器则要求必须配备此频率通信设备。但由于船舶一般通过自动方式在该频率上值守,航空器在 2 182 kHz 频率上呼叫船舶会有一定难度。

(2)4 125 kHz:4 125 kHz 是航空器与船舶进行遇险和安全通信的频率,符合《海上人命安全公约》的大部分船舶都会配备该频率设备。如果当航空搜救行动中需要船舶予以支援时,搜救协调部门可通过该频率通知事故地域附近船舶,有需要时,可以要求它们在该频率值守。

(3)3 023 kHz 和 5 680 kHz:3 023 kHz 和 5 680 kHz 是搜救现场高频通话频率,多数配有高频通信设备的民用航空器和专业搜救航空器都能在此频率上工作,用于搜救的船舶、符合《海上人命安全公约》的船舶和海岸无线电台也可以使用此频率。

(4)调幅 121.5 MHz:调幅 121.5 MHz 是国际航空遇险频率。所有搜救专业航空器和民用航空器都可以在此频率进行通信,海事船只/航空器也可以在此频率通信。而且在驾驶职责和设备允许情况下,要求所有航空器都必须在此频率值守。

(5)调幅 123.1 MHz:调幅 123.1 MHz 是参与搜救行动的航空器与船舶可共同使用的航空频率。通常调幅 121.5 MHz 为值守频率,可能干扰较多,因此现场搜救时多使用123.1 MHz 频率。

(6)调频 156.8 MHz:调频 156.8 MHz 是大部分船舶使用的甚高频海上遇险和呼叫频率;除一些经常近水飞行器外,民用航空器通常不携带有此频率的无线电设备。但是专业搜救航空器应能够使用该频率和遇险船舶或搜救船舶进行通信。

二、搜救协调中心和搜救分中心通信

搜救协调中心或各类搜救系统的下属单元应当对需要立即投入搜救的情况予以明确,必要时还应预先制定与其他机构进行快速协调的规定。

(1)AFTN 和 ATN:对于 RCCs 和 RSCs 而言,电话和传真是非常关键的通信手段。对于 RCCs 和 COSPAS - SARSAT 系统的 MCC 来说,ICAO 组织的航空固定电话网(Aeronautical Fixed Telecommunications Network,AFTN)和更为先进的航空电信网(Aeronautical Telecommunications Network,ATN)是更有价值的通信系统,这些系统可以按照优先级进行信息处理,是某些地区间最有效的通信链路,与 RCCs 和 RSCs 航空设施的终端一起,这些系统可以构成一个覆盖更为广泛的全球性网络。因为 AFTN 和ATN 网络中有更为合适的搜救资源,ICAO 组织已经授权 RCCs 和 RSCs 在海上搜救行动中使用上述网络。

(2)FIC 和 ACC:航空搜救协调中心(ARCC)进行通信联络时,使用距离其最近的飞行情报中心(FIC)或区域控制中心(ACC)进行联络更为有效。如不使用上述设施,则需要为之提供额外的通信链路。

(3)SARNET:搜救网(SARNET)是单个卫星覆盖范围内所有 RCCs 间的一个广播系统,它是经由卫星传送的紧急通信方式,与多个 RCC 通信时可在提高信息交互效率的同时节约大量开销。当某个 RCC 需要提供搜救信息或需要从其他 RCC 获取搜救信息时,可使用该系统。为了减少地面通信链路的数量,搜救系统可利用船队网(FLEETNET)的设备建立一个 INMARSAT - C"搜救网"。要加入该网,需要 RCC 配备一个 INMARSAT - C的 EGC,该接收机登录选择的 INMARSAT 卫星并接收广播,发送广播时则需要通过INMARSAT - C 的陆地地球站(Land Earth Station,LES)接口。INMARSAT 为每个已加入的 RCC 配置一个 INMARSAT - C 接收机增强识别码,使得该识别码的接收机能够接收到发给它的所有信息。RCC 通过密码和识别码进入接口站点,并发送带有增强识别码的广播信息。

三、搜救行动通信

(一)移动电话通信

在支持移动通信的网络范围内,使用移动电话可以很好地进行点对点通信,而且有些移动电话在地面网络覆盖范围外时,可以转移至卫星通信。但是这些较为普及的、廉价的多功能通信装置在很多应急救援环境下有着一定的局限性。搜救单位应提醒用户在进行航空和海上通信时,应注意移动电话也有其不足之处,应尽可能不要放弃使用无线电设备,主要原因如下。

(1)在遇险时使用甚高频无线电进行 MAYDAY 呼叫,不仅可以向搜救单元告警,也包括其附近范围内的船只、航空器或者台站,能够得到附近各种潜在搜救力量更为快速的救援;

(2)使用移动电话报警,遇险人员必须知道或者能够查找到其需要的报警电话号码;

(3)通过陆上或移动测向仪可以有效地利用无线信号快速定位遇险人员位置,但是移动电话需要遇险人员能够清楚描述才可能准确定位,否则误差一般在 $18\sim28$ km 范围内;

(4)甚高频无线电可以进行安全咨询信息的接收,而移动电话则不行;

(5)在遇险区域如果用户过多,很容易造成系统堵塞。

(二)特殊环境通信

在特殊环境下拥有多种通信方式的好处很多。有时现场搜救人员和遇险人员之间不必借助设备进行口头通话或使用便携式无线电设备进行联系,特别是当遇险人员陷入困境或许多幸存者正被救助等紧急情况时尤其如此。当在上述特殊环境中时,应尽量做好以下工作。

(1)事先安排好现场组织者之间的通信方式,并配套必要的备用方案;

(2)如果条件允许,应使噪声大的航空搜救平台和非必要的航空器远离事发现场,直到需要其介入开展搜救行动时再进入;

航空搜救计划应指导主管部门、搜救单元和保障力量在搜救行动中如何管理和开展多平台、多单位、多辖区之间的通信。有条件的国家和机构可以建立"搜救指挥系统"对通信进行统一管理和使用。

(三)遇险信息处理

1.遇险对象信息获取

尽管有些声音或者文字报警信息不符合标准格式需求,也不能进行正确的身份识别或精确的遇险定位。但是合规的信息收集机构应预先准备信息模板,该模板应符合标准的搜救信息格式,这样标准格式的信息就可以形成一个可二十四小时提供服务的数据库。搜救协调机构通过电子无线电识别系统,全面、准确地对遇险对象进行识别,而不需要通过派遣搜救平台现场确认,可大幅提高搜救透明度和精确制定搜救计划。航空器/船舶所有人、营运人,交通运输工具的注册登记机构等都是这类信息重要的收集机构。

2.通信设备的识别

对航空器/船舶/救生艇筏上所用的设备和系统类型,搜救协调中心应当参照相关信息来源查证。通常情况下,利用船舶或航空器的无线电呼号、海上移动业务标识码、7位或9位数的终端识别码和 INMARSAT EPIRB 能够识别某个移动通信站。救生艇/筏的无线电设备识别码由其母船呼号加上开头两位数字组成。卫星 ELT 和 EPIRB 识别码由3位数洋区码或国家码开头,后跟6位数的海上移动业务识别码,或者无线电呼号。非卫星无线电紧急示位标没有识别码。国家码表明从哪个国家可获取有助搜救行动的登记数据,但如果标记登记不正确或编码不正确,只能表明船旗国名称。

3.误报警

误报警是指搜救系统接收到的显示实际存在或潜在的险情,而事实上并未发生事故的报警。误报警包括设备故障、干扰、测试或无意的人为失误。在获得正式消息之前,搜救人员应将每一次遇险报警当作真实报警。为防止发生更多的误报警,应当保存误报警次数和产生原因的记录,并将其提供给主管执法、培训或设备标准等部门处理,以助于进一步防止误报警。

(四)现场通信设备

除了要求搜救航空器能在 2 182 kHz、3 023 kHz、4 125 kHz、5 580 kHz 等频率上通信外,搜救管理单位还应要求搜救平台配备其他现场通信设备。比如兼容 SART 的9 GHz 搜索雷达;工作频率为 123.1 MHz VHF/AM 可投式一次性无线电设备,遇险人员可用其与现场执行搜救任务的航空或地(水)面搜救平台进行通信联络;搜救平台配置的无线电设备能够驱动附近船舶上的无线电话发出警报,进而建立更为直接的通信联系。搜救平台和 RCC 或 RSC 之间的通信方式主要取决于当地的计划安排,也取决于相互间是直接联系还是通过告警台进行通信。

四、代码、信号和标准用语

(一)语音应急信号

航空器和船舶一般有三种语音应急信号,具体可描述如下。

(1)遇险信号:"MAYDAY"表示航空器或船舶遇险,请求立即救援。该信号的优先级优于所有其他诸如有人落水之类的通信。

(2)紧急信号:"PAN-PAN"用于航空器或船舶处于危险或不安全环境中,并需要救援。紧急通信优先于除遇险通信外的所有通信。

(3)安全信号:"SECURITY"用于航行相关的信息或重要气象警告。

任何用上述某一种信号的通话都优先于一般性通话,在通话的开头,信号重复三次,使用频道或频道值守人员在此期间应停止其他通话,收听并尽可能提供援助。遭遇险情时,机长或船长应使用 MAYDAY 发布险情。但是,如果呼叫中没有上述用词或者对遇险真实性产生怀疑时,值守人员应当假定实际出现紧急情况,并充分准备,便于从容处置。

(二)程序性用语

搜救除了要熟悉语音应急信号外,更应当掌握和使用无线电话基本的程序性用语,具体如表5-2所示。

表5-2 程序性用语及含义

序 号	程序性用语	含 义	描 述
1	AFFIRMATIVE	是	确认内容正确无误
2	BREAK	分隔	用语分隔电文的各部分;把一份电文和另一份隔开
3	FIGURES	给出数字	在信息之前加上数字时使用
4	I SPELL	拼读	用于拼读单词之前,经常用于拼读专用名词前
5	NEGATIVE	不	否定意见、建议
6	OUT	通话结束	表示通话结束时使用,当需要立刻回答的时候,在信息结尾加上 OVER,表示通话方已经讲完,请对方讲话
7	ROGER	收到	表示我已经很清晰了解你讲话的内容和具体需求
8	SILENCE	静默	使用时重复三次,表示立刻停止一切通话
9	SILENCE FINI	接触静默	一位解除静默,表示结束紧急状态,恢复正常通信
10	THIS IS	这是……	用于呼叫台/站名称/呼号之前,表明身份
11	WAIT	稍等	意为我有紧急事务处理,通话暂停一会儿,稍后继续

(三)信号和标准用语

许多受过专业训练,参与搜救行动的机长、救生员、船长、船员和医护人员等都能以英语作为工作语言。但有时他们也不得不和那些不懂英语的遇险人员进行通信,或者遇险环境不具备语音通话能力,这时就需要使用标准用语和信号规则进行基本的通信。IMO 的《国际信号规则》和《标准航海用语》的出版使得航空器、船舶和遇险人员之间的交流困难得到了一定程度的缓解。

规则中的通信方式包括旗语(国际彩色旗帜和三角旗)、闪光灯、音响、声号、无线电、手势和视觉信号。它包括信号指令、常规的和医用的信号代码、遇险和求生信号、无线电通话程序、船舶和航空器的国家识别信号、遇险人员寻求援助及帮助那些对信号做出反应者的视觉信号、航空使用的空对地和地对空信号、搜救平台使用的地对空视觉码语等。

五、搜救行动信息

搜救行动中的通信信息包括情况报告、搜救方案、搜救行动报告、航空器报警和其他搜救信息等。搜救协调中心应建立标准的报告样本,以便于迅速起草和发送常用信息。

(一)信息格式

当 RCC 必须将遇险报警信息传递给其他 RCC 或 RSC 时,必须采用统一的格式或问题,内容要求重点突出、简洁易懂。同样,当 RCC 和 MCC 之间通信时,也应该通过标准格式进行通信联系。这样不论是新开发的通信系统还是对已有系统的改进完善,报警内容和格式越接近标准,对搜救行动的作用越大。

(二)情况报告

情况报告是现场协调人向搜救任务协调人了解现场任务进展情况的报告。通常,除另有需求外,情况报告一般只送交任务协调员,而后再由搜救任务协调员将任务进展情况向上级 RCC、RSC 或其他相关部门汇报。为防止事故造成污染或存在污染危险,也应向相关担负有环境保护责任的部门报告。

情报报告按照详细的程度可分为简要情况报告和详细情况报告:简要报告主要是用来提供事故的早期情况通报或需要使用情况报告来要求援助时用以传递紧急信息;详细情况报告则是详述搜救中的各种行动,或者将具体搜救情况告知遇险船舶/航空器的所属国家。在获得足以描述事故情况的信息后,现场协调人应马上发送初始情况报告,而不必确定信息细节延误时间。获得其他相关信息后,应立即发送进一步情况报告,但已发信息不必重复发送。如行动长时间没有进展,则可每 3 小时发送一次"情况未变"报告,从而使收听报告的人员确信自己没有错失最新消息。在行动结束后,应发布最终情况报告确认。由于情况报告格式通常由部门指令形式确定,但不论格式如何,情况报告通常包含以下内容。

(1)识别:通常在主题栏中注明情况报告序号、船舶识别码、一字或两字的紧急程度描述以及事件所处的紧急阶段。各事件情况报告应按序编号,在一个现场协调人撤离现场后,接任的现场协调人应继续使用情况报告的编号。

(2)情况:事件描述,影响条件和其他补充信息。发出首份情况报告后,应只报告情况发生的变化。

(3)采取行动:自上一报告后所采取的一切行动及行动结果。当搜索失败时,报告内容应包括搜索区域、飞行架次或搜索时间和覆盖因素。

(4)下一步计划:下一步实施计划的行动,包括所有推荐方法。如需要,包括增加救助力量的请求。

(5)事件状况描述:只在最终情况报告中说明,表明该事件已结束或是搜救行动暂缓进行。

(三)搜索行动报告

在制定搜索行动计划后,现场协调人和现场搜救设施应按照规定发布与搜索行动相关的报告,此类报告应提早发布,如果初步搜索计划正在制定,现场应在搜救平台出发前至少 6 小时向上级部门发布该报告。报告内容可能涉及现场情况、目标情况、设备情况、遇险人员装备和受训情况、气象情况、搜救力量情况、搜救区域及任务划分情况、通信情况等内容,具体来说主要包括以下 6 个部分。

(1)情况:简要的事件描述、位置、时间、遇险人员数量、主要和次要搜索目标、搜救平台的数量和类型、气象预报和阶段天气预报等。

(2)搜索区域:区域、大小、转向点和其他必要的数据资料。

(3)协调:确定搜救任务协调员和现场协调人、搜救单元现场搜救时间、所需航线间距和覆盖系数、现场协调人指令等。

(4)通信:规定指挥频道、现场频道、监控频道、搜救船舶电子识别和新闻频道。

(5)报告:现场协调人需报告现场天气、行动进展和情况报告的其他内容情况。在每日行动结束后,向上级部门汇报出动架次、飞行时间、搜索区域和覆盖系数。

(四)救援行动报告

与搜索行动计划一起,搜救任务协调员应另外制定救援计划。该计划在救援行动电文中提供给现场协调人和现场搜救单元。可能涉及的内容与搜索计划类似,主要包括以下六个方面的内容。

(1)情况:简要事件描述、需要救援的人员数量、伤亡程度、救援设备数量和类型、气象预报和阶段气象预报等。

(2)救援区域:以确切的区域名称和经纬度或与已知地理位置的方位描述事故发生的位置。

(3)执行:搜救单元到达救援区域的路线、指派的搜救单元(包括单元呼号和所属机构)、所尝试的救援方式、补给及其他保障设备的空中运输、搜救任务协调员的行动保障计划。

(4)通信:规定指挥和现场通信频道、执行高空通信任务的航空器呼号及其他相关通信信息。

(5)报告:讨论现场协调人递交给搜救任务协调员的报告和上级部门的行动报告。

第六章　搜救组织文书

第一节　电文及用语代码

一、电文格式

搜救协调中心应当监理标准的报告样本或利用计算机程序自动生成,以便于迅速起草和发送常用信息,而且通过标准格式不容易疏漏一些必要的信息,使组织及指挥人员能够一目了然,更快掌握现场情况。通常 RCC 和 MCC 之间的通信使用 RCC - COSPA - SARSAT 格式,RCC 之间、RCC 和 RSC 之间的通信一般使用 INMARSAT - C、INMARSAT - E或 DSC 遇险报警格式。

(一)RCC - COSPAS - SARSAT 格式

一般 RCC - COSPA - SARSAT 格式传递的信息主要有发送遇险警报(见图 6 - 1)、重复发送失败电文(见图 6 - 2)、通知任务控制中心不必转发随后的报告(见图 6 - 3)、要求 MCC 对 RCC 怀疑有事故发生的区域进行监控(见图 6 - 4)和要求 MCC 数据库中有关某一信标的紧急资料(见图 6 - 5)等五类。

```
发自(组织/搜救中心的名称)
发往(组织/搜救中心的名称)
电文编号(仅在系统需要时)
1.遇险报警(用于信号遇险的系统)
2.遇险
        提供收到信息的类型、系统细节等情况
        地址信息、海上移动业务识别、系统编号等
        时间信息(收到的时间和日期)
3.位置　经纬度(可能时应包括最新的日期和时间)
            航向(如可能)
            航速(如可能)
4.其他的/解码的信息
        包括系统可用的信息,如 NMARSAT 区、接收站、通信模式和联系结果等。
5.包括采取的行动、任何获取的信息和船舶的识别号等。
6.供你们协调
        请确认(插入搜救协调中心联系方式)
```

图 6 - 1　发送遇险警报格式

发自(组织/搜救中心的名称)
发往(组织/搜救中心的名称)
遇险报警电文编号
　1.重复要求的内容

图 6-2　重复传送失败电文

发自(组织/搜救中心的名称)
发往(组织/搜救中心的名称)
遇险报警电文编号(数字)
　1.行动结束(或暂停)
　2.关闭信标发射

图 6-3　通知任务控制中心不必转发随后的报告

发自(组织/搜救中心的名称)
发往(组织/搜救中心的名称)
要求提供报警资料
　1.地理位置(位置)
　2.频率(频率)
　3.取消的日期/时间(日期/时间)

图 6-4　要求 MCC 对 RCC 怀疑有事故
发生的区域进行监控

发自(组织/搜救中心的名称)
发往(组织/搜救中心的名称)
要求提供额外的数据库资料
　1.信标识别码(信标识别)

图 6-5　要求 MCC 数据库中有关
某一信标的紧急资料

以上是 RCC-COSPAS-SARSAT 的五个基本格式,以下就结合以上格式,给出几个基本的示例,虽然没有包括所有格式的变化,但基本可以从以下几个例子了解格式的运用。

【例 6-1】121.5/243 MHz 传送最初发现格式

发自　　澳大利亚 MCC

发往　　澳大利亚 RCC

电文编号　　02577

1.来自 COSPAS-SARSAT S4 的遇险报警

2.可能被发现的遇险目标

　频率　　243.098 MHz

　时间　　1994 年 4 月 28 日 1127 时(世界标准时间)

3.报警编号　　　　位置　　　　　　　接下来传给澳大利亚/新西兰本地用户终端

　9892　　33 44 S　149 59 E　1994 年 4 月 28 日 1317 时(世界标准时间)

　9893　　33 46 S　151 01 E　1994 年 4 月 28 日 1343 时(世界标准时间)

4.系统内其他/解码数据

　本地用户接收终端　　澳大利亚

　椭圆主轴线误差　　8.5 km *

5.如果在你区域内收到信标报警,请通知任务控制中心。

　* 报警数据的准确性由 COSPAS-SARSAT 复查。

【例 6-2】121.5/243 MHz 合并位置格式

发自　　澳大利亚 MCC

发往　　澳大利亚 RCC

电文编号　　　02601

参见　　　　　02577

1. 来自 COSPAS – SARSAT S4 的遇险报警

2. 遇险信标限于 9893

　　频率　　121.500 MHz　　243.000 MHz

　　时间　　1994 年 4 月 29 日 1114 时（世界标准时间）

3. 遇险位置　33 46 S　151 01 E　接下来传给

　　澳大利亚/本地用户终端　　1994 年 4 月 29 日 1535 时（世界标准时间）

4. 系统内解码数据

　　本地用户接收终端　　新西兰

　　椭圆主轴线误差　　　1.2 km *

5. 请提供有关调查结果供我们备案。

　　* 报警数据的准确性由 COSPAS – SARSAT 复查。

【例 6 – 3】121.5/243 HMz 情况确认格式

发自　　澳大利亚 MCC

发往　　澳大利亚 RCC

电文编号　　　02602

参见　　　　　02577

1. 来自 COSPAS – SARSAT COSPAS C6 的遇险报警

2. 遇险报警 9892 取消,位置确定在 3346S 15101E,时间 1994 年 4 月 30 日 1530 时（世界标准时间）

3. 可不考虑报警 9892

【例 6 – 4】121.5/243 MHz 报警未发现格式

发自　　澳大利亚 MCC

发往　　澳大利亚 RCC

电文编号　　　02614

参见　　　　　02577

1. 来自 COSPAS – SARSAT COSPAS S6 的遇险报警

2. 9885/9886 所发遇险报警未被 SARSAT S6 收到

　　频率　　121.5/243.000 MHz

　　时间　　1994 年 4 月 29 日 1536 时（世界标准时间）

【例 6 – 5】406 MHz 位置未确定格式

发自　　澳大利亚 MCC

发往　　惠灵顿 RCC

电文编号　　02577

1. 来自 COSPAS – SARSAT S4 的遇险报警

2. 406 MHz 航空遇险报警

　　识别码　　　　NZ – BGG

　　信标登记国家　　新西兰

　　检测时间　　　　1994 年 4 月 24 日 0627 时（世界标准时间）

3. 位置未知　限于信息不足

4. 系统其他/解码的数据

　　信标识别码　　　C62E750FC2ED490

　　紧急码　　　　　无

5. 请联系登记所有人,确认安全。

【例 6 – 6】406 MHz 最初发现格式

发自　　澳大利亚 MCC

发往　　澳大利亚 RCC

电文编号　　02577

1. 来自 COSPAS – SARSAT C5 的遇险报警

2. 406 MHz 海上遇险信标

　　序号　　　　　0001821

　　信标登记国　　澳大利亚

　　发现时间　　　1994 年 4 月 28 日 0417 时（世界标准时间）

3. 多普勒位置　　　概率　　　　　接下来传给澳大利亚/新西兰本地用户终端

　　37 13 S 148 01 W　　76%　　　1994 年 4 月 28 日 0521 时（世界标准时间）

　　33 58 S 151 35 E　24%　　　1994 年 4 月 28 日 0601 时（世界标准时间）

4. 系统内其他/解码数据

　　信标识别码　　　BEE00IC7400001

　　遇险类型　　　　进水

　　导航信号　　　　121.5 MHz

　　信标工作方式　　人工

　　定位信息　　　　GPS 位置 38 03.5 S 147 10.3 E

　　GPS 位置精度　　15′维度/经度

　　最新的 GPS 时间　　未知

本地用户接收终端　澳大利亚

椭圆主轴线误差　　1.2 km＊

5.从 406 MHz 登记数据库中辨认出该船 220 m 长,100 000 t 载重的油轮 MVNON-SUCH/VLND。陆上联系人 JOHN 先生,电话＋6162534400。INMARSAT A 站的编号 12345678,INMARSAT C 站的编号 450300023。导航频率为 121.501 MHz。

6.请提供你们的调查结果供我们备案。

＊报警数据的准确性由 COSPAS－SARSAT 复查。

【例 6－7】406 MHz 信标合并位置格式

发自　　　澳大利亚 MCC

发往　　　澳大利亚 RCC

电文编号　　　02601

参见　　　　　02777

1.来自 COSPAS－SARSAT S4 的遇险报警

2.406 MHz 海上遇险信标

序号　　　　　　0001821

信标登记国　　　澳大利亚

位置确定时间　　1994 年 4 月 29 日 1114 时(世界标准时间)

3.遇险位置 33 46 S 151 01 E

4.系统内其他/解码数据

信标识别码　　　BEE00IC7400001

遇险类型　　　　进水

导航信号　　　　121.5 MHz

信标工作方式　　人工

定位信息　　　　无

本地用户接收终端　澳大利亚

椭圆主轴线误差　　1.2 km＊

5.请提供调查结果供我们备案。

＊报警数据的准确性由 COSPAS－SARSAT 复查。

【例 6－8】406 HMz 情况不明格式

发自　　　澳大利亚 MCC

发往　　　澳大利亚 RCC

电文编号　　　02601

参见　　　　　02577

1. 来自 COSPAS－SARSAT COSPAS S4 的遇险报警

2. 406 MHz 海上遇险信标

序号　　　　　0001821

信标登记国　澳大利亚

目前位置　　33 46 S　151 01W　　1994 年 5 月 14 日 1402 时（世界标准时间）

3. 可不考虑先前的报警

（二）INMARSAT－C 格式

RCC 之间、RCC 和 RSC 之间的通信的 INMARSAT－C 格式如图 6－6 所示。

发自（组织/搜救中心的名称）

发往（组织/搜救中心的名称）

电文编号（仅在系统需要时）

1. 遇险报警（用于信号遇险的系统）》

2. 通过 NMARSAT－C 接收的报警电文

　　编号（填入移动编号）、时间（收到的日期和时间（世界标准时间））

3. 位置精度＿＿＿＿＿＿＿＿＿＿＿＿＿＿维度＿＿＿＿＿＿＿＿＿＿＿＿＿＿＿；

　　最新的时间＿＿＿＿＿＿＿＿＿＿＿＿＿世界标准时间,日期＿＿＿＿＿＿＿＿＿；

　　　航向＿＿＿＿＿＿＿＿＿＿＿＿＿＿＿＿＿；

　　　航速＿＿＿＿＿＿＿＿＿＿＿＿＿＿＿＿＿；

4. 其他信息

　　遇险类型＿＿＿＿＿＿＿＿＿＿＿＿＿＿＿；

　　INMARSAT 区域＿＿＿＿＿＿＿＿＿＿＿；

　　接收站　（填入 INMARSAT 陆站名称）；

　　议定书＿＿＿＿＿＿＿＿＿＿＿＿＿＿＿＿；

　　最后 24 小时的最新位置＿＿＿＿＿＿＿；

　　最后 24 小时的最新航向/航速＿＿＿＿＿。

5. （填入 RCC 名称）NMARSAT－C 确认收到电文

　　*电文传送至船上,但没有收到答复：

　　*电文不能传送至船上：

　　*根据我们的记录无法识别该船：

　　*我们的记录识别该船为（填入船名和船舶呼号）：

6. 传送给你们供协调。请确认（填入与 RCC 的详细联系方式）。

　　*删除不需要的任一一行。

图 6－6　INMARSAT－C 格式

(三)INMARSAT - E 格式

RCC 之间、RCC 和 RSC 之间的通信的 INMARSAT - E 格式如图 6 - 7 所示。

```
发自(组织/搜救中心的名称)
发往(组织/搜救中心的名称)
电文编号(仅在系统需要时)
1.遇险报警——INMARSAT - E
2.通过 NMARSAT - E 接收的遇险电文
  编号(填入信标编号)、时间[收到的日期和时间(世界标准时间)]
3.位置精度_____维度_____;
  最新的时间_____世界标准时间,日期_____;
  航向_____;航速_____;
4.其他信息
  激活时间 (世界标准时间)
  遇险类型_____;
  INMARSAT 区域_____;
  接收站 (填入 NMARSAT 陆站名称) ;
5.＊根据我们的记录无法识别该船:
  ＊我们的记录识别该船为 (船名或船舶呼号) :
6.传送给你们供协调。请确认(填入与 RCC 的详细联系方式)。
  ＊删除不需要的任一一行。
```

图 6 - 7 INMARSAT - C 格式

(四)DSC 格式

RCC 之间、RCC 和 RSC 之间的通信的 DSC 格式如图 6 - 8 所示。

```
发自(组织/搜救中心的名称)
发往(组织/搜救中心的名称)
电文编号(仅在系统需要时)
1.遇险报警——数字选择呼叫(DSC)
2.接收遇险电文的频率_____kHz;
  接收遇险转发的频率_____kHz;
  接收遇险确认的频率_____kHz;
  接收时间 [接收日期和时间(世界标准时间)] :
  遇险船舶的海上移动业务识别号_____;
3.位置精度_____维度_____;
  最新的时间_____世界标准时间,日期_____;
4.其他信息
  遇险类型_____;
  通信模式 语音/窄带直接印字电报(根据实际删除) :
  转发经由 (填入台站的海上移动业务识别码) ;
  确认经由 (填入台站的海上移动业务识别码) ;
  结果 (填入尝试联系船舶的任何结果) ;
5.＊根据我们的记录无法识别该船:
  ＊我们的记录识别该船为 (船名或船舶呼号) ;
6.传送给你们供协调。请确认(填入与 RCC 的详细联系方式)。
  ＊删除不需要的任一一行。
```

图 6 - 8 DSC 格式

二、事故处理文书

(一)事故搜索资料

在开展事故搜索行动中,需要收集和汇总的资料主要包括以下内容。

(1)紧急的性质,例如火灾、碰撞、人员落水、逾期未抵、人员失踪、跳伞、坠毁等。

(2)发生险情的位置和时间,包括航向/航速/高度;对于船舶,探测仪读数、罗兰 C 格线、量程和方位、助航设施及在这个区域的或最新看到的其他船舶。

(3)最初的报告者(如果是个人,则记录其姓名、电话和地址;如果是船舶/航空器,记录其名称/呼号、航空管制单位、上级单位等)。

(4)遇险船舶/航空器的名称或类型/呼号。

(5)船/机上人员(POB)。

(6)幸存者的观察和降落伞。

(7)船舶/航空器的情况(尺寸、类型、编号、颜色、索具、特征等)。

(8)次要搜索目标。

(9)使用的无线电频率、监听或计划的情况。

(10)包括 EPIRB 在内的应急无线电设备及频率。

(11)现场的天气和海况。

(12)需要的或已得到的援助。

(13)船/机上的燃料/所能坚持的时间。

(14)导航设备。

(15)救生装备。

(16)食物/淡水储备情况。

(17)初次报告的日期和时间。

(18)其他相关信息。

(二)航空器/船舶逾期未抵事故资料

在航空器/船舶逾期未抵事故中,需要收集和汇总的资料主要包括以下内容。

(1)日期、时间和出发地、计划航线、预计速度、预计到达时间和目的地;

(2)可能的航线偏离;

(3)计划航线上,历年的天气情况和预报;

(4)其他信息来源(朋友、亲属、同事、代理和有关单位等);

(5)汽车/船的拖带许可证、说明、位置;

(6)初次报告的日期/时间;

(7)其他的有关信息,诸如船舶/航空器按时报告和抵达的记录。

(三)事故处理格式

对事故进行处理时,一般按照如表 6-1 所示事故处理格式记录。

表 6-1 事故处理表格

首次报告细节：

姓名：_____ 电话：_____ 呼号：_____

所需援助：_____

搜救目标详情	位置/航线	遇险人员资料
姓名：		船/机上人数：_____ 应急无线电示位标：_____ 无线电设备：_____
呼号：		救生设备：_____ 食物/淡水存量：_____
	现在位置：_____ 定位方式：_____ 时间：_____ 驶离自：_____ 时间：_____ 驶往：_____ 预计抵达时间：_____ 航线说明（计划航速、航向） _____ 可能航线偏离：_____ 船舶/航空器记录：	所有人名称：_____ 电话：_____ 地址：_____
说明：_____ 类型：_____ 船体/尾部编号：_____ 船体/机身：_____ 颜色：_____ 舱室/甲板/翼尖：_____ 索具：_____		营运人名称： 电话： 地址： 朋友/代理： 姓名： 电话：
船/机上燃油：_____		地址：
导航设备：_____		附上单独的船/机上人员名单信息

沿建议航线的目前天气情况（亦见气象表）：

_____

（时间，风向/风速，温度，降水，气压，云层，海况，地形）

现在位置的天气情况：

_____

（时间，风向/风速，温度，降水，气压，云层，海况，地形）

沿建议航线的天气预报

_____

（时间，风向/风速，温度，降水，气压，云层，海况，地形）

紧急阶段： □不明 □报警 □遇险

三、RCC 和 RSC 的标准用语代码

RJA 确认你在指挥搜救行动。

RJB 我正在指挥搜救行动。

RJC 遇险对象向我报告：①逾期未抵；②沉没；③起火；④搁浅；⑤进水；⑥要求拖曳。

RJD 货物是：①危险品；②非危险品；③油类。

RJE 失事船舶有_____（船上人数）：

(1)_____（数量）救生艇。

(2)_____（数量）救生筏。

RJF 失事方船名、呼号、船期国：

船主/代理

RJG MAYDAY/PAN PAN 由_____（海岸无线电台呼号）开始广播。

RJH 下列救援/搜索船舶/航空器已出发：

(1)水面船舶_____（呼号）预计到达现场时间(ETA)_____。

(2)搜救直升机_____（呼号）预计到达现场时间(ETA)_____。

(3)搜救航空器_____（呼号）预计到达现场时间(ETA)_____。

RJI (指定的)搜救船舶/航空器可以从_____ 位置在_____ 时间派出。

RJJ (指定的)搜救船舶/航空器在_____ 时间之前还不能到达。

RJK 现有搜救船舶/航空器的数量为_____艘。

RJL 你能立即或尽快派出(指定的)搜救船舶/航空器到现场吗？

RJM 请告知派出搜救船舶/航空器的详细资料及其抵达现场的时间。

RJN 搜救船舶/航空器_____（呼号）正返回基地。

(1)将被_____船舶/航空器(呼号)替代,ETA。

(2)不再另派船舶/航空器。

RJO 指定的海面搜救协调人是_____（呼号）。

RJP 指定的现场协调人是_____（呼号）。

RJQ 下列船舶正在该区域搜索或在守候遇险船舶/航空器_____（呼号）。

RJR 搜索基准_____（经度）_____（纬度）。

新的搜索基准_____（经度）_____（纬度）。

RJS 搜索范围在_____（经度）_____（纬度)诸点连线区域内。

RJT 搜救航空器正在或曾在遇险船舶/航空器上空并表示未发现幸存者。

RJU 搜救航空器正在或曾在遇险船舶/航空器上空并表示发现_____名幸存者。

RJV 幸存者已经上了_____艘救生艇。

RJW _____（呼号）在什么时候能抵达现场。

RJX （未指定）

RJY （未指定）

RJZ （未指定）

RKA 搜救直升机_____（呼号）将于_____（时间）到达适当位置投入救助。

RKB 搜救行动成功营救_____（名）遇险人员,已救上直升机并带往_____（位置）。

RKC 搜救行动失败,将立即采取进一步行动。

RKD 搜救行动失败,由于实际情况、现场搜救能力和其他未知原因,_____（呼号）目前准备放弃进一步的行动。

RKE 当情况改善或在_____（时间）,将采取进一步的搜救行动。

RKF 有多少幸存者:

1. 获救幸存者的数量为_____（数字）。

RKG 有多少人失踪:

1. 失踪人员数量为_____（数字）。

RKH 发现_____（数量）具尸体在_____（位置）。

RKI 发现_____（数量）救生筏在_____（位置）。

RKJ 发现_____（数量）名幸存者在_____（位置）。

RKK 发现_____（数量）艘救生艇/筏,没有幸存者,为避免混乱,已将其沉没。

RKL _____（数量）艘救生艇/筏被_____（呼号）发现,在救起_____（数量）名幸存者后将其沉没。

RKM 所有救生艇/筏均被发现并有_____（数量）名幸存者获救。

RKN 所有救生艇/筏均被找到,未发现幸存者。

RKO 你打算继续搜索多长时间?

RKP 考虑到以下因素,应该继续搜索:幸存者;尸体;残骸;救生艇/筏。

RKQ （未指定）。

RKR 不认为进一步搜索有任何意义。

RKS 打算继续搜索。

RKT 不要期待在_____（时间）后继续搜索。

RKU 搜救行动现已结束。

RKV 取消 MAYDAY 或 PAN PAN 遇险通信。

RKW 准备将行动的指挥权交给_____（呼号）。

RKX （未指定）。

RKY （未指定）。

RKZ （未指定）。

第二节　搜救行动文书

一、行动计划格式

(一)标准格式

行动计划和搜救程序、人员职责、参与平台、通信、信息、培训等密切相关。具体来说行动计划可以结合以下内容展开。

1.程序

(1)搜救区域内搜救行动实施的方式。

(2)与邻近 RCC 共同实施的行动,包括:①RCC 之间有关紧急情况的相互通告;②设施的联合利用;③搜救行动的协调。

(3)旨在迅速进入行动区域,或避免或克服恶劣天气、通信失灵等有关设备调动的专门规定。

(4)使移动平台(例如,在航空器和海上航行船舶,包括海岸无线电台播送的信息广播)报警并确定其位置的方式。

(5)说明不同系统之间描述地理位置的具体方法,以及将这些方法转化成搜救设施能正确使用的形式。

(6)不同搜救平台之间有关相互援助协议的详细资料。

(7)利用这种平台协调的方法。

(8)搜救任务相关方面的概要,包括进入私人处所、搬移尸体、守护并标记残骸、拖带和打捞。

(9)与 MCC 或 COSPAS-SARSAT 系统本地用户终端达成协议的详细资料。

(10)搜救区域内大概率事故处理操作程序。

2.参与搜救人员的职责

可为参与搜救的人员明确职责,并按照该职责明确各自计划。

3.搜救单元

(1)搜救单元担负的功能和搜救程序。单元包括搜救单元、告警台以及其他可以提供搜救支援的机构或 RSC。

(2)参与搜救行动的航空平台、船舶或车辆等平台的维修和保障安排。

4.通信

在搜救行动中可能利用的通信系统、装备、器材等,包括位置、呼号、值守时间和无线电台频率等。

5.信息

(1)获取必要信息的方法渠道。例如,气象报告、天气预报和飞行通告等。

（2）在搜救区域内，所有可能被误认为是残骸的物体记录及照片（尤其是从空中看下去）。

（3）利用 NAVAAREA 警告发布有关对逾期未抵船舶或航空器信息的方法。

6.培训和讨论

（1）培训大纲的制定。

（2）RCC 和搜救单元定期召开以下议题的讨论：①搜救行动的总体有效性，尤其是实际搜救行动的问题；②紧急情况下可供其驾驶员和船员使用的应急程序；③船舶和航空器携带的应急和救生设备；④任何改进程序和设备的建议。

行动计划在综合考虑上述因素的基础上，还应针对具体紧急遇险典型场景，结合当地搜救体系和力量情况进行计划，一般来说日常需要应对的典型遇险场景主要如表6-2所示场景。

表6-2 紧急遇险典型场景汇总

序号	典型场景	序号	典型场景
1	航空器拦截或护航	14	大量人员事故
2	航空器紧急情况——逾期或其他	15	船舶事故
3	商用航空器报警	16	重大船舶事故
4	商用航空器——船舶报警	17	海上火灾
5	空运伤病员	18	人员落水
6	航空器雷达应答器应急码	19	海上搜救
7	搜救设备援助	20	船舶倾覆搜救
8	国外搜救单元介入	21	医疗转运
9	请求国外搜救援助	22	潜水救援
10	在搜救期间更换任务协调员	23	寻找人员尸体
11	RCC 和航空搜救平台失联	24	自然灾害
12	RCC 或 RSC 特情	25	海上遇险广播
13	补给燃料		

（二）大量人员遇难事故行动计划范例

1.参考

（1）搜救手册，章……节……。

（2）地方当局的指示。

2.背景

（1）当出现大量人员遇难事故时，可能会出现大量医疗救援需求。无论是从海上还是从空中，要救助大量遇险人员，为其提供紧急医疗救助并将遇难者转移到合适的医疗单元上，对后勤保障工作的质量和效率要求极高。因此必须汇总能够提供搜救支援的平台清单，具体联系方法以及总体行动计划。各类救援行动都可从中获取益处。

(2)大量人员遇难的海上事故可能需要尽可能多的直升机运送遇难人员。此外,搜救任务协调员还要指定一个空中现场协调人来协调飞行安全、起降点、航空器应急通信等工作,并利用一切可以利用的资源。

(3)另一个问题是伤员的后送治疗问题。由于伤员众多,一家医院可能无法处置,需要去不同的医院同时处置,缩短遇险人员接受医疗处置的时间。消防和公安部门可为大量人员伤亡事故制定相关计划,并为即将到来的伤亡人员启动医护反应机制,因为当地救援机构和医疗机构之间应当建立有某种快速联系渠道。RCC 或 RSC 就是确保医护反应机制能够发挥作用。接下来 RCC 或 RSC 应组织运送遇险人员到某一个集结区(可能不止一处),对伤员进行鉴别分类,按照轻重缓急和受伤类型安排后送治疗。

(4)新闻媒体可能对事故高度关注,应联系公众事务人员专项处理。

3.行动

使用所附核查清单。对基础信息和反应行动进行核查。

大量人员遇难核查清单

事故信息:

报告日期和时间_____ 报告来源_____ 经由_____

遇险性质:航空器坠毁

　　　　　船舶火灾

　　　　　爆炸

　　　　　其他_____

有关事故说明(船舶/航空器类型、建筑物状况、损害程度、原因)

_____

_____

事故发生日期和时间:_____

位置:经度/纬度_____

地理坐标参照:_____

现场天气:风_____/_____ 海况_____/_____ 能见度_____n mile

云底高:_____ft

船/机上人员:船上人员总数_____ 男性_____ 女性_____ 儿童_____

船/机上人员健康情况(总体)_____

反应行动核查清单

搜救任务协调员开始工作。派遣搜救力量。通知有关航空站、陆地和海上单元。

航空器:_____(指定现场协调人或航空器协调人)

　　　　_____

　　　　_____

船　　舶:_____

　　　　_____

　　　　_____

航空站开始召回机组人员。

确保:通知或启动行动反应机制;通知其他可能提供搜救力量的当地机构;使用当地的无线电广播;为遇难人员设置集结区,进行伤员鉴别分类。

(三)医疗转移行动计划范例

1. 参考

(1)搜救手册,章……节……。

(2)地方当局的指示。

2. 背景

RCC 和 RSC 可能会接受来自船舶或某些区域有关转移伤病人员的请求,当病人的病情需要进行急救时,可由搜救单元来具体实施。应当建立按照医生的医疗建议,判断能否安全转移病人的正规程序,而不应该因为请求人或病人的要求而进行转移。

3. 行动

(1)使用无线电医疗建议/病人转移核查清单。

(2)咨询医生(名单在"搜救区内的专家资源库"中或者从医疗机构志愿者和商业医疗机构处获得),根据行动本身的风险确定伤员转运行动是否妥当。考虑因素包括病人的伤情(如果延迟转运病人或者不转运,病情是否将恶化)、做出反应和搜救单位的医疗能力、天气、海况和其他环境情况。考虑在医疗人员和要求进行伤病员进行医疗转运的申请人之间建立直接的联系。

(3)在伤病员继续治疗,而转移行动又不适合的情况下,建议受伤人员应采用现有平台驶往最近的医疗机构或能够提供医疗服务的搜救单元。在一些偏远的地方,可能不得不考虑首先将伤病人员送往一个开阔地域后,再由专用平台进行医疗转运工作。

(4)根据搜救单元的功能、时间限制和天气情况,确定转移伤病人员最合适的方式,并确定伤病人员是否需要医护人员陪同转运。使用固定翼航空器转运时,能够有效保证转运的安全性和途中的通信水平,并可缩短搜救直升机出发的时间,在夜间、偏远地区、恶劣气候条件或海上飞行半径内等情况下,应首先考虑使用直升机进行人员转运。

(5)如果直升机需要进行吊救作业,搜救现场的船舶或地面人员应当明确其指令要求,具体见本指令附录内容。

(6)如果采取任何行动,应通知有关 RCC(当 RCC 还不知情时)。

(7)有条件时,必须保证伤病人员携带护照、身份证明和有关病例、药物使用情况、药物过敏情况、重大疾病情况或病例等资料。转运时必须将伤病人员直接送到医院的停机坪,或送到机场/码头后再用救护车转运。

(8)如果要进行医疗转运,还需要注意以下问题:

1)对于商船上的人员,特别是游船,要联系代理。他们通常对医疗费用的信息较为了解,当无法联系到代理时,必须联系地方搜救机构来确定救护车和接收医院。必须将医院及其能力的最新记录清单备案在册。为了使医院/救护车/医疗飞机做好准备,必须向他们下达完整的指示。

2)命名,若病人不是本国居民,则必须通知移民局。若病人来自国外,则必须通知海关。

附件:

直升机起吊作业指令

直升机正在飞往你们所在位置,约在_____到达。在_____MHz/kHz频率,VHF/FM频道上保持值守。直升飞机将与你取得联系。请提供一个净空区以便于人员吊运,最好在船尾左侧。降低所有可以降低的桅杆和吊杆。固定所有松动的装置。所有无关人员远离吊运区域。在直升机到达之前固定好船上雷达或置于备用状态下。不要将灯光直接对准直升机,否则会影响飞行员的视野。直接将灯光指向吊运区域。当直升机到达时,将船转向使风向与船首左舷成30°夹角,并把定航向将速度减至有舵效的最低速度。当直升机靠近时,旋翼将产生强风,使船舶难以操纵。直升机将提供所有的吊运装备。当直升机降低时,你的船员可以用直升机的引导绳来引导救助装备。在接触吊救装备之前,必须先让其接触船的某个部位,这个过程将会使装备静电释放,防止伤人。如果必须将吊救装备从吊救区移动到伤病员位置才能将其固定在吊救装备上,就将吊救装备上的绞车挂钩解开,将其放置在甲板上,这样直升机就能够将其回收。直升机会在伤员绑定时飞到较远位置,因此切忌将挂钩或钢索系到船舶上,这样会严重影响机组及船舶安全。伤病人员一定要穿着救生衣,并携带一切重要的资料、所用药物的记录和病例等。在伤病人员固定好后,示意直升机到吊救位置并下放吊救装备。当完成连接准备提升时,向绞车手给出"准备好"(单手握拳,大拇指向上)手势。当吊救装备提升时,控制引导绳防止吊救装备发生旋转。当引导绳到尽头时,小心地将其抛向舷外。

二、搜救行动计划表

(一)搜救行动计划电文模板格式

(优先权和电文日期时间组)

发自(负责搜索行动的RCC或RSC)

发往(所有代理/执行搜索任务的平台)

信息(相关代理,但不参加搜索行动)

BT(紧急阶段,即:遇险阶段、告警阶段和情况未明阶段),(搜救目标的识别,例如M/V NEVERSEEN)(用双字母缩写表示搜救目标的国际,例如CN),(用1~2个词语表明搜救的原因,例如沉没、迫降、未报等),(搜救位置的一般描述,例如奥万湾、圣安东尼奥至基韦斯特角)

(日期)搜救行动计划(参考)

1.情况

(1)A. 概述:(情况的简要描述,不重复先前向信息接收人提供的信息)。

(2)B. 说明:(描述失踪船舶,例如机动船、150 m、黑色船壳、尾部有白色上层建筑)。

(3)C. 船上人员:(数量)

(4)D.搜救目标：

1)主要：（描述主要搜救目标,例如一艘有遮阳棚的橘黄色救生艇、艇上有 8 名船员）。

2)次要：（描述次要搜索目标,例如水中可能的幸存者、沉船/残骸、镜面反光等）。

(5)E.现场天气预报从（日期/时间）到（日期/时间）：云底高度(ft),云况(例如,8 000 ft,阴),能见度(n mile),风[风吹来的真方向（单位度）、速度(kn)、例如 190°/30 kn],海浪[海浪来的真方向,高度变化和计量单位,例如 210°/3～6 ft]

2.行动

(1)A.（对特定搜救机构或平台的任务分配）。

(2)B.（每个参与搜救的机构/代理/平台用单独一句说明）。

3.搜救区域

分成两列,分别是区域和各顶点。区域划分遵循"字母加数字"的格式,例如 A-4,C-1 等。第一天的搜救使用字母"A"后加数字,第二天的搜救使用字母"B"后加数字。各个顶点须标明其经纬度的度和分,例如"38-52.0N/077-14.0W",通常搜救区域是顺时针方向四个顶点连成的矩形。

4.执行

分成七列,分别是区域、搜救平台、位置、方式、搜救方向、搜救起始点和搜救高度。区域与上述区域描述一致;搜救平台是指搜救平台识别代码;位置是指搜救平台基地或行动出发地;方式是指航空器的搜索方式,用字母缩写表示,参见第五章第三节;搜索方向是指完成连续搜索各段时,搜救平台的移动方向;搜索起始点是指各区域搜索起始点的经纬度;搜索高度,单位为英尺,对于船舶,则是"海面"。

示例:B-1 ANLANTIQUE MARTINIQUE PS 225T 5-00-0N/64-00.9W 1000ft

上述示例表示搜索区域为 B-1 分区,搜救平台为 ANLANTIQUE,位置为 MARTI-NIQUE,要求进行的搜索方式为平行搜索方式,设施移动的方向时 225°,搜救起始点的位置是 5-00-0N/64-00.9W,搜救高度为 1 000 ft。

5.协调指令

(1)A.（识别搜救任务协调员）。

(2)B.（如果现场有两个以上的搜救平台,指派现场协调人）。

(3)C.（搜救行动开始的具体时间）。

(4)D.（具体的搜索间距,应给出航空器的最大搜索速度;对于固定翼航空器,建议最大航速为 150 kn(约为 278 km/h)）。

(5)E.（分清现场协调人的授权、职责和指令）。

(6)F.（其他所需的协调指令）。

6.通信

(1)A.控制频率。　　　　　　主上边带,　　　　　　次上边带

高频：　　　　　　(＊＊＊＊)kHz　　　　　　(＊＊＊＊)kHz

(2)B.现场频率。

1)高频:	主(＊＊＊＊)kHz	次(2182)kHz
2)甚高频-调幅:	主(＊＊＊.＊)MHz	次(121.5)MHz
3)甚高频-调频:	主(＊＊)频道	次(16)频道
4)超高频-调幅:	主(＊＊＊.＊)MHz	次(243.0)MHz

(3)C.地面-空中通信频率:

| 1)高频: | 主(＊＊＊＊)kHz | 次(＊＊＊＊)kHz |
| 2)甚高频-调频: | 主(＊＊)频道 | 次(＊＊)频道 |

(4)D.空中-空中频率:

| 超高频-调幅: | 主(＊＊＊.＊)MHz | 次(243.0)MHz |

7.报告

(1)A(下达给现场协调人有关递交报告所需次数的指令)。

(2)B(为参与搜救行动的平台提供如何进行报告的指令)。

(3)C(为搜救平台的上级单位提供如何进行报告的指令)。

(4)D(搜救平台或上级单位如何进行报告的指令)。

(二)搜救行动计划电文范例

发自:SANJUANSARCOORD SAN JUAN PUERTO RICO

发往:COGARD AIRSTA BORINQUEN PUERTO RICO//OPS//

MARINE FORT DE FRANCE MARTINIQUE//MRCC//

RCC CURACAO HETHERLANDS ANTILLES

信息:CCGDSEVEN MIAMI FLORIDA//CC/OSR//

MRCC ETEL

RCC LA GUIRA VENEZUELA

ATC SAN JUAN PUERTO RICO

BT

经办人:值班室指挥员

遇险,呼号 N999EJ(美国)水上迫降　加勒比海东部

1996 年 9 月 17 日搜救行动计划

A.96 年 9 月 16 日 2115 时 MARTINIQUE 的电报

B.96 年 9 月 16 日 2130 时 CURACAO 的电报

C.96 年 9 月 16 日 2145 时 SMITH 先生电报(圣胡安船舶交管中心)

1.情况

(1)A.概述:N999EJ(美国籍),从西班牙 TRINIDAD 到波多黎各 AGUADILLA 途中报告主机故障,在 15 日 22:00 时从 5 000 ft 高空准备迫降于 14－20N/64－20W。9 月 15 日和 16 日晚上及 16 日白天搜索,没有发现。

(2)B.说明:CESSNA CITATION 3 白底蓝线。

（3）C.人员：4人。

（4）D.搜索目标。

1）主要目标：一艘有遮阳棚的橘黄色救生艇，艇上有8名船员。

2）次要目标：水中可能有幸存者、沉船/残骸、121.5 MHz EPIRB、太阳反光镜、橘黄色烟雾、火焰。

（5）E.现场17日24：00到17日24：00时天气预报：云底高度8 000 ft、多云、能见度16 n mile、风向190°/30 kn、海浪300°/（3～6 ft）高。

2.行动

（1）A.要求PORT DE FRANCE海上搜救协调中心提供ATLANTIQUE航空器前往搜救责任分区C-1实施搜救行动。

（2）B.大力神CGNR 1742、呼号"救助1742"、搜救分区C-2、承担现场协调人职责。

（3）C.要求CURACAO搜救协调中心提供ORION航空器前往搜救分区C-3实施搜救行动。

3.搜索区域

搜索区域如表6-3所示。

表6-3　搜索区域

区 域	各顶点
C-1	15-46.2N/65-13.1W，15594N/65-00.0W，15-00.0N/63-58.8W，14-47.3N/64-11.9W
C-2	15-23.4N/65-37.0W，15-46.7N/65-13.1W，14-47.3N/64-11.9W，14-24.0N/64-35.8W
C-3	15-00.0N/66-01.0W，15-23.4N/65-37.0W，14-24.0N/64-35.8W，14-00.6N/65-00.0W

4.执行区域

执行区域如表6-4所示。

表6-4　执行区域

区 域	搜救平台	位置	模式	搜救方向	搜救起始点	高度/ft
C-1	ATLANTIQUE	MARTINIQUE	平行	225°	15-00.0N/64-00.9W	1 000
C-2	HERCULES	PUERTO RICO	平行	225°	15-44.6N/65-13.1W	500
C-3	ORION	CURACAO	平行	225°	15-21.3N/65-37.0W	1 000

5.协调

（1）A.圣胡安RCC为搜救任务协调员。

（2）B.大力神CGNR 1742，呼号搜救1742，指派为现场协调人。

（3）C.搜救起始时间为17日08：00。

（4）D.要求的搜索线间距为3 n mile，最大搜索速度为150 kn。

（5）E.现场协调人根据所提供的现场情况，组织改变搜救计划并清除的通知搜救任务协调员。如果不能够覆盖所有的搜索分区，搜索的优先顺序为C-2、C-1、C-3。确保所有航空器保持高度上的间距。现场协调人布置基准位置标。搜索基点是15-00N/

65－00W。确保对所有先前布置的基准位置标分开频数。确保基准位置标正确使用。当进入和离开搜索区域时,重新定位所有布置的基准位置标。现场协调人以最快的速度将插入/重新定位基准标的时间和位置报知搜救任务协调员。

（6）F.圣胡安RCC将发布纬度从14N到16N,经度从64W到66W的6 000 ft高空搜救警告。

（7）G.航空器进入搜救区域后,应向现场协调人登记;离开时,向现场协调人注销,并向圣胡安中心登记。

（8）H.搜救警告域内有一架经同意进入的、载有媒体记者的飞机。识别号是N－1768－C。该航空器在进入搜救警告区域之前应该与现场协调人联系。

6.通信

(1)A.控制频率	主上边带	次上边带
高频:	(5680)kHz	(8983)kHz

（2）B.现场频率

	主	次
1）高频:	主(5680)kHz	次(2182)kHz
2）甚高频-调幅:	主(123.1)MHz	次(282.8)MHz
3）甚高频-调频:	主(81A)频道	次(16)频道
4）超高频-调幅:	主(282.8)MHz	次(243.0)MHz

（3）C.地面-空中通信频率:

1）高频:	主(5696)kHz	次(8983)kHz
2）甚高频-调频:	主(23A)频道	次(16)频道

（4）D.空中-空中频率:

超高频-调幅:	主(381.8)MHz	次(243.0)MHz

（5）E.由现场协调人确定媒体频道

7.报告

（1）A.在抵达现场后,现场协调人向搜救任务协调员递交情况报告,然后每小时一次,所有情况报告均应包括天气情况。

（2）B.所有参加搜索的设施每小时或当情况有所变化时,向现场协调人报告现场天气。由现场协调人进行数据比较,并在向搜救任务协调员报告前,解决和观测数据之间的差异,并迅速报告有关情况。

（3）C.航空器离开时,将当前活动通知搜救任务协调员。如延迟30min以上未能离开,应尽早告知搜救任务协调员。

（4）D.在白天行动的收尾阶段,搜救设施或上级单位应发电向搜救任务协调员报告有关航空器的出动架次、抵达/离开现场时间、飞行时间、搜索时间、搜索区域、实际搜索线间距、实际搜索高度、实际覆盖区域的各个顶点(如果与指派的不一致时)、任何指派分区的修改和在固定点之间的已知航行错误等。应当通过最快的途径递交报告。

结束。

三、搜救行动汇报格式

搜救行动是在收到目击者报告的信息后,对任务进行部署和执行,相关的报告格式主要有搜救任务部署和执行情况汇报格式、搜救任务部署和执行情况简报、海上搜救任务部署和执行情况汇报和目击报告四种。

(一)搜救任务部署和执行情况汇报格式

任务部署

搜救:＿＿＿＿＿＿＿＿＿＿＿＿＿＿

日期:＿＿＿＿＿＿＿＿＿＿＿＿＿＿

航空器类型和编号:

单位:＿＿＿＿＿＿＿＿＿＿＿＿＿ 负责人:＿＿＿＿＿＿＿＿＿＿＿＿

遇险或紧急情况性质的有关细节:＿＿＿＿＿＿＿＿＿＿＿＿＿＿＿＿＿＿＿

对搜救目标的描述:

①航空器/船舶的类型:＿＿＿＿＿＿＿＿＿＿＿＿＿＿＿＿＿＿＿

②航空器/船舶的编号或名称:＿＿＿＿＿＿＿＿＿＿＿＿＿＿＿＿＿

③长度:＿＿＿＿＿＿＿＿＿＿＿ 宽度(翼展):＿＿＿＿＿＿＿＿＿

④船组/机组人员数量:＿＿＿＿＿＿

⑤航空器/船舶的具体描述(包括颜色及标志):

＿＿＿＿＿＿＿＿＿＿＿＿＿＿＿＿＿＿＿＿＿＿＿＿＿＿＿＿＿＿＿＿＿＿

＿＿＿＿＿＿＿＿＿＿＿＿＿＿＿＿＿＿＿＿＿＿＿＿＿＿＿＿＿＿＿＿＿＿

⑥失踪航空器/船舶的无线电频率:＿＿＿＿＿＿＿＿＿＿＿＿＿＿＿＿＿

分配的搜救区域:

区域:＿＿＿＿＿＿＿＿＿＿＿＿＿＿＿

搜索方式:＿＿＿＿＿＿＿＿＿＿ 海拔/能见度:＿＿＿＿＿＿＿＿＿

采取行动的时间:＿＿＿＿＿＿＿＿＿＿＿＿＿＿＿＿＿＿＿＿＿＿＿＿＿

开始搜索的位置和路线:

＿＿＿＿＿＿＿＿＿＿＿＿＿＿＿＿＿＿＿＿＿＿＿＿＿＿＿＿＿＿＿＿＿＿

＿＿＿＿＿＿＿＿＿＿＿＿＿＿＿＿＿＿＿＿＿＿＿＿＿＿＿＿＿＿＿＿＿＿

联系频率:

①指挥部门:＿＿＿＿＿＿＿＿＿＿＿ ②航空器:＿＿＿＿＿＿＿＿＿＿＿

③水面船舶:＿＿＿＿＿＿＿＿＿＿＿ ④其 他:＿＿＿＿＿＿＿＿＿＿＿

进展情况报告:

每隔＿＿＿＿＿小时向＿＿＿＿＿报告一次(每隔＿＿＿＿＿小时包括一次气象情况报告)

特殊指示:

＿＿＿＿＿＿＿＿＿＿＿＿＿＿＿＿＿＿＿＿＿＿＿＿＿＿＿＿＿＿＿＿＿＿

＿＿＿＿＿＿＿＿＿＿＿＿＿＿＿＿＿＿＿＿＿＿＿＿＿＿＿＿＿＿＿＿＿＿

任务执行情况汇报

搜救：_____　　航空器编号：_____

日期：_____

出发地点：_____　　到达地点：_____

非任务时间：_____　　执行任务时间：_____

任务结束时间：_____

登录在：_____

实际搜索区域：

_____

_____

搜索方式：_____　　海拔/能见度：_____

地面或海面状况：_____　　观察人员数量：_____

搜索区域气象条件(能见度、风速、升限等)：

_____

搜索目标(经判断的)位置：

_____

幸存者数量及状况：

_____

目击情况和其他报告：

_____

通信(注明通信质量和除部署以外的其他变化)：

_____

后记(包括搜救工作中采取的一切行动、存在问题、批评、建议)：

_____

日期/时间(地方时)：_____　　机/船长：_____

(二)搜救任务部署和执行情况简报

任务部署

搜救：_____

日期：_____

航空器类型和编号：_____　　负责人：_____

出发时间：

_____

搜索区域：

_____

搜索高度：_____　　搜索/扫视范围：_____

搜索方式：

_____

评述：

_____

_____

任务执行情况汇报

实际搜索区域：

_____

_____

搜索时间：_____   经过时间：_____

搜索效率：_____%   区域覆盖率：_____%

(三)海上搜救任务部署和执行任务汇报格式

1. 时间日期组

2. 搜救(事件名称)

3. 搜索目标

(1)种类(航空器/船舶/其他——必要时可省略)：_____

(2)名称：_____

(3)注册地：_____

(4)载重吨位：_____

(5)描述(颜色、标志、上层建筑、特征)：_____

_____

(6)船主/经营人/代理：_____

(7)引航员登船：_____

(8)携带的应急设备：_____

4. 遇险或紧急情况的性质(简要说明)

_____

_____

5. 搜索区域

(1)区域边界(经度和纬度)：_____

(2)起始搜索点：_____

(3)行进方向：_____

(4)要求的覆盖范围：_____

(5)规定的搜索线距：_____

(6)规定的搜索方式：_____

6. 在临近地区可从事搜救的其他平台

航空器/高度：_____

船舶：_____

陆地搜救平台：_____

7.用于通信的频率和呼号

(1)RCC/MRCC/ARCC/现场协调人(必要时可省略)：_____

(2)其他搜索航空器：_____

(3)其他搜索船舶：_____

(4)陆地搜救平台：_____

(5)遇险/幸存的船舶或航空器：_____

8.发现搜救目标时采取的行动(必要时可省略)

报告呈送：_____

如不能实施救助,应引导其他船舶或航空器前往救援。

留在现场直至被接替、被迫离开或救助完成。

9.搜救进展情况

应每隔_____小时向_____报告。

10.特殊指示

(四)目击报告格式

事件编号：_____

报告人名称：_____

地址：_____

电话：_____

职业：_____

对目击情况的描述：

_____

_____

发现的时间：_____　当地日期：_____

类型：_____　颜色：_____

吃水差：_____

1.有关航空器

机轮/浮筒/雪橇式起落架_____　　高/低机翼_____

发动机数量_____　　　　发动机声音是否正常_____

当前高度_____　　　　航向_____

是否转向_____　　　　视线内其他航空器_____

类型_____　　　　描述_____

时间_____

是否发现降落伞_____ 数量/颜色_____
航空器是否定时通过_____

2.有关船舶

船体类型_____ 上层建筑_____
机动船/帆船_____ 主机声音是否正常_____
位置_____ 航向_____
是否转向_____ 视线内其他船舶_____
类型_____ 描述_____
时间_____

3.当时的气象情况

雨/雪_____ 雷暴_____
风况/海况_____
后记_____

收到信息的日期/时间_____ 由_____收到
是直接收到还是海事中转收到_____
报告评估的正确性_____
已采取的行动_____

四、情况报告国际格式

情况报告(Sitrep)用来传送某一特定搜救事件的有关信息。RCC 利用情况报告向有直接或潜在业务关系的其他 RCC、RSC 和有关机构通报该事件。现场协调人通过情况报告使搜救任务协调员明了事件概况。现场搜救平台利用情况报告使现场协调人随时掌握搜救行动的进展情况。除非另外有指示,现场协调人只负责将情况报告送给搜救任务协调员。如有必要,搜救任务协调员可将情况报告传达给包括其他 RCC 和 RSC 的多个部门,使他们随时了解事件概况,以便于实施支援时提升搜救效率。搜救任务协调员所做的情况报告通常概括了现场协调人所提供的信息。当有搜救请求时,一份简短的情况报告通常最早发布有关伤亡情况的通告或传递紧急事件的详细情况。一份完整的情况报告通常用于在搜救行动期间传送详细信息。在明了事件的某些细节后,应该立即发送初始情况报告而不应为了证实所有情况造成不必要的延误。

在遇难船舶/航空器产生污染或存在潜在污染威胁的搜救事件中,应将从事环境保护工作的有关部门记录在情况报告中。国际上采用的情况报告格式,配以后面所述的标准代码,用于 RCC 之间的国际通信联系。

(一)简短形式

当有搜救请求时,发送紧急必要的细节,或者提供最早的有关伤亡情况的通告,其中应包括以下信息。

发送:	(遇险/紧急)(DISTRESS/URGENCY)
日期和时间:	(世界时或地方日期时间组)
自:	(最先接报的 RCC)
至:	(通报的单位)
搜救情况报告(编号)	(电文性质及遇难船舶/航空器的情况报告的序号)
A. 遇难船舶、航空器的识别	(名称/呼号、船旗国)
B. 位置	(经度/纬度)
C. 状况	(信息的类型;日期/时间;遇险/紧急的性质。)
D. 人数	
E. 所需援助	
F. 负责协调的 RCC	

(二)完整形式

在搜救工作中,发送详细或最新的信息,如有必要,除了上述信息外,还应包括下列附加的部分内容。

(1)G. 遇险对象描述(外形特征、所载货物、始发地/目的地、配备的救生设备、所属人)。

(2)H. 现场气象状况(风况、海况/涌况、气温/水温、能见度、云量/垂直能见度、大气压)。

(3)J. 采取初始行动(由遇险平台和 RCC 实施)。

(4)K. 搜索区域(按 RCC 计划)。

(5)L. 协调指示(指定现场协调人、参加单位、通信方式)。

(6)M. 进一步计划。

(7)N. 附加信息(包括搜救行动终止的时间)。

注:

1)关于同一伤亡情况的各份情况报告应按序号编号。

2)如果收发信人要求帮助,在其他信息无法提供的情况下,则第一份情况报告应以简报形式发出。

3)如果时间允许,可发出第一份完整形式情况报告,或者可以扩展其内容。

4)一旦获得其他相关信息,就要发出进一步的情况报告。已经发送过的信息不应再重复。

5)在长时间的搜救过程中,在合适的时候,应每隔 3 h 发出一份"无变化"的情况报告,以使接收者确信没有疏忽任何细节。

6)事件结束后,应发出一份最终情况报告加以确认。

【例6-9】(国际格式)。

DISTRESS

152230Z SEP 96

FROM RCC LA GUIRA VENEZUELA

TO SANJUANSARCOORD SAN JUAN PUERTO RICO

BT

SAR SIREP ONE

A. N999EJ(US)

B. 14-20N 064-20W

C. DISTRESS/152200Z/AIRCRAFT DITCHING

D. 4

E. REQUEST SANJUANSARCOORD ASSUM SMC AND CONDUT SEARCH

F. RCC RCC LA GUIRA VENEZUELA

G. CESSNA CITATION Ⅲ/EXECUTIVE JETS, INC, MIAMI, FL/ORIGINA-TOR VERIFIED AIRCRAFT ON VFR FLIGHT PLAN DEPARTED PORT OF SPAIN TRINIDAD 15200Z EN ROUTE AGUADILLA, PUERTO RICO/8 PERSON LIFER-AFT WITH CANOPY AND SURVIVAL SUPPLIES/FLARES

H. WEATHER ON SCENE UNKNOWN

J. AIRCRAFT ISSUED MAYDAY BROADCAST ON 121.5MHz WHICH WAS HEARD BY AIR FRANCE 747. PILOT OF DISTRESS AIRCRAFT GAVE POSITION, STATED BOTH ENGINES FLAMED OUT AND DESCENDING THROUGH 5000 FEET WITH INTENTIONS TO DITCH

K. NO SEARCH ASSETS AVAILABLE

BT

(三)其他情况报告格式

在某些搜救区内普遍使用的另一种情况报告格式,此类格式利用四个主要段落和主题句来表述所有必要的信息。

(1)识别。主题句包含紧急情况阶段,情况报告编号,有关情况紧急性的一两个描述性词语,以及发送情况报告单位的识别码。在整个行动过程中,情况报告应按序编号,如果现场协调人被解除职务,新的现场协调人要继续情况报告的编号。

(2)形式。对事件的描述,包括影响该事件的条件以及任何能说明情况的详细信息。在第一份情况报告后,只需指出初始报告中的有关变化。

(3)采取的行动。报告自上次报告以来采取的所有行动,包括行动的结果。如果搜索行动不成功,此份报告应该包括已经搜索过的区域、所做出的努力(例如出动航空器数量和搜索时间等)以及实际采取的搜索线间距。

(4)进一步的计划。对将来计划实施行动的描述,包括所有的建议,如果需要,也包括对额外救助的要求。

(5)事件所处的状况。此项内容只用在最终情况报告中,表明该事件已结束或搜救行动暂停,直至情况欧进一步的发展。

【例 6 - 10】其他格式。

160730 SEP 96

FROM COGARD AIRSTA BORINGUEN PUERTO RICO

TO SANJUANSARCOORD SAN JUAN PUERTO RICO

BT

SUBJ:DISTRESS, SITREP ONE, N999EJ DITCHED, AIRSTA BQN

SANJUANSARCOORD SAN JUAN PR 160010Z SEP 96

1. SITUATION:CGNR 1740 COMPLETED FLARE SEARCH OF AREA A - 1 TITH NEGATIVE RESULTS. O/S WX:CEILING 2000 OVC, NUMEROUS RAIN SHOWERS, VISIBILITY 3NM, SEAS 200T/6 - 8FT,WINDS 180T/30KTS.

2. ACTION TAKEN:

A. 15905Q INFORMED BY RCC OF DITCHED AIRCRAFT IN POSIT 14 - 20N 064 - 20W. DIRECTED TO LAUNCH READY C - 130.

B. 1955Q CGNR 1740 AIRBORNE, CDR PETERMAN.

C. 2120Q CGNR 1740 O/S POSIT 13 - 50N 064 - 20W. COMMENCED VECTOR SEARCH,30NM LEGS, FIRST LEG 180T, ALTITUDE 1500 FEET,TAS 150KTS.

D. 2136Q CGNR 1740 INSERTED DATUM MARKER BUOY IN POSIT 14 - 20N 064 - 20W.

E. 2310Q CGNR 1740 COMPLETED FIRST VS PATTERN, COMMENCED SECOND VECTOR SEARCH FIRST LEG 150T.

F. 160100Q CGNR 1740 COMPLETED SECOND SEARCH.

G. 0120Q CGNR 1740 RELOCATED DMB IN POSIT 14 - 22N 064 - 17W. DEPARTED SCENE.

H. 0230Q CGNR 1740 LANDED BORINQUEN

3. FUTURE PLANS:LAUNCH CGNR 1742 AT 0645Q FOR SEARCH OF AREA B - 1.

BT

第三节 紧急阶段资料

一、情况不明阶段资料

(一)情况不明阶段核查清单

(1)指定搜救任务协调员。

(2)确认离港和未抵。

(3)协助空中交管部门实施通信联络搜索(航空器)。

(4)实施通信联络搜索行动(船舶)。

(5)包含定期广播要求的信息。

(6)协调向媒体发布的消息。

(7)发布有关通告。

(8)若遇险船舶/航空器被找到并处于安全状态,则:

1)结束行动;

2)取消广播和通告;

3)发送所要求的报告;

4)通知所有有关方面。

(9)如果初步搜索未能发现搜索目标,可实行更大范围的搜索,并考虑进入报警阶段。

(10)着手完成事故处理表格(见表4-6)。

(二)通信联络搜索

(1)海上船舶搜索。

1)区域内所有的搜救单元应检查无线电日志和相关的信息记录;

2)应当和下列人员(机构)核实是否对该区域进行了彻底而又快速的搜索,诸如:当地港口巡逻队、码头/游艇俱乐部、水边设施、码头管理员、港口负责人、当地公安机构。

3)如果获知失踪的船舶配备无线电设备,搜救单元应当尽力与其取得联系。应当要求搜救区域内的海上通航管理人员检查他们的日志,从中查找与该船舶来往的船舶。应当要求海上公共联系员至少尽力联系一次。

4)如果失踪船舶的出发点在搜救区域内,应确认其是否实际已出发以及出发的时间。如确认出发,应再确认船舶是否到达目的地,如果该船已确实到港,应要求立即通知最近的搜救平台。在向搜救任务协调员报告搜救结果的情况报告中应当对上述行动做出说明。

5)在搜索期间,只需与每个搜救平台联系一次。

6)当搜索行动结束时,必须以"情况报告"的形式向搜救任务协调员送交报告。

7)当一船经过漫长的海上航行后逾期未抵时,可能会请求其他国家的搜救机构通过它们的RCC,或海军等军事途径进行援助。

如果此次搜索行动证实失败,应进一步开展下列工作:

1)在更大范围的通信搜索中,在首次搜索行动中核查过的单元通常至少每隔24 h,最好是每隔8~12 h进行一次重新核查。

2)在扩大搜索期间,那些要联系的其他单元,通常可让搜索单元自行处置。但是应将这些单元的名单提供给RCC。扩大搜索必须覆盖整个区域。信息源可能包括:桥梁和水闸管理人员;舰船代理;当地、县和国家公安机关;港口警务巡逻队;港口负责人,港口管理机构;小艇停靠区、船坞、游艇俱乐部;渔业公司、渔民协会;公园管理人员、护林员;

燃料供应商;船舶供应商、修船厂;海关、移民局;主要的拖轮公司;亲戚和邻居。

3)在此阶段,应要求所有联系过的机构和人员都应当在他们正常工作期间对搜索目标保持关注;如果发现目标,应通知最近的搜救单元。在确定船/艇的位置后,为了不用再向更多的单位告知警报解除,必须设置明确的时间限制。在该阶段后,如果仍然需要有关信息的话,应着手另外扩大搜索行动。

4)如果失踪船舶装备有无线电设备,进行交通工具搜索的各台站必须保持在24 h内每隔4 h尝试联系一次。如果知道船上设备的相应频率,应要求海上通航管理人员在同一时间呼叫该船,并对任何从其他船上接收的相关信息进行监控。

5)在此阶段,应通过当地报刊、无线电台和电视台将失踪船舶的信息进行报道,寻求帮助。

6)在搜索期间,由于需要核查大量的平台,所以这项工作不可能在几小时内完成,尤其是晚上或者周末。可能需要等到正常工作时间才能和各方联系。应保存需要重新核查的平台名单,以保证实施彻底的搜索行动。

7)指挥扩大搜索行动的搜救机构必须向RCC提交指定的情况报告,说明联络搜索完成情况的大概百分数。

8)搜索行动的有效性与工作人员息息相关。由于存在人为因素,搜救任务协调员应监督搜索工作,确保搜索行动有效实施。

(2)航空器通信联络搜索。

1)联系目的地和备用机场,以证实航空器确实没有抵达。要求对所有未在控制范围内的机场停机坪进行实际检查。

2)联系出发机场,以证实航空器确实已出发且未返航。检查飞行计划材料,所接收的天气简报以及其他可以利用的信息。

3)要求在航线上或航线附近的航空器尝试进行无线电联系。

4)向航空器可能飞过搜索区域内的机场、航空无线电台、航空导航台以及雷达和无线电测向台报警。

如果这些尝试都未成功,应采取进一步的措施:

1)联系所有的机场、航空母舰及其他有关船舶、航空无线电台、运营代理人的无线电台,航空导航台及80 km范围内和先前搜索中未核查过的雷达和无线电测向台。

2)与区域内航空器可能着陆的其他机场取得联系。

3)要求沿计划航线或在其附近飞行的航空器尝试进行联系,并在有关频道上监听可能发出的遇险信号。

4)联系其他有能力提供补充核实信息的机构、设施或人员。

(三)人员落水检查清单

人员落水检查清单如下。

(1)当前位置的日期/时间。

(2)船舶航向/航速和目的地。

(3)人员落水位置的日期/时间。

(4)初始报告来源(代理、无线电台、船舶的船名/呼号)。

(5)估计水温。

(6)落水人员的名字、年龄、性别。

(7)落水人员的身体情况和游泳能力。

(8)落水人员包括救生衣在内穿着的衣服多少和颜色。

(9)现场船舶搜索的区域和使用的搜索方式。

(10)现场船舶的意图。

(11)获得的援助。

(12)其他有关信息。

(四)气象信息检查清单

气象信息检查清单如下。

(1)能见度和任何不良情况,例如雾、烟或霾,以及发生最新变化的时间。

(2)水或雪表面的情况,例如海况。

(3)风向和风速,以及最新变化。

(4)云量和高度等,以及最新变化。

(5)气温和水温。

(6)气压读数。

(7)是否正在或已下了雨或雪,及开始和结束的时间。

(8)是否正在发生或已发生的恶劣天气,例如雷暴雨、雪、冰雹或冻雨,及其开始和结束的时间。

(五)无线电医疗建议或医疗转运核查清单

无线电医疗建议或医疗转运核查清单如下。

(1)最初的报告来源(上级单位、无线电台、名称/呼号、姓名/电话或地址(如果是个人))

(2)伤病人员的姓名、国籍、年龄、性别、种族等。

(3)伤病人员症状。

(4)已经进行的治疗。

(5)标准的医疗检查或其他可获得的治疗。

(6)正在使用的监听或计划安排的无线电频率。

(7)船舶情况的描述。

(8)船舶的当地代理。

(9)船舶最后挂靠的港口、目的港、预计抵达时间。

(10)如果症状不明显,所需要的援助。

(11)已经获得的援助。

(12)其他有关信息。

(六)失踪人员核查清单

失踪人员核查清单如下。

(1)最初的报告来源(姓名/电话或地址)。

(2)失踪人员的姓名。

(3)最后看到的位置和日期/时间。

(4)已知的失踪人员的意图或可能的行动。

(5)失踪人员的年龄和身体情况。

(6)衣服、鞋袜、装备情况。

(7)身体和精神情况。

(8)对该区域的了解。

(9)野外生存经验。

(10)气象信息。

(11)正采取的行动。

(12)如果情况不明,所需要的援助。

(13)最初报告的日期/时间。

(14)最近的亲属(姓名/电话或地址)。

(15)其他相关信息。

二、报警阶段资料

(一)报警阶段核查清单

注意:确保充分考虑情况不明阶段核查清单的各项内容。

(1)指派搜救任务协调员(如果还没有时)。

(2)发布紧急广播,以获取援助。

(3)获取海上船舶的船位信息,必要时请求援助。

(4)派遣搜救平台,提供援助。

(5)用测向站网络报警。

(6)向空中交管部门提出请求,以获取在航航空器的援助。

(7)当报警单元恢复正常操作时,要监视到确认其安全为止。

(8)当报警单元已不处于危险时,取消广播和相关通告。

(9)当救助已经完成时,结束任务。

(10)若情况恶化,某一单元或个人处于紧迫危险之中,则进入遇险阶段。

(二)航空器/船舶逾期未抵核查清单

1.航空器逾期未抵核查清单

(1)向搜救单元报警。

(2)请求空中交管部门尽力联系。

(3)复查全部航班计划文件。

(4)用雷达和测向站网络报警。

(5)请求空中交管部门向在航航空器报警。

(6)向其他机构报警。

(7)向临近 RCC 或者其他搜救机构报警。

(8)启动搜索计划。

(9)派遣搜救单元进行初始搜索。

(10)指派搜救任务协调员。

(11)使用(如合适)飞行通报、新闻媒体广播。

(12)如已确定其位置:①结束任务;②撤销广播和通告;③通知所有有关部门单位。

(13)如果情况恶化,或认为某一单元或个人处于紧迫危险之中,则进入遇险阶段。

2.船舶逾期未抵核查清单

(1)向搜救单元报警。

(2)如果是潜水器,请求海军或其他特殊援助。

(3)完成初步的通信联络搜索,执行扩展通信联络。

(4)向其他机构报警。

(5)向邻近的 RCC 或者其他搜救机构报警。

(6)启动搜索计划。

(7)未出示搜索行动派遣搜救单元。

(8)指派搜救任务协调员。

(9)使用(如果合适):①紧急广播;②航行通告;③航行警告;④新闻媒体广播。

(10)如已确定其位置:①结束任务;②撤销广播和通告;③通知所有有关部门单位。

(11)如若在结束扩展通信联络搜索后还未发现目标,则进入遇险阶段。

(12)如若情况恶化,或认为某一单元或个人处于紧迫危险之中,则进入遇险阶段。

(三)非法干扰

涉及非法干扰情况如下。

(1)向其他机构报警,诸如有关执法机关和航空机构。

(2)向搜救单位报警。

(3)向邻近搜救协调中心或者其他搜救机构报警。

(4)用雷达和测向站网络报警。

(5)当其他机构要求时,派遣搜救单元。

(6)当航空器有可能准备采取迫降着陆/着水或已经采取时,则进入遇险阶段。

三、遇险阶段核查清单

在充分考虑不明阶段和告警阶段核查清单中各项内容基础上,按照表6-3所示内容进行核查。

表 6-3　报警阶段核查清单

序　号	核查内容	序　号	核查内容
1	指派搜救任务协调员(如果还没有指派)	18	制定初始搜索行动计划
2	通知临近 RCC/RSC 或其他搜救机构	19	向搜救平台提供任务信息
3	如果获知遇险位置,则派遣搜救平台	20	指派现场协调人
4	如果是潜水器或水下舱体,请求海军或其他特殊援助	21	考虑使用空中/水面/地面多个现场协调人
5	指派其他任何需要的专业平台	22	指定现场使用频率
6	确保向搜救机组/船组下达任务部署	23	考虑使用基准标示浮
7	要求其他可利用的机构提供援助	24	传达指令给现场协调人
8	请求新闻媒体发布有关信息的紧急要求	25	询问雷达站和测向站
9	如果有合适的商船,确定其位置	26	发布遇险广播
10	让空中交管部门向在航航空器报警	27	通知遇险单元所需采取的行动
11	与遇险船舶/航空器保持通信联系	28	向具体船舶发出援助请求
12	利用计算机辅助设备制定搜索计划	29	开始指定加强搜索力度的计划
13	建立与保持和遇险船舶/航空器运营机构的联系	30	保存搜救行动记录和海图评估搜救有效性
14	通知遇险船舶/航空器的登记注册地机构	31	寄送所需报告
15	确保向搜救人员询问有关搜救情况	32	向相关方面通知采取的行动
16	如搜救不成功,应付诸全部努力,并取得管理部门同意暂停搜救	33	如果搜救成功或救助有效取消广播并结束任务
17	通知遇险船舶/航空器的事故调查机构	34	寄送所需最终报告

第七章 航空搜救装备

航空搜救装备体系是航空搜救体系的最终节点和基本平台,主要包括搜救平台和机载医疗设备两方面内容,是航空搜救体系建设的核心内容和落脚点。我国的航空搜救装备体系在前期主要以引进为主,但伴随着我国航空工业的发展,正在迅速缩短和发达国家的航空搜救装备体系之间的差距。航空搜救装备体系的发展建设和国家的综合国力、航空工业基础和航空医疗技术发展紧密相关,这些领域的发展是制约航空搜救装备发展的主要因素。航空搜救平台直接关系到搜救行动的效率和快速转运效率,可以提高应急救援效率、途中护理水平、减少搜索定位时间、转运开销、遇险人员的伤残和死亡率。

第一节 航空搜救平台

一、定义及分类

在传统意义上来说,航空搜救平台是指能够搜索和转运遇险人员并在飞行过程中对伤病人员进行医疗护理的专用直升机或固定翼飞机。但是伴随着航空平台越来越多地参与应急救援行动中,近年来其在应急救援领域的潜力被逐步挖掘,航空搜救平台的定义逐步扩大到应急救援领域的特种救援飞机。即现阶段航空搜救平台主要包括两类:一类是以执行人员搜索、救援和转运任务为主的搜救转运航空平台;另一类是执行专项应急救援任务的特种航空平台。但为防止出现歧义,本著作中的航空搜救平台在不强调的情况下还是专指搜救转运航空平台。

搜救转运航空平台一般由通用的客机、运输机、运输直升机或通用直升机改装而成。航空搜救平台主要有搜救直升机、医疗转运机和搜救无人机等平台模式。一般情况下搜救直升机多用于现场搜索和吊救,固定翼飞机主要用于搜索和医疗转运。伴随着无人机技术和平台的快速发展和成熟,无人机平台开始在航空搜救行动中发挥着越来越重要的作用,因此无人机平台已经逐步被纳入航空搜救平台的范畴,但目前仅能用于航空搜索和救生物品投送任务。舱门便于担架进出,机场内有照明设备和供医疗设备使用的工作电源,通常配有可拆卸的担架、担架支撑杆、吊挂带、药品、具有适航性的医疗器械和其他医疗护理用品。机组配有医护人员,负责空中运输途中伤病员的医疗护理。

在军事应用领域还会按照转运能力和功能将航空搜救平台继续细化分为三类,分别是现场搜救飞机、医疗转运飞机和空中医院。如图7-1所示,三类平台分别对应战术级、战役级和战略级的搜救需求,分别完成搜索营救、中程转运和远程后送任务。

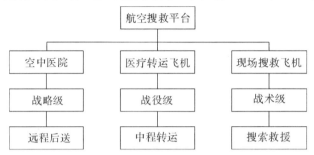

图7-1 航空搜救平台分类

(1)空中医院:它也称"飞机医院",以空中医疗救治为主、后送为辅,主要担负平、战时飞行员、指挥员、危重伤病员和有关人员的战略级空运后送医疗救治任务,以及卫勤支援任务,具备精简化的野战医院功能,可由客机或大型运输机改装而成,一般由各国空军部队指挥调度。在机舱布设固定式空中医疗设施和先进的医疗设备,分隔为医疗区和伤员区,可在飞行中对批量的伤病员实施连续的医学监护和紧急救治,进行放射性检查和检验,开展远程医疗,自备消毒和净化能力。可在不依靠地面保障的情况下开展紧急手术和担架伤员的留观治疗,随机携带的医疗帐篷及装备可在地面展开更大规模的医疗单元,遂行更大范围的医疗救护职能。

(2)医疗转运飞机:以后送伤病员为主,空中医疗救护为辅,主要担负平、战时大批量伤病员的战役级空运后送任务;可由普通运输机和客机改装而成,也有部分国家研制了专用的伤病员空运后送飞机,一般由各国空军指挥调度。在民用领域一般将空中医院和医疗转运飞机合并为一类,都是负责伤病人员的长途转运,区别之处仅在于途中救护能力和航程的差异,因此前两类飞机在民用领域统称为医疗转运飞机。

(3)现场搜救飞机:现场搜救飞机在军、民领域的使用几乎相同,担负同样的职能,主要是承担遇险地域幸存人员的搜索、营救和短途后送任务,目的是将遇险人员从危险环境中救出,防止其受到进一步伤害,而后就近送往转运能力较强的机降点,交由地面或其他空中搜救平台继续完成进一步的医疗后送任务。在军用领域机降点附近一般都有野战医院,可对轻症伤病人员进行处置,不需要继续后送;在民用领域除了应急机降点之外,大都将机降点建设在医疗能力较强的医院,缩短了后送处置流程,因此在民用领域现场搜救飞机正在逐步替代医疗转运飞机的功能,应用也较医疗转运飞机更为广泛。

二、航空搜救平台的典型应用

(一)复杂地形(水面)悬停吊救

复杂地形(水面)悬停吊救只能由旋翼搜救平台即直升机平台实施,也是航空搜救平台最典型的搜救应用。它是利用旋翼平台能够在一定高度稳定飞行的特性,在机组的配合下,由绞车手控制安装在直升机上的绞车下放空中救生员,救生员利用救援带、救援吊架等吊救装备最终完成人员简易处置及吊救入舱的救援方式,如图7-2所示。这种方式一般用于地面条件相对复杂、水面(海面),直升机无法实施机降救援时采用的救援方式。

图 7 - 2 直升机悬停吊救

(二)救生物资投送

救生物资投送根据投送量、降落条件、投送条件等不同,可由直升机搜救平台实施,也可由固定翼平台实施。在投送量较大且投送地域附近有适合固定翼飞机起降的机场时,一般由固定翼飞机实施物资投送,如图 7 - 3(a)所示;当投送量较小且投送地域没有机场时,一般采用直升机利用机降或悬停的方式实施物资投送,如图 7 - 3(b)(c)所示;当投送量较大且投送地域也没有适合固定翼飞机起降的机场时,可采用固定翼空投方式实施物资投送,如图 7 - 3(d)所示。其中第三类投送方式相对复杂,多数情况下是军用搜救力量完成的。

(a)

(b)

(c)

(d)

图 7 - 3 航空平台投送救灾物资

(a)固定翼飞机进行救灾物资转运;(b)直升机机降投送救灾物资;

(c)直升机悬停投送救灾物资;(d)固定翼飞机空投救灾物资

（三）战场搜救

战场搜救是在作战行动中采用有效的搜索和营救手段对因作战、支援、保障或连带杀伤的人员、武器或装备实施搜索和营救的作战保障行动。航空搜救平台由于其搜索范围广、反应速度快、机动能力强和不受地形限制等因素，在战场搜救行动中逐步发挥着越来越重要的作用，尤其是在营救位于敌后的特战人员、飞行人员时优势更为明显。但是由于多数情况下航空搜救都需要深入敌占区执行作战行动，因此必须依靠体系才能顺利完成搜救任务。例如，1999年，美军的 F-117 在执行轰炸任务时被南联盟防空部队击落，飞行员泽尔科凭借经验成功跳伞并在两次发射求救信号后迅速关闭了救生电台，以防被南联盟发现。泽尔科的求救信号被侦察卫星、战场上空的预警机以及战区附近的另一架 F-117 发现并锁定位置。在短暂准备 45 min 后，搜救行动开始。E-3 预警机、EA-6B 电子干扰机严密监视救援地区的南联盟地空导弹部队，干扰其通信雷达和通信系统。A-10 攻击机、F-15 战斗机、F-16CJ 战斗机等数架飞机携带反辐射导弹，在战区上空盘旋，随时准备攻击对行动造成威胁的地空导弹部队。与此同时，美军特种作战部队搭乘 3 架 CH-53E 飞赴救援地域开始战场搜救行动。在南联盟军队有所察觉后，负责空中掩护的战斗机迅速将附近的防空雷达全部"打瞎"，直升机迅速进入救援地域成功完成搜救任务，整个作战行动仅持续 70 min，体现了战场条件下航空搜救体系的高效性。

（四）医疗转运

医疗转运多用于将急症病、危重患者从偏远、不具备救治能力的地域转运到具备救治能力的医学医疗中心的行动。根据路途远近和人员数量的多少，可灵活选用固定翼和直升机平台，但在民用领域多采用直升机平台，因为直升机平台对起降点要求相对较低，而且在医疗中心附近有机降点时可直接将伤病人员送入医疗中心而不需要再进行地面接力转运。当距离较远时多采用固定翼飞机转运，一般用于军事转运行动，因为在作战行动中往往会有大量危重伤病人员，且近距离转运往往无法脱离战场环境威胁，不利于伤病人员恢复。例如美军在中东的军事行动中，受伤人员通常会被送到德国进行治疗，这些伤病人员使用德国联邦国防军的空客 A310 医疗后送机（见图 7-4）转运到后方德国联邦国防军所属医院进行进一步的治疗。

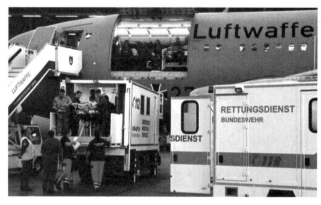

图 7-4　德国空客 A310 医疗后送机

三、航空搜救平台的拓展应用

航空搜救平台在应急救援的各个领域都有着广泛的应用,但随着航空搜救含义的延伸,在应急救援领域航空搜救平台的应用也在飞速拓展。除搜救转运飞机外,执行专项应急救援任务的特种航空平台也在飞速发展,虽然根据任务性质的不同,结构和功能差异相对较大,但一般也是在现有飞行平台的基础上改装而成的,例如灭火飞机、消杀飞机、灭虫飞机、核生化应急救援侦察飞机等。近年来伴随着无人机技术的成熟和发展,无人平台也逐步迈入应急救援领域的各个方面。

(一)核化航空应急救援

核事故和化学爆炸事故都会产生严重后果,切尔诺贝利事故、福岛核电站事故、天津港爆炸事故、印度博帕尔毒气泄漏事故等都造成了巨大的人员伤亡,带来的经济损失更是难以估量。因此核化事故需要在短时间内控制事故源头,防止事态进一步扩大。但由于核化事故后事故地域附近会产生较大污染和火灾等威胁,救援人员很难到达事故核心地域进行处置,因此利用航空平台实施救援就显得尤其重要。

以切尔诺贝利事故处置为例,灾难发生后,由于地面救援力量难以进入事故核心区,苏联官方决定使用直升机来协助阻止放射性物质进入大气层,他们从距离切尔诺贝利4 000 km外的西伯利亚派出大量直升机,如图 7-5 所示,将数百吨沙子、铅、黏土和硼直接倾倒在切尔诺贝利核电站反应堆的废墟上,用以封闭最初爆炸时暴露在空气中的反应堆。随着时间的推移,暴露在外的反应堆终于被混凝土石棺所包围,随后,石棺将用钢筋加固和重建,以防止辐射泄漏,并防止内部仍在焖烧的放射性物质引发任何潜在的火灾。

图 7-5 直升机执行核应急救援任务

这场核灾难救援总共使用了 5 种直升机,包括米-2"甲兵"、米-6"吊钩"、米-8"河马"、米-24R"雌鹿"和世界上最大的直升机米-26"光环"。救灾期间,每架直升机都有自己特定的任务。多功能的米-2 被用于从空中进行辐射测量,能够拉起 12 t 物料的米-6被用于在反应堆核心上方投掷灭火阻燃材料,米-8 则被用于支持地面技术人员。米-24R尽管是作为一架攻击直升机而设计的,其前方的机枪被一个进行辐射监测的测量仪器所取代,用于为地面工作人员指定安全路线。最繁重的工作是由世界上最大的直升机米-26完成的。它是当时世界上唯一一种能够承受极端高温和从暴露的反应堆核心释放的极高辐射的直升机,也是唯一一种配备灭火化合物释放监测系统的直升机,其使用的摄像机大大提高了精确投放材料的准确性,它独一无二的大小和起重能力也大大减少了所需的飞行次数。在切尔诺贝利行动的第一天,直升机飞行员和机组人员总共完成了96次任务,在接下来的24 h内,他们完成的任务次数达到了这个数字的两倍,可以说航空平台在这场应急救援任务中发挥了核心作用。

(二)航空灭火

航空灭火一般用于森林火灾应急救援,主要因为森林火灾救灾难度大、救援车辆难以靠近、灭火器材水源缺乏。这样的情况下,航空平台机动性好、不受地形限制、承载量大、视野范围广、定位精确等优势就表现得尤为明显。航空灭火行动中专用的固定翼消防飞机效率最高,如图7-6(a)所示,但是直升机也可外挂吊桶灭火,如图7-6(b)所示,承载量虽不及固定翼消防飞机,但是由于可以精确到达着火位置,所以精度度更高。无论是哪类航空灭火平台都可采用两种灭火剂,一种是普通水,另一种是专用、含阻燃剂的化学灭火剂,如图7-6(c)所示,前者价格低廉、使用方便,后者灭火效果更佳但成本较高。我国自行设计研制的大型灭火、水上救援水陆两栖飞机"鲲龙-600"(AG600)是世界在研最大的水陆两用飞机,如图7-6(d)所示,20 s内可汲水12 t。2017年2月13日成功试飞,2021年3月4日,完成灭火任务系统首次科研试飞,全面进入投水功能验证阶段。该机主要用于水陆两栖,拥有执行应急救援、森林灭火、海洋巡察等多项特种任务的功能。飞机采用了单船身、悬臂上单翼布局形式;选装四台WJ6发动机,采用前三点可收放式起落架。

(a)   (b)

(c)   (d)

图7-6 航空灭火平台

(a)固定翼消防飞机;(b)直升机消防飞机;(c)航空飞机投放化学灭火剂;(d)我国自研的AG600灭火救援飞机

(三)航空灭虫

　　农作物病虫害是主要的农业灾害之一，它具有种类多、影响大和时常爆发成灾的特点，其发生范围和影响程度可对国民经济、特别是农业造成重大损失，影响粮食安全，甚至会影响人们的生存安全。据统计我国农作物病虫害呈现多发重发态势，每年发生面积近 70 亿亩次，因防控能力不足每年造成的粮食损失近 500 亿斤、经济作物损失 350 亿斤。传统上一家一户分散防治的方法无法形成覆盖，防治效益较低，而且会占用大量劳动力。而航空防治手段则为农作物病虫害防治提供了高效率平台，其覆盖范围广、针对性强、效率高的特点克服了分散防治的缺点，能够对受灾地域实施大范围、高效率的病虫害防治，如图 7-7(a)所示。传统上，灭虫飞机有固定翼和直升机两种，但是随着无人机技术的发展，在我国正在用无人植保机替代传统的灭虫飞机，应用也越来越广泛，如图 7-7(b)所示。

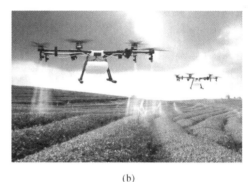

(a)   (b)

图 7-7　航空灭虫平台

(a)固定翼航空灭虫;(b)无人机航空灭虫

第二节　搜救直升机

一、搜救直升机的分类

　　在航空搜救领域，搜救直升机一般按照搜救能力进行类别划分，如表 7-1 所示，根据直升机最大起飞质量和可转移的人员数量，搜救直升机一般分为轻型、中型和重型三个类别，当两个指标同时达到相应标准时，可划分到该类别。需要注意的是这种划分方法和按照直升机最大起飞质量的划分方法是不同的，按照最大起飞质量划分时，直升机可分为小型、轻型、中型、大型和重型五类，虽然和按照搜救能力划分时的轻型、中型、重型在称呼上一致，但划分标准是有显著差异的。当然也有按照直升机生产厂家(如西科斯基系列、贝尔系列等)和实际应用(如医疗直升机、灭火直升机等)进行分类的，但按照级别进行分类，标准清晰、类别简洁、不易混淆，而且能直观反映直升机在运载能力、技术状态、经济性和维护等多方面的差别，因此多数著作中都采用级别进行分类，本节就每个级别选择一个特点较为明显的直升机进行介绍。

表 7-1　搜救直升机类别划分表

直升机类别	最大起飞质量	可营救人员
轻型搜救直升机(HEL-L)	2～4 t	1～5 人
中型搜救直升机(HEL-M)	4～8 t	6～15 人
重型搜救直升机(HEL-H)	大于 8 t	15 人以上

二、轻型直升机

轻型搜救直升机的最大起飞质量在 2～4 t,通常可以营救 1～5 人,飞行半径为 185 km。典型的轻型搜救直升机有 AW-109/AW-119、BK-117、EC-135/EC-145、MD-900/MD-902 等机型。由于防护能力一般、救援能力小,所以一般用于民用救援,尤其多用于公路救援、复杂地形人员搜救和医疗转送等。

其中 BK-117 直升机是川崎公司和 MBB 公司联合研制的。日本川崎公司由于在战后受到限制,不能大量出口武器,无法通过军品业务获得高利润,所以只能将目光投向民用市场,并开始研制其民用型号 KH-7 直升机,但当时美、苏、法等国家的成熟机型占据了较大的民用市场份额,要独立研制、独立推广会造成单机成本的上升,影响占有市场的难度,因此其转而在世界范围内寻找具有一定基础的合适伙伴,这时德国 MBB 公司研制的 Bo-105 直升机就进入了其考察范围。Bo-105 直升机虽然在商业上取得了一定成功,但该机由于机体偏小,改进空间不足,所以定型后一直发展受限。川崎重工看准时机,开始和 MBB 公司就联合开发的问题进行了为期近两年的谈判,最终于 1977 年 2 月 25 日确定以 Bo-105 和 KH-7 直升机为基础研制新型直升机 BK-117 达成协议。根据协议分工,BK-117 直升机的主体部分由 MBB 公司负责设计,主要是在 Bo-105 直升机基础上改进包括旋翼、机尾、飞控和液压控制系统等在内的部分。川崎重工主要负责机身框架、起落架、主传动装置和一些其他设备的研制。经过近五年的研制,BK-117 直升机于 1982 年 12 月 9 日和 17 日分别取得德国和日本适航证,1983 年 3 月 29 日取得美国联邦航空局型号合格证,是一款双发轻型多用途直升机,如图 7-8 所示。更多的用于执行支援近海油田、搜索和救援任务。飞行人员根据需要灵活设置为 1 人或 2 人,根据产地不同可搭乘 7～9 名乘客。

　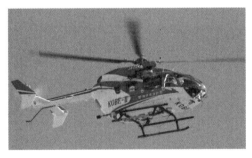

(a)　　　　　　　　　　　　　　(b)

图 7-8　德国飞行救助队(DRF)和日本消防局的 BK-117 直升机

BK-117 直升机采用典型的舱式布局,由驾驶舱、座舱、货舱和发动机甲板构成。驾驶舱两侧有可抛放的向前开铰接式舱门,驾驶员舱门上有一个可升的舷窗。座舱两侧有可抛放的向后滑动的旅客舱门,可锁在打开位置。每侧有固定的阶梯。座舱后面有两个铰接蛤壳式舱门,通向货舱。主旋翼采用四片桨叶的刚性旋翼系统,旋翼桨毂几乎与Bo-105 直升机相同,旋翼桨叶与 Bo-105 直升机相似,但是宽一些。尾部的一般设计与Bo-105 直升机相似,但外侧垂尾的形状稍有不同。

BK-117 飞机经历了多种改型,其中较为先进、应用范围较广的改型主要有 BK-117 B-2 型、BK-117 C-1 型。BK-117 B-2 型装两台达信·莱康明公司 LTS101-750B-1 涡轮轴发动机,单台起飞和最大连续功率为 410 kW,一台发动机停车时 30 min 功率为 441 kW;BK-117 C-1 型装两台透博梅卡阿赫耶 1E2 涡轮轴发动机,单台起飞功率为 550 kW,最大连续功率为 516 kW,一台发动机停车 2.5 min 应急功率为 574 kW。有四个软油箱,前、后为主油箱,两个主油箱之间为两个供油油箱,油箱位于座舱地板下面的油箱舱内。具有两套独立的给发动机和公共主油箱送油系统。总的标准载油量为 697 L,可用油量为 685 L。另外可选装 1 个或 2 个机内辅助油箱,每个容量为 200 L;还可选装 2 个外挂副油箱,每个容量为 150 L。其基本参数和主要性能如表 7-2 所示。

表 7-2 BK-117 直升机基本参数和性能指标

类 别	参数/性能指标	数值
外形尺寸	旋翼直径	11 m
	尾桨直径	1.96 m
	机长	13.01 m
	机高	3.36 m
	座舱容积	5.00 m³
质量及载荷	空载重	1 745 kg
	最大起飞质量(内载)	3 350 kg
	机组人员	1~2 人
	乘客数量	6~9 人
性 能	最大速度	259 km/h
	最大航程	540 km
	最高升限	5 480 m
	最大爬升率	9.0 m/s

BK-117 在作为搜救直升机使用时配有供氧系统、主担架、备用担架、备用担架固定架、真空垫储藏箱、壁置医疗设备(氧气控制器、供氧接口、电源插座、综合储藏箱、通用固定栏)、舱顶单元(心电监护仪、可调节聚光灯、通用扶手、可下旋挂架)、废料箱、治疗物品箱、特殊整合舱板等,还可以选择安装除颤器、呼吸急救箱、移动式吸引器、救生斧、真空垫和心脏急救箱等便携式医疗装备。

除 BK-117 直升机外,还有很多优秀的轻型搜救直升机,比如法国的 AS350 直升机、我国的 AC311 直升机、俄罗斯的安萨特\卡 - 266 直升机、英国的"山猫"直升机、美国贝尔公司的 Bell - 407/Bell - 427/Bell - 429 直升机等,都可用于不同需求的航空搜救行动。

三、中型搜救直升机

中型搜救直升机的最大起飞质量在 4~8 t,通常可以营救 6~15 人,飞行半径在 185~370 km。典型的中型搜救直升机有 AS - 365、AW - 139、Bell - 412、EC - 175、Ka - 60、S - 76、UH - 60 等。相对轻型搜救直升机,中型直升机可以携带更多的医护/救援人员、救援装备和医疗装备,搜救能力更强,而且防护能力好、速度更快,因此中型搜救直升机的适用范围更广,在三个等级中使用最为广泛。这里就以中国读者较为熟悉的 AS - 365 直升机和 EC - 155 为例进行介绍。

相对于其他机型,中国读者对 AS - 365 直升机的熟悉主要源于解放军前期装备和研发的直-9 系列直升机,实际上该机型就来自 AS - 365 平台。虽然我国第一种引入的飞机是 Bell - 212 直升机,但在采购的时候由于美方的技术和附加条件限制,我国在采购了数架后,转而将目光锁定在了法国航宇公司的 AS - 365"海豚"直升机上。在经过了多轮谈判后,中国国务院于 1980 年 10 月批准原第三机械工业部以技贸结合形式,引进法国 AS - 365 直升机。具体由中国哈尔滨飞机制造公司负责,引进法国 AS - 365 N1 直升机专利,开始试制生产并正式命名为直-9。我国之所以引进 AS - 365。一方面是技术引进的考虑,但另一方面也是由于 AS - 365 直升机是一款结构简单、经济适用、性能优异的直升机。除出口我国外,AS - 365 系列直升机还出口世界多国,包括澳大利亚、孟加拉国、西班牙、乌拉圭等。美国海岸警卫队也因其优秀的特性,引入了其改进型号 AS - 366G 专门用于搜索救援,如图 7 - 9 所示。

图 7 - 9 美国海岸警卫队的 AS - 366G 搜救直升机

AS - 365 直升机是由原法国航宇公司(后合并为欧洲直升机公司,现更名为空客直升机公司)设计制造的多用途中型直升机。1973 年,法国航宇公司开始研制 SA - 365 直升机。第一架原型机在 1975 年 1 月 24 日首飞,采用两台阿赫耶-1C 涡轴发动机和独特的涵道式尾桨。后来由于与德国 MBB 公司跨国联合组建新公司,新直升机型号改为

AS－365。1978 年年初，AS－365 直升机经过试飞、完善后正式投产，以 AS－356C 直升机命名并交付使用。由于 AS－365C 存在一些技术问题，研制方进一步改进发展了 AS－365N直升机。1979 年 3 月 31 日，AS－365N 首飞成功，并于同年在法国巴黎航展上正式展出。1981 年 4 月 9 日，AS－365N 直升机取得法国 VFR 适航证。

AS－365 旋翼系统采用 4 片桨叶旋翼，尾桨有 13 片金属桨叶，采用涵道风扇结构。高速飞行时，大面积垂尾偏转可提供大部分或全部反扭力矩。液压式可收放前三点式起落架。动力系统采用 2 台透博梅卡公司"阿赫耶"1C 自由涡轴发动机，单台功率为 547 kW。油箱容量为 1 140 L，必要时可在行李舱内和座舱后部各增加一个容量 180 L 和一个 475 L 的油箱。AS－365 直升机采用了流线型的低阻力机体，涵道尾桨和平滑过渡的机体阻力小。该机的座舱与驾驶舱连在一起，运输型座舱可布置 10 个座椅，经济型可布置 14 个座椅（包括正副驾驶员），救护型可放 4 副担架和 1 把医护人员座椅。由于其优异的平台特性，经历了多个型号的改进，衍生型号主要包括 AS－365 C、AS－365 N/N1/N2/3、AS－365 M、AS－366 G 等，性能根据型号差异略有区别，其搜救型号 AS－366 G 的基本参数和主要性能如表 7－3 所示。

表 7－3 AS－366 G 直升机基本参数和性能指标

类别	参数/性能指标	AS－366 G 数值	EC－155 数值
外形尺寸	旋翼直径	11.93 m	12.6 m
	尾桨直径	1.1 m	1.1 m
	机长	13.88 m	14.3 m
	机高	3.52 m	3.64 m
	座舱容积	5 m³	6.8 m³
质量及载荷	空载重	2 718 kg	2 528 kg
	最大起飞质量	4 050 kg	4 800 kg
	机组人员	2 人	1～2 人
	乘客数量	12 人	12～13 人
性能	最大速度	306 km/h	314 km/h
	最大航程	760 km	830 km
	最高升限	5865 m	5110 m
	最大爬升率	6.8 m/s	5.9 m/s

鉴于 AS－365 直升机在商业上的巨大成功，法国航宇公司为进一步挖掘其平台潜力，在 AS－365 N 的基础上计划启动新型民用直升机的研制项目，该型号最初命名为 AS－365 N4，在合并为欧洲直升机公司（现空客直升机公司）后，该项目被重新编号为 EC－155。从外形上看，与 AS－365 N 直升机的不同之处在于，EC－155 采用新型的五桨叶旋翼结构和重新设计的宽体机舱。该直升机的研发于 1996 年 9 月启动，欧洲直升机公司于 1997 年 6 月在巴黎航展上正式对外公布，6 月 17 日，EC155 原型机就进行了首飞，1998 年 3 月 11 日，第一架预生产型 EC－155 B 首飞，1998 年 12 月 11 日获得了法国

和德国适航认证,1999 年 3 月开始正式交付客户。

EC－155 采用了五片桨叶柔性桨毂的复合材料旋翼,装有标准刹车装置,可选配旋翼防冰装置。尾桨方面,沿袭了 AS－365 系列直升机的可降低振动和噪声水平的涵道尾桨,为便于维护,尾桨桨毂和桨叶的设计寿命为无限、轴承无须润滑。动力系统为两台635 kW 的透博梅卡公司的阿赫耶 2C1 发动机,配备了双通道全数字式发动机控制系统。为了进一步增加其动力,后续型号 EC－155 B1(如图 7－10 所示)采用了性能更为先进的阿赫耶 2C2 发动机,使得 EC155 B1 具有充足的剩余功率,再加上 1 255 L 的油箱容量,EC155 B1 直升机 278 km/h 的巡航速度和 791 km 的航程在同类级别中具有明显优势,而且还配备了防冰系统,使得其能够在极地高寒等气象条件下使用。

图 7－10　香港特区政府飞行服务队的 EC155 B1 直升机

EC－155 采用全玻璃座舱,装备了集成的数字飞行控制系统、多功能显示系统。机身为半硬壳式结构,机体使用了较多的复合材料,在增加强度的同时扩大了机舱容积,相对 AS－365 的其他型号,EC－155 的座舱容积增加了 30％～40％,使得其在执行搜救任务时比 AS－365 有着更为优秀的表现,可以装载 1 或 2 名飞行员＋2 副担架和 4 名乘客。

四、重型搜救直升机

重型搜救直升机的最大起飞质量一般都在 8 t 以上,通常可以营救 15 人以上,飞行半径一般大于 370 km。典型的重型搜救直升机有 AS332、CH－53、Ka－32、Mi－17、S－92等。相对轻中型搜救直升机,重型直升机还可以拥有强大的防护能力,携带一定数量的武器装备和武装人员,在具有较高搜救能力、防护能力的同时还具有一定余量的空间和运力,因此一般用于需要一定防护和打击能力的战场搜救或大量人员伤亡时的事故灾害救援,在平时使用频率没有轻中型搜救直升机高,而且为提高使用效率,多数都是通用型直升机,可执行多种任务。这里就以 SA－321/AC－313 为例进行介绍。

SA－321 直升机是法国航宇公司研发的三发多用途直升机,在研制过程中尤其在旋翼系统设计、制造和试验等方面获得了美国西科斯基公司的多项技术支持,是由SA－3200"黄蜂"直升机发展而来的,如图西方绰号"超黄蜂"。SA－321 直升机的研制是根据法国军方要求于 1960 年开始的,于 1962 年 12 月 7 日首次试飞,1966 年开始交付。

SA-321直升机能执行运输、搜救、警戒、巡逻、反潜、扫雷等多种任务。搜救任务主要由其通用和公共运输型SA-321Ja担负,在用于搜救时,可装3副担架和21个伤员座椅,或15副担架和一个医务人员用的座椅,可装一个承载能力为275 kg的起重绞车。SA-321直升机虽然性能优异,但由于研制时间较早,在我国引进时就已经稍显落后了,最终该机型在20世纪80年代正式停产,其基本参数和主要性能如表7-4所示。SA-321直升机虽然在国外并没有太大影响,研制成功后仅生产了一百余架,但却对我国直升机工业影响巨大。开始时我国引进了这种型号的直升机,作为海军部队舰载直升机使用,用于完成一些试验任务的打捞任务。经过近20年的技术消化,其在我国的发展型号Z-8(直-8)系列和AC-313在军用和民用领域都发挥了巨大作用,尤其在搜救领域表现抢眼。

表7-4 SA-321直升机基本参数和性能指标

类 别	参数/性能指标	数 值
外形尺寸	旋翼直径	18.9 m
	尾桨直径	4.0 m
	机长	23.03 m
	机高	6.66 m
	座舱容积	25.33 m³
质量及载荷	空载重	6 980 kg
	最大起飞质量	13 000 kg
	机组人员	5人
	乘客数量	27人
性 能	最大速度	249 km/h
	最大航程	1 020 km
	最高升限	3 150 m

　　AC313直升机是中航工业直升机所和中航工业昌飞公司共同研制的大型民用直升机,于2010年在江西景德镇首飞成功,2013年下半年,AC313直升机完成所有适航试飞项目,获得型号合格证,并投入商业化运营,是我国第一个完全按照适航条例规定的要求和程序进行研制的大型运输直升机。如图7-11所示,AC313直升机的旋翼系统采用先进复合材料桨叶和钛合金球柔式主桨毂,主旋翼桨叶为6片,尾桨桨叶为5片。座舱为全玻璃布局,驾驶员的座位是典型的横列两侧布局,起落架不可收放。机体为整架直升机的一半材质用上了复合材料,另一半材质则是钛合金,复合材料使用面积占全机的50%。机内配备了现代化的集成数字航电系统,机舱高有1.83 m,舱内容积有23.5 m³,能搭载两名飞行驾驶员外加27名乘客。动力装置是3台加拿大普惠PT6B-67A型发动机,每台发动机最大输出功率达1 427 kW。

(a)   (b)

图 7-11　AC-313 直升机

(a)AC-313 进行吊救作业;(b)AC-313 进行消防作业

相比 AC-313,其军用型号 Z-8(直-8)在我国的应用和影响力更为广泛,其中最重要的原因就是其活跃于各类抢险救灾活动中。直-8 系列飞机中具有搜救能力的型号有直-8F、直-8S、直-8K、直-8WJS 等,直-8 系列的救援飞机装备有搜寻定位导航系统,发现求救信号后能自动进行目标定位和飞行导航;救生电台可以昼夜 24 h 保持联络;既能在昼间可见光条件下摄像,又能通过红外成像进行夜间搜寻;大功率搜寻照明灯可在夜间旋转照射地面、海面;直升机上还安装配备了液压绞车吊篮、救生筏以及担架、医疗箱等海上救捞和医疗设备。在汶川大地震救援行动中共有 12 架直-8 奔赴灾区,多次圆满完成转移人员、运送货物、喷洒药物等抗震救灾任务。

第三节　固定翼医疗飞机

固定翼医疗飞机,也称为医疗救护飞机或空中救护车。一般是指经过永久性专业的医疗改装后专门用于承运病情危重和受伤严重的病患的固定翼飞行器。其主要用来在应急情况下转运那些因手当地医疗条件限制、技术条件限制或其他原因限制(如战争、灾害等)造成无法继续治疗或尽快恢复的伤病人员,通常使用固定翼医疗飞机转运的伤病员对时效性要求较高、转运距离较远,并且对护理要求也相对较高。

一、起源及发展

和搜救直升机的发展一样,固定翼医疗飞机的发展也起源于战场需求,因为在战场环境的野战医院中,无法对重症患者实施进一步的医疗救助,并且也不利于患者的康复。因此第一次世界大战结束后,美国陆军认识到空中运送伤员的重要性。在 1918 年,陆军少校尼尔森和奥克上尉把一架双翼飞机改装成了简易的空中医疗转运专机,改装后的飞机可容纳陆军标准担架用于携带伤者。这次成功为空中转运的进一步发展铺平了道路,在 1920 年,美军继续对德哈维兰飞机进行了改装,这架飞机允许一名医护人员和两名病患并排在机舱内。此后不久,第一个专为空中医疗转运设计的飞机 Cox-Klemmin 投入使用,在封闭的机舱内,可携带两名病患和一名医护人员。一年后,可携带四名担架患者和六名轻症患者的柯蒂斯-鹰(Curtiss-Eagle)投入现役,但不幸的是,第一年的服役中,其在暴风雨中坠毁,造成 7 人死亡。

不久之后其他人也开始意识到需要通过空中运输转运病人和定向训练医疗人员。在获得了更多人的关注后,空中转运平台及相关人员的培训开始逐步进入快速发展阶段。首先在 1930 年,Lauretta M. Schimmoler 护士成功地建立了美国航空护士队;1934 年,Marie Marvingt 作为女性轰炸机飞行员和护理人员,在非洲摩洛哥开始建立第一个民用空中救护服务机构,为边远地区和复杂环境中的人员救援发挥了重要作用;1936 年,西班牙航空服务开始援助伤员,将内战中的西班牙伤者转运到德国接受进一步治疗。在 1943 年 2 月,由美国空军军医戴维准将建立的空中飞行医护兵团,培养了第一批医护人员,这批人员重点对空中转运的途中护理进行了专项培训;1946 年在加拿大的里贾纳,萨斯喀彻温省政府建立了第一个民用空中救护组织,该组织至今仍在开展着空中救护服务;仅一年后的 1947 年,由沃尔特·舍费尔在美国洛杉矶加利福尼亚成立了舍费尔航空救护组织,成为第一个被美国联邦航空局认证的航空企业。后来德国和英国都陆续成立各自的航空搜救组织,但多数航空搜救组织都以搜救直升机为主提供航空搜救服务,具备固定翼医疗飞机的航空搜救组织并不多,如图 7 - 12 所示德国的 ADAC 就是少有的拥有固定翼医疗飞机的组织之一。

图 7 - 12　ADAC 固定翼医疗飞机

二、典型固定翼医疗飞机

固定翼医疗飞机由于运载伤病人员数量多、航程远、价格昂贵、维护复杂等,所以在民用领域应用相对较少,多应用军事应用领域,其中美、德、俄、澳装备较多。其主要机型和装备数量统计如表 7 - 5 所示。

表 7 - 5　国外军用固定翼医疗飞机情况统计

国　家	机　型	数量/架	空中医院数量/个	空中医院装备时间
美国	C - 5、C - 9、C - 130、C - 17、L1011	62	23	1980 年
德国	A310、C160、D328	15	5	1982 年
俄罗斯	IL76、AN74	2	2	1984 年
澳大利亚	B200、B200C、PC12	60	8	1984 年
法国	C130	16	4	1982 年

续 表

国 家	机 型	数量/架	空中医院数量/个	空中医院装备时间
英国	C－130、C－17	不详	2	1983 年
沙特	C－130、Z2	6	6	1980 年
奥地利	D328	5	1	1985 年
希腊	1900D	5	1	不详
意大利	D328	2	1	不详
罗马尼亚	D328	5	1	1988 年
尼日利亚	D328	1	1	1999 年

(一)美国固定翼医疗飞机

由于美国的作战地域大都远离本土,所以美军的固定翼医疗飞机大都以"空中医院"为主,担负危重伤病人员的战略转运任务。其中多数是由 C－5、C－9、C－130、C－17 运输机改装而成的,如图 7－13 所示,也有用 L－1011 客机改装的。据不完全统计,美军目前有固定翼"空中医院"20 余架,主要部署于其海外空军基地。

图 7－13 美军由运输机改装的医疗飞机内部

(1)C－5"银河"改装医疗飞机:C－5 空中医院机舱分为上下两层,配备各类医护人员和保障人员 128 名,可接收 50 名伤病员住院治疗,为 3 000～5 000 人提供医疗保障。

(2)C－17"环球霸王"改装医疗飞机:全机成员 3 名,包括 2 名驾驶员和 1 名货载员,当需要转运伤病人员时,可在货舱的每一侧布置 27 个可折叠式座椅,机身中部还可以安排 48 个座椅或容纳 45～48 副担架伤员。

(3)C－130"力士"改装医疗飞机:全机成员 5 名,包括 2 名驾驶员、1 名装载长、1 名航空机械师。机身可容纳 48～74 副担架,还可根据需要配备航空医护人员随机后送。

(4)C－9A"夜莺"医疗飞机:该机是美国专用医疗飞机,具有装载 40 名担架伤员和 40 名座位伤员,以及不同比例担架、座位伤员的转运能力,由于该机型航程较短、维护费用较高,目前已退出现役转为预备役,并由 C－40A(即波音 737－700C 医疗改型)替代。

(5)L－1011 改装医疗飞机:又称为"三星客机",是美国洛克希德公司研制的一款三发宽体喷气式客机。改装后可用于医疗转运,配有 3 名机组人员,载客量在 250～

300 人。

(二)德国固定翼医疗飞机

相对于美军的改装的医疗飞机,德国的在 A310 飞机基础上改装的医疗飞机配备了更多的医疗器材,设计也更为精细合理,专业性更强。该机配备了相当齐备的医疗监护设备,可以最大限度保证在旅途中伤情维持稳定,内饰与普通 A310 客机相同,但是大量标准担架平台替换了座椅,如图 7 - 14(a)所示,可以采用三层担架结构装运大量卧姿伤员。这些担架平台可以根据需要进行调整,以满足不同的需要。机舱内还设置了医护人员的座椅,保证飞行护理人员在起飞、降落、遭遇特殊情况时的安全。飞机还设有特护区,如图 7 - 14(b)所示,特护区并非上中下三层担架,而是一个伤员一个病床。每个病床均有相当完备的监护和辅助治疗设备。病床底部还有四个氧气瓶,可以为危重伤员持续供氧。医护人员通过一台电脑终端可以查看所有伤员的情况,如图 7 - 14(c)所示,而不必前往每一个病床前查看数据。飞机机身左侧巨大的舱门,与升降医疗平台配合,如图 7 - 14(d)所示,伤员可以非常舒适地离开这架飞机。如果从普通舱门抬着担架下机,不仅费时费力,还会对伤员造成二次伤害。

(a)   (b)

(c)   (d)

图 7 - 14 德国 A310 医疗专用飞机

(a)三层担架结构;(b)特护区;(c)医疗监控终端;(d)升降医疗平台

(三)澳大利亚固定翼医疗飞机

澳大利亚空军也是使用固定翼医疗飞机较多的国家,早在 1928 年就成立了澳大利亚空中卫生勤务中队,到 2009 年 10 月澳大利亚空军已经拥有了各种型号医疗飞机 60 余架,是目前拥有医疗飞机较多的国家之一,但其装备的固定翼医疗飞机都以中小型飞机为主,载客量在 10 人左右。

（1）比起空中国王系列：目前主要装备 Beechcraft B200 King Air（29 架）、Beechcraft B200C King Air（5 架）两种型号。所有比起空中国王系列均可配置医疗套件，成为医疗飞机以进行医疗后送服务。客舱可临时布置成救护站，以进行突发性抢救工作，也可以安装固定装置成为专用医疗飞机。可搭载 9 名乘客，配置 1 名机组人员。

（2）塞斯纳 208B 华丽大篷车：该系列型号飞机可使用简易跑道，也可在草地、土地、沙石地面起降，换装浮筒/冰橇后，还可在水面/冰面（雪面）起降。目前装备 2 架。

（3）Pilatus PC - 12 飞机：一般配有 1~2 名机组人员，载客量 9 人，目前装备 24 架。

（四）俄罗斯固定翼医疗飞机

相对于澳大利亚多以小型运输机为主的医疗飞机模式，俄罗斯的固定翼医疗飞机和美军的改装和使用方式相似，都是在 AN - 70、AN - 74、IL - 76 等大型运输平台的基础上改装而成的，主要承担战略医疗后送任务。

（1）AN - 70 运输机：可在 600~700 m 的野战跑道上起降，是四发战术运输机，也是世界上载重最大的涡轮桨扇运输机，载重达 47 t，航程为 8 000 km，可以运载 300 名全副武装的士兵或 206 名伤员。

（2）AN - 74 运输机：是一款双发短距起降运输机，除运输外，还可用于救护、灭火和观测等作业。其医疗改型有 AN - 74TK - 200S、AN - 74TK - 100C。载重 10 t，航程为 4 300 km。

（3）IL - 76 运输机：是苏联研制的一款大型运输机，是世界上最为成功的运输机之一，已有超过 38 个国家使用过或正在使用，载重在 48 t 以上。在通常情况下，可搭载 126 名伞兵、145 名士兵或 114 名伤员，经过双层甲板改装后，还可进一步拓展搭乘数量。

三、固定翼飞机的医疗设备配置

固定翼后送集中均为大型客机或军用运输机，在机舱内展开有若干固定式医疗单元，可在空中对伤病员实施优良的救护和连续的医疗监护，从而将快速后送和优质医护有机地结合在一起。

沙特阿拉伯是世界上最早研制出"空中医院"的国家，其"空中医院"主要以 C - 130 运输机为基础改装，经过改装的 C - 130 运输机上设有诊察室、X 光室、诊断室和手术室，配有验血装置，拥有 40~50 个床位。如果在后送途中遇到一些疑难病症，飞机不具备诊断配套器材，需使用机上配备的通信设施将病患的病情及时通知地面接收医院，在完成转运后在地面进行处置。近年来，沙特阿拉伯又将大型 DC - 8 系列远程客机改装成空中医院，并配备了更多的医疗设备，它超出一般空中医院的地方在于其可连续飞行 20 h，从而实现了病患的全球转运。

除沙特外，美国是把空中医院用于战时救治和后送的国家之一，也是当今世界上拥有空中医院最多、设备相对先进的国家。在 20 世纪 80 年代，沙特阿拉伯第一所空中医院诞生不久，美国即开始建造空中医院。其采用 C - 5 改装的空中医院分上下两层，机舱内可进行空气调节和增压，设有手术室、急救室、消毒室、血库、化验室、X 光室、外科治疗室和病房等,编制有医生、护士、勤务人员等共计128人,可为3 000～5 000人提供医疗服务,可接收一个中队的伤员进行初步医疗和护理。C-9A"夜莺"运输机改装的空中医院设有专门的特殊护理区、医疗供应区、备用电站以及控制机舱温度、医用氧气、真空抽吸系统的工作站,配备有心电监护、呼吸机、恒温箱、输液泵以及储存血液和生物制品的医用冰箱等。

德国在空客A310改装的空中医院上固定安装了完善先进的医疗设备,配备了急救药品和器材,设立了固定的手术单元、危重伤病员加强护理单元等,可在机上对伤病员进行紧急外科手术、心脏按摩和除颤、心脏监护、呼吸复苏等救治。该机已经不单纯是为了后送伤病人员,而更加强调在机上对伤病人员进行救护。根据空运后送中的重症监护理念,德军卫生部完全有能力将伤病员从地球上任何地方,在最好的医疗条件下,通过完善的收送急救链进行转运。其空中医院毫不逊于配备有最先进设备的地面医院。除A310空中医院外,其C-160运输机上一般还配备2个双层的重症监护担架,上层担架用于躺卧伤员,下层是一个改装的担架。担架上装有比较完备的医疗救护仪器,包括输液泵、电子血压计、心电/除颤仪、血氧饱和度测定仪、自动人工呼吸机以及配电器。此外,在C-160的舱壁上还有6个支架,各固定有一个电子血压计、1个血氧保护度测定仪和1个心电/除颤器,可供6个中度伤员监护使用。

俄罗斯的空中医院由IL-76MD飞机改装,别名"手术刀",拥有三个相互连接的大型电气化机舱。第一个舱内安放有两个手术台、人工肺护膝装置、排气装置、照明装置等所有手术必备设施。第二个舱内设有两张吊床、人工护膝维持设备和X光室。第三个舱专为运送伤员设置,可以容纳12张悬挂担架床。3个舱及配套的小型动力站都装有轮子,便于在必要时借助绞盘绞出飞机,由载重汽车拖走在野外展开。

第八章 海上搜救区域计算模型与仿真

第一节 救生对象海上漂移特性建模

一、影响海上漂移特性因素分析

海表物体漂移运动是漂浮物受风、浪、流等环境因素联合作用的结果,同时漂浮物自身的因素也将对漂移产生影响,因此,在建立漂移模型之前,应该对影响海上物体漂移的各种因素作充分的分析和处理。

(一)海洋环境因素

1.海流

海流是在风应力、地转偏向力、引潮力、密度差等作用下形成的大规模相对稳定的海水流动,是海水的普遍运动形式。总海流是影响漂移的最主要因素,在不考虑其他因素的情况下漂浮物将跟随海流同步运动,因此快速准确地对遇难水域进行流场预报是非常必要的。总海流通常由以下几部分组成:海流、潮流和当地风生流。

2.海面风

漂浮物水上部分暴露在空气中受到风力作用,而水下部分受到水的拖拽作用,两者的平衡使物体产生漂移运动。对于一个给定的漂浮物,由于物体形状不对称,大小、方向以及物体浸没比例的不同,导致物体受到的风压大小和方向很难准确计算,另外对于具有不同运动状态的物体,风的影响也不尽相同。这导致物体风致漂移轨迹与下风方向之间存在一定夹角,物体漂移方向沿下风方向的左侧还是右侧是不确定的,因此随着漂移时间的推移,最终将得到一左一右两个漂移轨迹。

前人研究表明,水上漂浮物的风压漂移速度与海面 10 m 处的风速基本呈线性关系,并将风致漂移速度矢量分解为顺风分量和侧风分量,如图 8-1 所示。由于漂浮物的种类很多,形状各异,从理论上计算风致漂移的大小是很困难的,Allen 等人对不同漂浮物种类的风致漂移进行了实验研究,风致漂移顺风分量和侧风分量均被拟合成关于风速的直线关系。

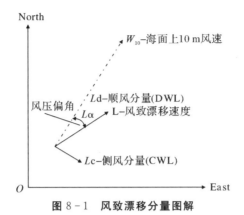

图 8-1 风致漂移分量图解

顺风方向分量 L_d（DWL）和侧风方向的分量 L_c（CWL）关系式如下式：

$$L_d = a_d W_{10} + b_d \qquad (8-1)$$

$$L_c = a_c W_{10} + b_c \qquad (8-2)$$

式中：a_d，a_c，b_d，b_c 分别为通过拟合实验数据所得的线性系数；L_d，L_c 分别为估算的最可能的顺风分量和侧风分量。

图 8-2 为一次试验中 4～6 人救生筏的风致漂移轨迹，救生筏漂移轨迹与下风向夹角最大达到了 70°。

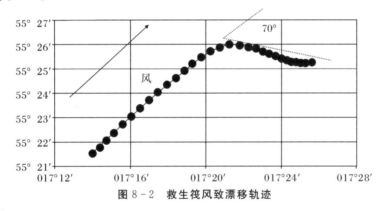

图 8-2 救生筏风致漂移轨迹

3. 波浪

波浪对漂浮物的作用比较复杂，作用机理尚不完全清楚。有研究认为在海面附近，存在一个 Stokes 湍流，其运动轨迹为不封闭的环状，水平方向存在定常速度分量，导致漂浮物产生运动。波浪漂流力是波浪作用在漂移物体上反射产生的作用力，不同波长的波浪对物体漂移产生影响也各不相同。在短波区域，波浪漂流力起主要作用，波浪漂流力与流体抗力之间的均衡决定了波浪所引起的漂流速度；在长波区域，波浪漂流力几乎不起作用，此时由波浪所产生的海水表层流速决定了漂移物体的漂移速度。

4. 科氏力

理论上，由于地球的自转，地球上无论什么东西，只要与地面有相对运动都会受到科氏效应的影响。同样在海面上漂浮的物体也无一例外地会受到地转偏向力（科氏力）的影响，在短时间内，科氏力的作用与其他环境因素相比可以忽略不计，但在较长时间范围内,其作用的累积就有必要予以考虑。

(二)漂浮物自身因素

海洋环境因素是导致漂移的关键因素,同时漂浮物自身的特性也将对漂移产生影响,不同的漂浮物种类具有不同的漂移轨迹和搜寻区域。漂浮物自身因素包括漂浮物的大小、浸没比例、压载状况以及遇难的初始时间和位置等。

二、粒子海上漂移建模

(一)风和流作用下的拉格朗日粒子漂移建模

海难事故的发生是无法预料的,而救援工作是刻不容缓的,这就要求漂移模型的计算必须快速且易于操作,因此模型中需要引入一些限制条件:第一,为方便操作,模型在自由度上必须加以限制,这就意味着影响漂移的不确定性因素应该是易于处理的;第二,环境因素(风况、流场等)必须是实时可用的;第三,模型的计算应该是快速有效的,从而为搜救行动的展开提供依据。根据以上限制条件,本书做出如下假设。

(1)漂移模型总忽略科氏力的作用。科氏力在短时间、小尺度内作用是十分微小的。

(2)漂移模型中忽略波浪力的作用。波浪对漂浮物的作用相对比较复杂,且不易观测和预报,另外对于救生艇、落水人员等小尺度的物体,波浪作用相对于风和流的作用较小,因此为了方便计算,该漂移模型中忽略波浪力的作用。

(3)物体自身的大小、淹没比例、水中形态等具体信息难以进行量化和建模,故本书认为漂移物体是一个粒子,在不考虑风的情况下,粒子漂移运动速度与表面水流运动一致,当水流速度改变时,粒子的运动也随之改变(无限加速度)。

(4)此处的海流主要指 $0\sim2$ m 范围内的海流,包括潮流、环流、风生流和波生流等。

经过上述的假设和简化处理,漂移模型简化为随流漂移和风致漂移的叠加。不考虑波浪的作用,在海流和风的作用下海上目标漂移速度可由公式(8-3)和式(8-4)计算:

$$V_{object} = \alpha_1 V_{current} + \alpha_2 V_{wind} \tag{8-3}$$

$$V_{wind} = \alpha_1 V_{current} + \alpha_2 V_{wind} \tag{8-4}$$

式中:V_{object}、$V_{current}$ 和 V_{wind} 分别代表搜救目标的速度、表层流速和海面 10 m 高度处风速;α_1 和 α_2 分别为海流致漂移系数和风致漂移系数。漂移目标的位置为随流漂移和风致漂移的叠加,用公式(8-5)计算:

$$x(t) - x_0 = \int_0^t V_{object}(t') \mathrm{d}t' = \int_0^t [V_{current}(t') + V_{wind}(t')] \mathrm{d}t' \tag{8-5}$$

式中:$x(t)$ 为搜救目标 t 时刻的位置;x_0 为漂移目标的初始位置;$V_{object}(t')$ 为漂移目标的漂移速度;$V_{current}(t')$ 为海表面流速;$V_{wind}(t')$ 为风致漂移速度。

(二)拉格朗日质点跟踪漂移轨迹计算方法

漂移路径数学描述如公式(8-6)所示。

$$\frac{\mathrm{d}\boldsymbol{x}_p}{\mathrm{d}t} = \boldsymbol{v}(\boldsymbol{x}_p(t)) \tag{8-6}$$

其中，$x_p=(x_p(t),y_p(t),z_p(t))$表示在 t 时刻，物体所在位置，$v(x_p(t))$为 t 时刻质点的漂移速度。

现假设物体漂移速度在一个时间步长和在一个空间网格内呈线性变化，在 x 方向有

$$u=u_0+(x_p-x_0)\frac{\mathrm{d}u}{\mathrm{d}x} \tag{8-7}$$

式中：u 为 x 方向漂移速度；$u_0=u(x_0)$；$\frac{\mathrm{d}u}{\mathrm{d}x}$为 x 方向速度的变化率。将式（8-7）代入式（8-6），则有

$$\frac{\mathrm{d}x_p}{\mathrm{d}t}=u_0+(x_p-x_0)\frac{\mathrm{d}u}{\mathrm{d}x} \tag{8-8}$$

对上式积分，得

$$x_p(t)=\frac{u_0}{\mathrm{d}u/\mathrm{d}x}e^{(\mathrm{d}u/\mathrm{d}x)(t-t_0)} \tag{8-9}$$

在一个时间步长 Δt 和 x 方向上空间步长 Δx 上有

$$\frac{\mathrm{d}u}{\mathrm{d}x}=\frac{\Delta u}{\Delta x} \tag{8-10}$$

Δu 为空间网格左右两边 x 方向流速之差，在 Δt 时间内 x 方向漂移距离如公式（8-11）所示。

$$\Delta x_p=\frac{u_0\Delta x}{\Delta u}(e^{\frac{\Delta t\Delta u}{\Delta x}}-1) \tag{8-11}$$

同样地，在 y 和 z 方向可用相同的方法得到，如下式所示：

$$\Delta y=\frac{v_0\Delta x}{\Delta v}(e^{\frac{\Delta t\Delta v}{\Delta y}}-1) \tag{8-12}$$

$$\Delta z_p=\frac{w_0\Delta x}{\Delta w}(e^{\frac{\Delta t\Delta w}{\Delta z}}-1) \tag{8-13}$$

式中：v,w 分别为 y 方向和 z 方向漂移速度。本书研究的海面物体漂移问题是二维平面问题，故忽略 z 方向的漂移。

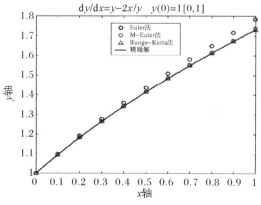

图 8-3 不同数值方法结果对比

对方程式(8-11)的求解采用二阶龙格-库塔迭代方法。龙格-库塔法是一种在工程上应用广泛的高精度单步算法,是用于非线性常微分方程的解的重要的一类隐式或显式迭代法,在漂移轨迹计算中可以对误差进行有效的抑制(见图8-3),理论上采用四阶龙格-库塔法进行计算最好,但是考虑到这样会大幅增加计算量,所以本书拟采用二阶龙格-库塔法进行时间积分,在提高计算准确度的同时兼顾计算效率。

常用的龙格-库塔方法包括二阶和四阶龙格-库塔。以四阶龙格-库塔方法为例,假设 $\vec{x}_n \cdots \vec{x}(t_n)$ 为粒子在 $t \cdots t_n$ 时刻的位置,那么粒子在 $t \cdots t_{n+1}(t_n \cdots t)$ 时刻的位置 $[\vec{x}_1 = \vec{x}(t_{n1})]$ 可由如下式决定:

$$
\left.
\begin{aligned}
\vec{\xi}_1 &= \vec{x}_n \\
\vec{\xi}_2 &= \vec{x}_n + \frac{1}{2}\Delta t v(\vec{\xi}_1) \\
\vec{\xi}_3 &= \vec{x}_n + \frac{1}{2}\Delta t v(\vec{\xi}_2) \\
\vec{\xi}_4 &= \vec{x}_n + \frac{1}{2}\Delta t v(\vec{\xi}_3) \\
\vec{x}_{n+12} &= \vec{x}_n + \frac{1}{2}\Delta t v(\vec{\xi}_1)
\end{aligned}
\right\}
\tag{8-14}
$$

其中:Δt 为时间步长。在计算中,因为速度场在追踪时间间隔 Δt 内是不变的,所以消除了速度场对时间的依赖。在多维系统中,$\vec{v}$ 的局部泛函导数可由 (x,y,z) 空间的精确辅助点 $\vec{x}$ 估计。

例如,在二维(x,y)平面粒子可以通过解 x 和 y 速度方程追踪,

$$
\frac{\mathrm{d}x}{\mathrm{d}t} = u, \frac{\mathrm{d}y}{\mathrm{d}t} = v
$$

四阶龙格库塔运算法则可化为如下形式:

$$
\left.
\begin{aligned}
\xi_1 &= x_n \\
\eta_1 &= y_n
\end{aligned}
\right\}
\tag{8-15}
$$

$$
\left.
\begin{aligned}
\xi_2 &= x_n + \frac{1}{2}\Delta t u(\xi_1, \eta_1) \\
\eta_2 &= y_n + \frac{1}{2}\Delta t v(\xi_1, \eta_1)
\end{aligned}
\right\}
\tag{8-16}
$$

$$
\left.
\begin{aligned}
\xi_3 &= x_n + \frac{1}{2}\Delta t u(\xi_2, \eta_2) \\
\eta_3 &= y_n + \frac{1}{2}\Delta t v(\xi_2, \eta_2)
\end{aligned}
\right\}
\tag{8-17}
$$

$$
\left.
\begin{aligned}
\xi_4 &= x_n + \Delta t u(\xi_3, \eta_3) \\
\eta_3 &= y_n + \Delta t v(\xi_3, \eta_3)
\end{aligned}
\right\}
\tag{8-18}
$$

$$x_{n+1}=x_n+\Delta t\left[\frac{u(\xi_1+\eta_1)}{6}+\frac{u(\xi_2+\eta_2)}{3}+\frac{u(\xi_3+\eta_3)}{3}+\frac{u(\xi_4+\eta_4)}{6}\right]\Big\}$$
$$y_{n+1}=y_n+\Delta t\left[\frac{u(\xi_1+\eta_1)}{6}+\frac{u(\xi_2+\eta_2)}{3}+\frac{u(\xi_3+\eta_3)}{3}+\frac{u(\xi_4+\eta_4)}{6}\right]\Big\} \quad (8-19)$$

欧拉方法是解初值问题最常用的方法,二阶龙格-库塔法由改进的欧拉方法得到下式:

$$y_{i+1}=y_i+\frac{1}{2}(k_1+k_2)\Big\}$$
$$k_1=hf(x_i,y_i) \quad\quad (8-20)$$
$$k_2=hf(x_i+h,y_i+k_1)\Big\}$$

凡满足条件式形如公式(8-20)的计算格式,统称为二阶龙格-库塔格式,因此改进的欧拉格式是众多的二阶龙格-库塔法中的一种特殊格式。二阶龙格-库塔是显示单步式,每前进一步需要计算两个函数值。

三、救生对象漂移特性分析

海上常见的搜救目标有落水人员、无动力渔船、救生筏等,本书中的救生对象对落水人员和救生艇。这些物体在海上的漂移轨迹是海面风、浪、流、浮力等合力的表现。由于波浪对漂浮物的作用十分复杂,且机理尚不清楚,因此本书中认为救生对象的漂移由风致漂移和流致漂移线性叠加而成,并且根据拉格朗日粒子追踪法确定漂移轨迹。

模型中的风致漂移速度和流致漂移速度经常采用经验公式计算,经验系数取值多根据实验结果来设定,通常认为流致漂移速度与流速相同,所以漂移特性中的风致漂移速度则是不同救生对象的主要特征。

美国海岸警卫队对常见的搜救目标进行大量的现场试验后发现,海上搜救目标的漂移方向并非与下风向完全一致,而是相对下风向左偏或右偏,且水上漂移物的风致漂移速度与海面 10 m 的风速基本上是线性相关的。

中国搜救研究起步较晚,根据近年来我国在东海、南海等海域的模拟人、救生艇等的漂移试验,分析总结得到落水人员、救生艇等漂移特性,主要特性如下:

1)同一地点的不同漂浮物,漂移方向和漂移速度有较大的差异,并且随着时间的推移,漂移速度和漂移方向的差异逐渐增大。

2)从实测风和流与实测轨迹的拟合关系来看,表面流在漂移物的漂移贡献系数为1.0。

3)风对漂移物的影响,主要体现在风压漂移系数上,不同类型的漂移物,风压漂移系数有很大的不同,模拟人和救生筏的风漂移系数分别为 0.01 和 0.07,即模拟人和救生筏的拟合公式为

$$\vec{U}_{人}=1.0\times\vec{U}_{表面流}+0.01\times\vec{U}_{风} \quad (8-21)$$
$$\vec{U}_{救生艇}=1.0\times\vec{U}_{表面流}+0.01\times\vec{U}_{风} \quad (8-22)$$

4)在波浪较大的情况下波浪能够对漂移轨迹产生明显的影响,漂移轨迹更加难以准确预测。

根据收集到的国内外实验结果,人员和救生筏的一些漂移参数见表 7-1,可见不同漂移物或者不同状态的漂移物的系数相差都很大,规律性较小。

表 7-1 人员和救生筏的漂移参数

类 型	人员水平状态 (穿救生衣)	人 员 (垂直状态)	救生筏 (选取小型平地船)
沿风向 a	1.71	0.48	3.15
沿风向 b	1.12	0	0
沿风向 e	3.93	8.3	2.2
Right a	1.36	0.15	1.29
Right b	−3.30	0	0
Right e	1.71	6.7	2.2
Lef a	−0.13	−0.15	−1.29
Left b	−2.65	0	0
Left e	1.62	6.7	2.2

第二节 海上搜寻区域计算方法和仿真

一、海上搜寻区域计算基本原理

在搜寻海面上的漂流物体时,我们面临的挑战是量化大量的未知因素,并且根据这些不确定因素估算出最可能的搜救区域。搜救的实施是要试图最大可能地取得成功概率(Probability Of Success,POS),这依赖于搜寻到目标的发现概率(Probability Of Detection,POD)和搜索区域成功预报概率(Probability Of Criticality,POC),它们之间的关系如下式:

$$POS = POD \times POC$$

POC 是优先搜救区域,即漂流物体最有可能在该区域。此处描述的业务化搜救模型计算出的搜救范围(POC)没有包括搜寻到目标概率,它是依赖于搜寻过程中的可用资源(如参与搜寻船只的数量和分布),区域的能见度以及其他外在因素。救援者从 POC 中获得信息,并利用他们的资源(POD)使 POS 最大化。除了扰动风漂系数和驱动场外,业务化模型还必须考虑到搜寻物初始位置的不定性。

上一节中介绍的风漂线性关系可叠加上表面流数据(预报值,实测值,或气候态中任一种可用的均可)来估算漂流物体的轨迹。然而,若干种不定性和误差将会使真实的和模型运算的轨迹随着时间而偏离。因此,我们要寻求概率密度分布函数在两个水平方向(经度和纬度)的展开。此处选择的方法是估计误差和不确定因素,并且通过扰动所有相关系数,进行蒙特卡罗集合预测。

本著作基于蒙特卡罗集合预测获取大量随机粒子的变化,并根据某一时刻的粒子位置信息确定随机粒子分布的最小外接矩形,此矩形即为根据漂移模型计算出来的搜救区域。之后将最小外接矩形分成若干网格,计算每一网格内的粒子分布概率,即为搜寻区域内不同的搜寻概率。

应用蒙特卡罗方法的首要条件是具备充足的环境数据,需要在研究海区具备完善的海洋环境预报机制,只有获取了海区的准确的海洋环境数据,才能使得算法的优越性得到充分体现。

具体算法步骤加下。

(1)模型计算时,首先生成 n 个初始位置满足事故位置分布的随机粒子,用以表示符合漂移试验的样本。

(2)对每个样本按照漂移模型进行计算,在第一步仿真步长时段,该样本受到流压的作用沿流压矢量方向漂移,同时受到风压作用,产生风压漂移,在未达到预测时间之前,重复上一步计算,每次使用当前所在位置海区时段风流数据更新计算数据,到达预测时间后得到该样本的最终漂移位置。

(3)对计算得到的粒子最终漂移位置进行统计,确定所有粒子的最小外接矩形。

(4)将外接矩形分成若干区域,统计遇险目标在该区域的包含概率,该概率等于区域粒子数与总粒子数之比,在整个区域内,所包含的粒子数密集程度能够代表区域包含密度大小。

二、蒙特卡罗方法

蒙特卡罗(Monte Carlo)方法又称随机模拟(Random Simulation)方法,有时也称为随机抽样(Random sampling)技术或统计试验(Statistical Testing)方法,是20世纪40年代美国科学家 Velleman 和 Von Neumann 首先应用于原子弹的研制并以摩纳哥世界闻名的赌城 Monte Carlo 命名的一种数值计算方法。蒙特卡罗方法由各种运用伪随机数来解决问题的技术组成。虽然解析解或数值解(若它们存在)优先于模拟解(因为前者是精确的或可以做到尽可能地精确的),但是仍有很多问题难于或不可能进行解析处理或数值处理,而只能进行模拟处理,海上搜救就属于这种问题。蒙特卡罗方法的基本思想是为求解数学、物理、工程技术以及生产管理等方面的问题,首先根据待求随机问题的变化规律,根据物理现象本身的统计规律,或者人为构造一个合适的概率模型或随机过程,使它的参数等于问题的解,然后通过对模型或过程的观察或抽样试验来计算所求参数的统计特性,最后给出所求解的近似值。依据是否涉及随机过程的性态和结果,用蒙特卡罗方法处理的问题可以分为两类:

第一类是确定性的数学问题。用蒙特卡罗方法解决这类问题的方法是,首先建立一个与所求解有关的概率模型,所求的解就是我们建立模型的概率分布或数学期望,然后对该模型进行随机抽样观察即产生随机变量,最后用其算术平均值作为所求解的近似估计。计算多重积分、求逆矩阵、解线性方程组、解积分方程、解某些偏微分方程边值问题等都属于这一类。

第二类是随机性问题。海上搜救中,搜寻目标在海上漂移的问题就属于随机性问题,这是因为搜寻目标在海面上不仅受到某些确定性因素的影响如重力、浮力,而且更多地受到随机性因素的影响如目标遇险的时间与地点、目标类型与形状、事发地附近的风场与流场等。对于这类问题,虽然有时可以表示为某些函数方程,并进而考虑用随机抽样方法求解。然而一般情况下不采用这种间接模拟的方法,而是采用直接模拟的方法,即用计算机进行抽样试验,直接模拟实际物理情况的概率过程,得到问题的解答。

无论它是随机性问题还是确定性问题,大多数随机模拟的目标都是考虑估计的一个概率或一个矩,如估计均方误差。换句话说,它们与一个期望或一个积分有关。假设对被积函数 g,积分区域为 $D \in \mathbf{R}^d$ 的积分。

$$I = \int_D g(x) \mathrm{d}x \qquad (8-23)$$

蒙特卡罗法计算或估计的基本步骤如下:

(1)将 I 改写成期望形式:

$$\int_D g(x)\mathrm{d}x = \int_D \frac{g(x)}{f(x)} f(x) \mathrm{d}x = E(h(x)) \qquad (8-24)$$

其中:$h(x) = g(x)/f(x)$,随机变量 X 的概率密度函数为 $f(x)$,$f(x)$ 为适当选取的函数,在 $g(x)$ 的支撑上大于 0。

(2)在计算机上产生一组(伪)随机数 $x_1, x_2, \cdots x_n$,它们独立分布,且来自 $f(x)$ 对应的分布。

(3)用 $\hat{I}_N$ 来估计 I。

$$\hat{I}_N = \frac{1}{N} \sum_{i=1}^{N} h(x_i) \qquad (8-25)$$

$\hat{I}_N$ 称为 I 的(朴素)蒙特卡罗估计。

(一)蒙特卡罗方法的收敛性和误差

根据概率论中的强大数定理,蒙特卡罗法的估计值 $\hat{I}_N$ 依概率收敛于 I,即 $\hat{I}_N$ 满足下式:

$$P(\lim_{N \to \infty} \hat{I}_N = I) = 1 \qquad (8-26)$$

充分必要条件是随机变量 $h(x)$ 满足下式的条件:

$$E(|h|) = \int |h(x)| f(x) \mathrm{d}x < \infty \qquad (8-27)$$

下面讨论蒙特卡罗估计 $\hat{I}_N$ 与真值 I 之间的统计误差问题。由中心极限定理可知,只要随机变量 $h(x)$ 的方差 σ^2 有限且非零,则对任意 $c \geq 0$,都有

$$\lim_{N \to \infty} \left\{ \frac{\sqrt{N}}{\sigma} | \hat{}_N - 1 | < c \right\} = \frac{1}{\sqrt{2\pi}} \int_{-c}^{c} \exp\left(\frac{-x^2}{2}\right) \mathrm{d}x \qquad (8-28)$$

因此,当 N 足够大时,可以认为近似等式成立,如下式所示:

$$P\left\{|\hat{I}_N - I| < \frac{c_a\sigma}{\sqrt{N}}\right\} \approx = \frac{1}{\sqrt{2\pi}}\int_{-c_a}^{c_a}\exp(\frac{-x^2}{2})\mathrm{d}x = 1-\alpha \qquad (8-29)$$

其中：α 为置信度；$1-\alpha$ 为置信水平。因此，可以根据问题的要求确定置信水平，利用正态分布来确定 c_a。从而得到蒙特卡罗估计 $\hat{I}_N$ 与真值之间的误差为

$$|\hat{I}_N - I| < \frac{c_a\sigma}{\sqrt{N}} \qquad (8-30)$$

式中的正态差 c_a 与置信度 α 是一一对应的，其对应关系可用标准正态分布表计算：

$$= \frac{1}{\sqrt{2\pi}}\int_{-c_a}^{c_a}\exp(-\frac{1}{2}t^2)\mathrm{d}t = 1-\frac{\alpha}{2} \qquad (8-31)$$

通常取 c_a 为 0.674 5,1.96 或 3，相应的置信水平 α 依次为 0.5,0.95 或 0.997。

分析公式(8-30)可知，蒙特卡罗方法的误差与 σ 和 N 有关。为了减小误差，就应当选取最优的随机变量，使其方差最小。对于同一个问题，往往会有多个可供选择的随机变量，这时就应该择优而用之。在 σ 固定时，增加抽样次数 N 可以有效地减少误差。如果抽样次数增加 100 倍，精度提高 10 倍。当然这样做就增加了计算机的计算时间，降低了计算效率。因此在考虑蒙特卡罗方法的精度时，不能只是简单地减少方差和增加模拟次数，还要兼顾计算效率。

（二）随机数的产生

均匀随机数的产生是蒙特卡罗方法的基础。通常，将[0,1]均匀分布随机数简称为随机数，用它来产生其他分布的随机数。用 U 表示[0,1]上的均匀分布的随机变量 u 或 u_i，将数列 $x_1,x_2,\cdots,x_n$ 表示为 $\{x_i\}_{i=1}^n$，而 $\{x_i\}_{i=1}^\infty$ 则表示无穷数列。产生随机数的目标就是获得一列 $u_1,u_2,\cdots,u_n$，使其看起来像是来自 $U(0,1)$ 的独立同分布的随机变量观测值。产生随机数的数学方法很多，本书采用线性同余法，下面简要介绍一下线性同余法生成随机数的过程。

用线性同余法(Linear congruential)产生随机数，使用递推公式表示为

$$x_{n+1} = \lambda x_n + c(\mathrm{mod}M)(n=0,1,2,\cdots) \qquad (8-32)$$

其中：x_0 为初值；λ 为乘子；c 为增量；M 为模，这些都是非负整数，而且 λ,c 及 $x_n(n=0,1,2,\cdots)$ 都小于 M。若果 $c\neq0$，则称式(8-32)为混合线性同余法。若 $c=0$，则称式(8-32)为乘同余法。式(8-32)中的 x_{n+1} 是 $\lambda x_n + c$ 被 M 整除后的余数，称为 x_{n+1} 与 $\lambda_n + c$ 对模的同余。由于 $x_n < M$ 了，从而 $u_n = x_n/M$ 就是[0,1]上的随机数列。

实际上任一迭代公式，如公式(8-33)。

$$X_{n+1} = f(x_n) \qquad (8-33)$$

只要满足条件 $0 < x_n, x_{n+1} < M$，则由它所产生的数列必具有周期性，即这个数列到一定长度后，就要出现重复循环。循环的长度称为周期，记为 T，亦即对于任意的 $n < T$，$x_{n+1} < M$ 成立。显然小于或等于 M。如果 $T = M$，便可以得到一个全周期。因而对于一个随机数发生器来说，只要其产生的随机数的周期充分长，它就能够具有在[0,1]上均匀分布及相互独立的随机变量所需的各种统计性质。这样，从统计模拟来看，可以把它们作为真正的随机数使用。

三、集合轨迹预测

漂浮物在海面上的漂移运动是其在海面风、流以及波浪力联合作用的结果。从理论上讲,如果能够准确地确定漂浮物遇难时的初始位置、初始时间,并且提供足够的关于漂浮物体的外形、浮性等资料,以及风、表层海流、波浪等数据,并进行正确的建模,即可以准确地计算任意漂浮物的漂移轨迹,然而由于实际漂浮物的形状不可避免地存在不规则性,漂移轨迹就很难准确的确定。在实践中,因为漂浮物不规则的几何外形很难准确计算,漂浮物的初始位置和遇难时间也不易准确确定,海面风、浪、流的观测或模拟结果也会出现或多或少的误差,显然,漂浮物运动轨迹的计算将包含大量不确定因素的计算,与其计算漂浮物精确的运动轨迹,不如探究其最可能存在的空间分布函数,因此本著作引入蒙特卡罗模拟法。

在本著作建立的漂移模型中,蒙特卡罗方法的基本思想是将漂浮物定义为单个粒子,把粒子的运动轨迹看作是一个随机过程,本著作假设漂浮物的位置表现为一个马尔科夫过程,即漂浮物未来状态的概率密度函数仅依赖于漂浮物当前所处的外力状态,而与物体到达当前状态的特殊过程无关,如下式:

$$p(x_{t+1}|x_t,x_{t-1},x_{t-2},\cdots,x_1)=p(x_{t+1}|x_t) \tag{8-34}$$

随机漂移过程用下式表达:

$$\mathrm{d}x=V(x,t)\mathrm{d}t+\mathrm{d}\epsilon \tag{8-35}$$

式中,x 为漂浮物的位置;V 为漂浮物在外力作用下的速度函数;$\mathrm{d}\epsilon$ 为具有零均值和已知方差的代表漂浮物自身特性以及外力(风和流)的不确定性。水流扰动对搜寻区域的确定影响较小,随机扰动项 $\mathrm{d}\epsilon$ 仅考虑风致漂移的作用。

对漂浮物在一个位置向下一个位置的转移概率进行建模,在同一规则下,大量复制这些粒子,并假设这些粒子的运动是互不相关的,那么根据这些粒子在 Δt 时间后的分布所具有的统计属性,即可分析出漂浮物漂移的概率区域,随着模拟次数的增多,漂浮物的概率区域会更准确,但同时会增加计算量,计算过程中应协调计算精度和计算效率的关系。尽管各个粒子的运动轨迹各不相同,但是在统计学上各粒子的分布具有一定的规律,漂移模型中蒙特卡罗方法原理如图 8-4 所示。

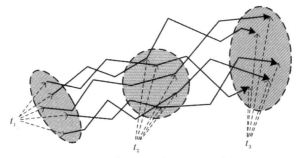

图 8-4　蒙特卡罗方法原理示意图

(一)目标初始位置的概率分布扰动

漂移物初始位置(Last Know Position,LKP)是漂移轨迹预测准确与否的基础,在海上事故中,往往存在落水时间和落水地点的不确定性,为尽可能真实地根据可获取的信息获得海面漂移物的初始位置,可根据漂移预测的初始时间或时间范围,位置范围生成大量在初始搜索范围内随机分布的漂移质点。

设变量 $\vec{Ori}^m = \{X^m, Y^m\}$,$X^m$,$Y^m$ 分别对应于目标遇险时间和遇险位置的扰动,两者的扰动振幅根据失事实际信息进行选择,它们共同决定了漂移轨迹预测模型中的粒子初始分布。针对常见三种失事场景的三种粒子初始分布的扰动形式如下。

(1)圆形分布,在有明确的初始时间和经纬度位置的情况下,对遇险位置 $\vec{Ori}$ 进行扰动,形成粒子初始分布半径,假定搜救目标以给定的遇险时间,在上述分布半径内开始漂移(见图 8-5)。

图 8-5 圆形分布

(2)大圆线性分布:当遇险目标落水时间在某段时间范围内,而落水位置不确定,但可确定落水位置位于某条直线上时,对遇险时间 T 和遇险位置 $\vec{Ori}$ 同时进行扰动,初始搜索范围定义为大圆线性分布(见图 8-6)。

图 4-6 大圆线性分布

（3）圆锥形分布：当遇险目标失事前某个时刻的位置已知，遇险时间和位置不确定时，定义遇险位置位于一个圆内，且圆的半径随着遇险时间 T 的推移而逐渐变大。对遇险时间 T 和遇险位置 $\overrightarrow{Ori}$ 分别进行扰动，且 $\overrightarrow{Ori}$ 扰动振幅与遇险时间正相关（见图 8 - 7）。

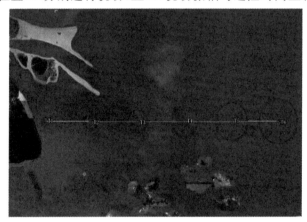

图 8 - 7　圆锥形分布

（二）风致漂移模型系数的扰动

在实际漂移物的漂移计算中，由于漂移物形状的不规则性、风场的不稳定性、海面状况的复杂性等等，使得风致漂移的速度难以通过理论研究的方法获得可用的结论。因此通过试验的方法获得风与漂移速度之间的关系成为一种有效的途径。

顺风方向分量 L_d（DWL）和侧风方向的分量 L_c（CWL）关系式为

$$L_d = a_d W_{10} + b_d \tag{8-36}$$
$$L_c = a_c W_{10} + b_c \tag{8-37}$$

式中：a 为拟合的斜率系数；b 为偏移系数。它们可看作是在一个范围内分布，即

$$a_n = a + \varepsilon_n / 20 \tag{8-38}$$
$$b_n = b + \varepsilon_n / 2 \tag{8-39}$$

式中：$n = 1, 2, \cdots, N$ 为设置的线性关系式个数，ε_n 为满足正态分布的随机扰动项。考虑风致漂移系数的扰动后，漂移速度与风速的关系如图 8 - 8 所示。

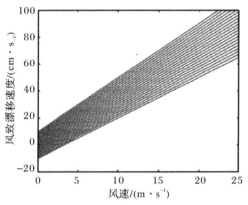

图 8 - 8　风致漂移速度与风速关系示意图

风致漂移速度 L_n 可通过不同方向斜率、偏移量和扰动等参数来计算,如下:

$$L_n = (a + \varepsilon_n/20)W_{10} + (b + \varepsilon_n/2) \tag{8-40}$$

式中:W_{10} 为海面 10 m 风速;a 代表 3 个参数沿风方向、风右侧、风左侧的斜率;b 代表沿风方向、风右侧、风左侧的偏移量;ε_n 代表沿风方向、风右侧、风左侧的统计波动(见图 8-9)。

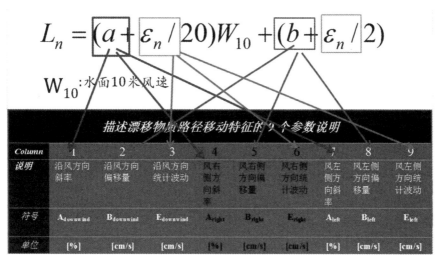

图 8-9 风致漂移各参数意义

(三)风和流的扰动项

风场预报和流场预报存在预报误差,以风场为例,为考虑由于风预测误差带来搜救范围误差,认为风速误差扰动项 u' 服从圆正态分布,如下:

$$u' \equiv (u'_n, v'_n) \in N(0, \sigma_w) \tag{8-41}$$

$$W_n \equiv \| W_{10} + u'_n \| \tag{8-42}$$

风漂分量的集合变成如下:

$$L_n = a_n W_n + b_n, \quad n = 1, \cdots, N \tag{8-43}$$

此外,顺风向和垂直风向方程有相同的推导,为简便去掉用于区分这两者的下标。扰动项 u'_n 在时间上不相关。

四、确定搜寻区域和概率

(一)网格确定

本程序首先需要确定的粒子集对应的最小矩形区域,确定该矩形至少需要三个矩形顶点或者两条相互垂直的矩形边。得到矩形区域后,将矩形长宽两边分别进行等分(以十等分为例),形成若干个子网格(10×10)。

1.最小矩形区域确定

(1)本程序首先以粒子集中距离最远的两个点(见图 8-10 中 pts1 和 pts2)作为矩形的一条参照直线。首先对粒子集各点距离进行遍历和排序。

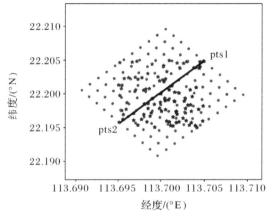

图 8-10　粒子集中最远距离两点

（2）得到一条参照直线后，将粒子集分成两部分，如图 8-11 所示，粒子被分为在直线不同侧的两部分（分别用绿色和蓝色点表示），分别计算两侧粒子距离直线最远的粒子分别为 pts3 和 pts4。

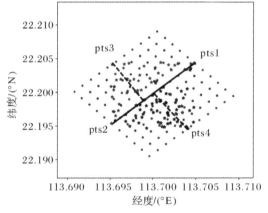

图 8-11　最小矩形参照点计算

（3）根据 pts1～pts4 即可以确定最小矩形区域的 4 个顶点(1,2,3,4)，如图 8-12 所示。

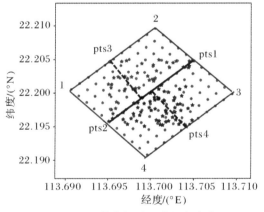

图 8-12　最小矩形区域顶点确定

2. 搜寻区域子网格确定

得到矩形区域后,将矩形长宽两边分别进行等分(以十等分为例),形成若干个子网格(10×10),如图 8-13 所示。

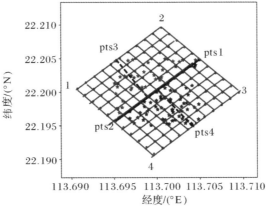

图 8-13　子网格确定

(二)子网格搜寻概率计算

本程序得到若干子网格后,同时也得到了各个子网格的 4 个顶点坐标,分别在每个子网格中对粒子集的分布情况进行遍历,使用 if_inPoly 函数对粒子是否在该子网格中进行判断,并统计所有该子网格中粒子的个数计为 num,使用 num/总粒子个数即得到当前子网格的搜索概率 POC(见图 8-14)。

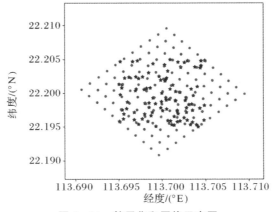

图 8-14　粒子集和网格示意图

第三节　海上搜寻区域计算模型检验

一、检验评估方法

根据《海上搜救目标漂移预测模型检验评估方法》,对模型预报的漂移物距离误差和角度误差进行统计,以此检验模型的可靠性。

如图 8-15 所示，图 8-15 中：A 为预报位置；B 为观测位置；线段 AB 为距离误差，单位为 km；角 AOB 为角度误差，单位为°。

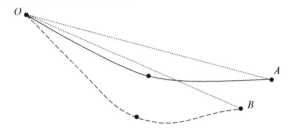

—●— 预报漂移轨迹 --●-- 观测漂移轨迹

图 8-15 海上搜救预测模型检验评估指标示意图

(一)漂移轨迹距离误差

距离误差指对应时刻海上目标预报位置与观测位置间的距离，单位为 km，图 8-15 中距离误差为线段 AB，计算公式为

$$DE_{AB} = R \cdot \cos^{-1}(\sin y_A \sin y_B + \cos y_A \cos y_B \cos|x_A - x_B|) \qquad (8-44)$$

式中：DE_{AB} 是 AB 距离误差(km)；x_A 和 y_A 是 A 点经纬度；x_B 和 y_B 是 B 点经纬度；R 是地球半径(km)。

(二)漂移轨迹角度误差

角度误差是指海上目标漂移预测漂移方向与观测漂移方向之间的角度(°)，正值表示预报漂移方向在观测漂移方向的顺时针方向，负值表示预报漂移方向在观测漂移方向的逆时针方向。图 8-15 中 $\angle AOB$ 计算见公式(8-45)。

$$AE_{AOB} = \cos^{-1} \frac{(x_A - x_0)(x_B - x_0) + (y_A - y_0)(y_B - y_0)}{\sqrt{(x_A - x_0)^2 + (y_A - y_0)^2} \cdot \sqrt{(x_B - x_0)^2 + (y_B - y_0)^2}} \qquad (8-45)$$

式中：AE_{AOB} 是 AOB 角度误差(°)；x_A 是 A 点经度(°)；y_A 是 A 点纬度(°)；x_B 是 B 点经度(°)；y_B 是 B 点纬度(°)；x_0 是 O 点经度(°)；y_0 是 O 点纬度(°)。

二、浮标检验

(一)2011 年浮标检验

利用 2011 年南海搜救演习中的浮标对搜救模型进行检验。该浮标对海面 5.1 m 以下的海流进行了观测，某项目组获取了 2011 年 5 月 22 日 09 时 39 分至 5 月 23 日 10 时 0 分的海流观测资料和浮标位置信息。

浮标在 5 月 22 日 10 时的位置为 108°23.881′，因此我们假设漂移物体初始位置也是这个位置，因为没有对应的风场观测资料，所以仅对漂移物体在海流的作用下的漂移轨迹进行了 25 h 的计算。

模型具体配置参数如下：

(1)计算范围：东经 107°～109°；北纬 17°～19°。

(2)计算时间：2011 年 5 月 22 日 10 时至 2011 年 5 月 23 日 10 时。

(3)流漂系数:1.0;风漂系数:0。

(4)时间步长:10 min。

(5)计算结果见图 8-16,误差统计如表 8-2 所示。

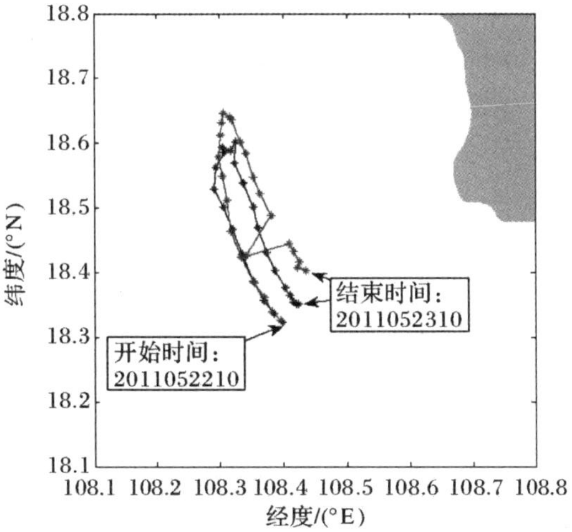

图 8-16 南海浮标实际轨迹(红线)和搜救模型计算轨迹(蓝线)

表 8-2 误差统计表

	6 h 误差	12 h 误差	24 h 误差	48 h 误差
距离误差/km	0.4	6.4	6.2	—
相对初始位置角度误差/(°)	1.3	1.0	26.5	—

可以看出,模型对前 6 h 的预测结果准确度很高,距离误差为 0.4 km,角度误差为 1.3°。随着时间的累积,误差逐渐增大,尤其是在 12 h 处浮标轨迹发生突然变向,随后误差明显增大,12 h 处距离误差和角度误差分别为 6.4 km 和 1.0°。24 h 预测的距离误差和角度误差分别为 6.2 km 和 26.5°。

分析导致误差的原因,一是海流观测时间有的并非整点观测,比如 5 月 22 日 12 时 55 分,模型输入时认为是 13 时,存在一定误差。二是因为缺少资料,本次检验未考虑风的作用,对计算结果有一定影响。三是流场资料以点代面,对计算结果有一定影响。四是模式误差。

(二)2016 年浮标检验

利用 BH20161013_0 号定点浮标观测的海流和风数据及 BH20161013_1 号漂移浮标的位置信息,对搜救模型进行检验。BH20161013_0 号定点浮标对 2016 年 10 月 13 日 03 时至 10 月 13 日 16 时的海流和风进行了观测,对应的 BH20161013_1 号漂流浮标记录了漂移位置信息。

浮标在 10 月 13 日 03 时的位置为东经 120.5436°和北纬 35.8635°,因此我们假设漂移物体初始位置也是这个位置,对漂移物体在海流和风的作用下的漂移轨迹进行了 13 h 的计算。模型具体配置参数如下:

(1)计算范围:东经 120°～121°;北纬 35°～36°。

(2)计算时间:2016年10月13日03时至2016年10月13日16时。

(3)流漂系数:1.0;风漂系数:0.015。

(4)时间步长:10分钟。

(5)计算结果如图8-17所示,误差统计如表8-3所示。

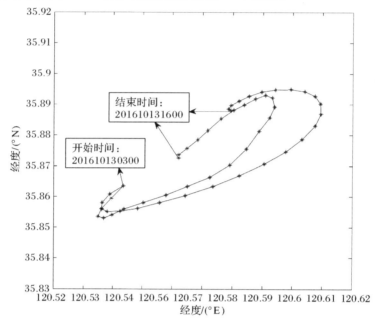

图8-17 BH20161013_1号浮标实际轨迹(红线)和搜救模型计算轨迹(蓝线)

表8-3 误差统计表

	6h 误差	12h 误差
距离误差/km	1.4	2.7
相对初始位置角度误差/°	1.6	0.9

可以看出,浮标在04:30和10:00存在转向运动,给模型计算带来了一些误差。模型6h和12h的预测结果距离误差分别为1.4km和2.7km,角度误差分别为1.5°和0.9°。分析导致误差的原因,一是两个浮标之间有一定距离,近似认为漂流浮标处的海流和风等于定点浮标,存在一定误差。二是模式误差。

三、救生对象海上搜寻区域分析仿真验证

利用BH20200201_0号定点浮标观测的海流和风数据及BH20200201_1号漂移浮标的位置信息,对搜救模型进行检验。BH20200201_0号定点浮标对2020年2月1日01时至2月2日01时的海流和风进行了观测,对应的BH20200201_1号漂流浮标记录了漂移位置信息。

浮标在2月1日01时的位置为东经115°14′14″和北纬22°16′02″,因此假设漂移物体初始位置也是这个位置,对漂移物体在海流和风的作用下的漂移轨迹进行了24h的计算,如图8-18所示。模型流漂系数为1.0,风漂系数为0.015。

表7-4给出了24 h过程中搜寻目标的预测位置、实际位置、距离误差、预测分布面积以及在预测分布区域中是否包含目标的信息。

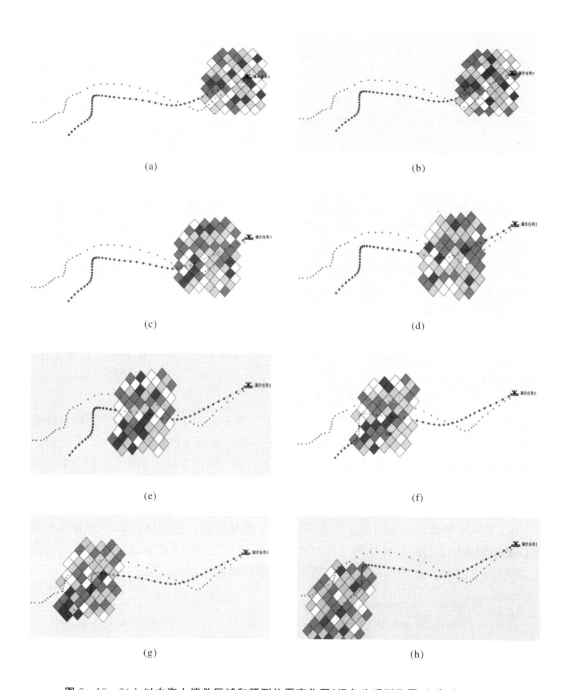

图8-18 24 h 以内海上搜救区域和预测位置变化图(绿色为观测位置,红色为预测位置)

(a)第1时搜寻区域;(b)第2时搜寻区域;(c)第4时搜寻区域;(d)第6时搜寻区域;

(e)第10时搜寻区域;(f)第12时搜寻区域;(g)第18时搜寻区域;(h)第24时搜寻区域

表 8 - 4　目标搜寻区域和位置信息

时 间	预测位置	实际位置	距离误差	搜寻面积	包含目标
1	1151348E221551N	1151400E221539N	500 m	69 km²	是
2	1151254E221526N	1151307E221513N	600 m	69 km²	是
3	1151200E221504N	1151215E221441N	800 m	70 km²	是
4	1151115E221444N	1151134E221410N	1 200 m	73 km²	是
5	1151034E221425N	1151050E221342N	1 400 m	73 km²	是
6	1150956E221409N	1151032E221322N	1 800 m	73 km²	是
7	1150915E221400N	1151012E221344N	1 800 m	73 km²	是
8	1150809E221357N	1150842E221415N	1 100 m	66 km²	是
10	1150622E221416N	1150540E221512N	2 100 m	65 km²	是
12	1150431E221428N	1150305E221544N	3 300 m	65 km²	是
18	1150229E221341N	1145940E221435N	5 000 m	66 km²	是
24	1150042E221143N	1145531E221206N	8 700 m	68 km²	否

定义海上搜寻区域目标包含概率为预测搜寻区域内包含真实搜寻目标的概率,从上述表格和图中可知,随着时间推移目标预测位置误差越大,计算得出的区域中包含目标的概率越小。考虑到海上人员搜救的一般需要在落水后 24 h 内完成,24 h 后几乎没有成功救援的可能,因此我们定义海上搜寻区域的平均目标包含概率计算方法为:平均目标包含概率=24 h 内搜寻区域包含目标的次数(每小时计 1 次)/24。在上述仿真验证中,第 23 h、24 h 搜寻区域的位置误差变大,目标真实位置没有在计算所得的搜寻区域中,因此,仿真验证得到的目标包含概率为 95.8%。

在海上搜寻过程中,在未给出目标可能分布区域的前提下,惯用的做法是以目标最后报告位置为中心,使用扩展方形航线进行搜寻。假定搜救飞机在目标遇险后 2 小时抵达搜救区域执行任务,假定天气条件良好,搜寻的扫视宽度为 500 m。图 8-19(a)为搜寻区域未知情况下,从目标最后报告位置开始,从开始搜寻到成功发现目标共需搜寻 21 000 m²;图 8-18(b)为将预测位置作为搜寻起点,从开始搜寻到成功发现目标共需搜寻 3 000 m²,搜寻区域减少 85%。综上所述,通过历史数据分析方法进行验证,本节给出的目标位置未知条件下的搜寻区域的目标包含概率大于 90%,在计算给定搜寻区域的前提下,能够减少搜寻区域 20% 以上,对快速发现遇险目标有很好的支撑。

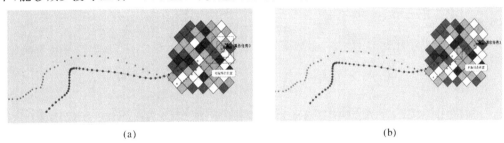

(a)　　　　　　　　　　　　　　　　(b)

图 8-19　两种不同起点的搜寻区域分析

(a)以最终报告位置为起点搜寻;(b)以预测位置为起点搜寻

第四节 海上流场模拟方法

一、流场数值模型

本著作所用的模式是由美国麻省大学和 Woods Hole 海洋研究所联合研发的近海水动力环境预报模式——FVCOM(Finite‑Volume Coastal Ocean Model)模式,如图 8 - 20 所示。针对近海和河口潮汐环流,FVCOM 模式最大的特色和优点是结合了有限元法易拟合边界、局部加密的优点和有限差分法便于离散计算海洋原始方程组的优点。有限元法采用三角形网格,给出线性无关的基函数,求其特定系数,特点是三角形网格易拟合边界、局部加密;而有限差分法直接离散差分海洋原始方程组,特点是动力学基础明确、差分直观、计算高效。FVCOM 兼有两者的优点,数值计算采用方程的积分形式和更好的计算格式,使动量、能量和质量具有更好的守恒性,用干湿判断法处理潮滩移动边界,应用 Mellor 和 Yamada 的 2.5 阶湍流闭合子模型使模式在物理和数学上闭合,垂向采用 σ 变换来体现不规则的底部边界,外膜和内膜分裂以节省计算时间。

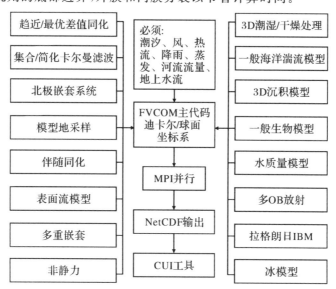

图 8 - 20 FVCOM 模型功能结构图

该模式还具有以下几方面的主要特征。

(1)应用一个湍封闭模型来提供垂直混合系数。

(2)垂向应用 Sigma 坐标以更好地拟合底地形。

(3)水平采用正交曲线网格和交错"C"网格,可以较好地匹配岸界。

(4)水平和时间差分格式为显式,垂直差分格式为隐式。

(5)内外模态分开计算。外模态是二维的,时间步长较短,内模态是三维的,计算时间步长较长。

(6)包含完整的热力学方程组。

(7)包含了一套物质扩散输运和拉格朗日追踪子模块。

大亚湾海域水深较浅,地形复杂,岸线曲折多变,岛屿众多,对于这样的海域,使用 FVCOM 进行数值模拟是合适的。

二、模式算法

(一)原始方程组

FVCOM 模式海洋原始控制方程组由动量方程、连续方程、密度方程、温度方程和盐度方程组成,如下式所示:

$$\frac{\partial u}{\partial x}+\frac{\partial v}{\partial y}+\frac{\partial w}{\partial z}=0 \tag{8-46}$$

$$\frac{\partial u}{\partial t}+u\frac{\partial u}{\partial x}+v\frac{\partial v}{\partial y}+w\frac{\partial w}{\partial z}-fv=-\frac{1}{\rho}\frac{\partial p}{\partial x}+\frac{\partial}{\partial z}(K_m\frac{\partial u}{\partial z})+Fu \tag{8-47}$$

$$\frac{\partial u}{\partial t}+u\frac{\partial u}{\partial x}+v\frac{\partial v}{\partial y}+w\frac{\partial w}{\partial z}+fu=-\frac{1}{\rho}\frac{\partial p}{\partial x}+\frac{\partial}{\partial z}(K_m\frac{\partial u}{\partial z})+Fv \tag{8-48}$$

$$\frac{\partial p}{\partial z}=-\rho g \tag{8-49}$$

$$T = \text{const} \tag{8-50}$$

$$\frac{\partial s}{\partial t}+u\frac{\partial s}{\partial x}+v\frac{\partial s}{\partial y}+w\frac{\partial s}{\partial z}=\frac{\partial}{\partial z}(K_k\frac{\partial s}{\partial z})+F_s \tag{8-51}$$

$$\rho=\rho(T,S) \tag{8-52}$$

以上公式中,x 为直角坐标系中东向坐标,y 为北向坐标,z 为垂直方向的坐标;u 是 x 方向上的速度分量,v 是 y 方向上的速度分量,w 是 z 方向上的速度分量;g 为重力加速度;ρ 为密度;S 为盐度;θ 是位温;P 为压强;f 是科氏力参数;K_m 和 K_h 分别为垂向涡动黏性系数和热力学垂向涡动摩擦因数。F_u 和 F_v 是水平动量扩散项,F_θ 代表温度扩散项,F_S 代表盐度扩散项。

(二)sigma 坐标下的海洋控制方程组

模式中采用垂向 sigma 坐标变换。sigma 坐标变换通过下式定义。

$$\delta=\frac{z-\zeta}{H+\zeta}=\frac{z-\zeta}{D} \tag{8-53}$$

其中取值范围是 -1 到 0,在海底处 sigma 的值为 -1,到海面则取值为 0。上节中的海洋原始控制方程组式(8-46)～式(8-52)通过变换给出为

$$\frac{\partial\zeta}{\partial t}+\frac{\partial Du}{\partial x}+\frac{\partial Dy}{\partial y}+\frac{\partial\omega}{\partial\delta}=0 \tag{8-54}$$

$$\frac{\partial uD}{\partial t}+\frac{\partial u^2D}{\partial x}+\frac{\partial uvD}{\partial y}+\frac{\partial u\omega}{\partial\delta}-fvD=$$

$$-gD\frac{\partial \zeta}{\partial x}-\frac{gD}{\rho_0}\left[\frac{\partial}{\partial x}(D\int_\sigma^0 \rho d\sigma')+\sigma\rho\frac{\partial D}{\partial x}\right]+\frac{1}{D}\frac{\partial}{\partial \sigma}(K_m\frac{\partial u}{\partial \sigma})+DF_x \qquad (8-55)$$

$$\frac{\partial uD}{\partial t}+\frac{\partial uvD}{\partial x}+\frac{\partial v^2D}{\partial y}+\frac{\partial u\omega}{\partial \delta}-fvD=$$

$$-gD\frac{\partial \zeta}{\partial x}-\frac{gD}{\rho_0}\left[\frac{\partial}{\partial y}(D\int_\sigma^0 \rho d\sigma')+\sigma\rho\frac{\partial D}{\partial y}\right]+\frac{1}{D}\frac{\partial}{\partial \sigma}(K_m\frac{\partial u}{\partial \sigma})+DF_y \qquad (8-56)$$

$$\frac{\partial \theta D}{\partial t}+\frac{\partial \theta uD}{\partial x}+\frac{\partial \theta vD}{\partial y}+\frac{\partial \theta \omega}{\partial \delta}=\frac{1}{D}\frac{\partial}{\partial \sigma}(K_n\frac{\partial \theta}{\partial \sigma})+\hat{D}H+DF_\theta \qquad (8-57)$$

$$\frac{\partial SD}{\partial t}+\frac{\partial SuD}{\partial x}+\frac{\partial \theta vD}{\partial y}+\frac{\partial \theta \omega}{\partial \delta}=\frac{1}{D}\frac{\partial}{\partial \sigma}(K_n\frac{\partial S}{\partial \sigma})+DF_S \qquad (8-58)$$

$$\frac{\partial q^2 D}{\partial t}+\frac{\partial q^2 uD}{\partial x}+\frac{\partial q^2 vD}{\partial y}+\frac{\partial q^2 \omega}{\partial \delta}=2D(P_s+P_b-\varepsilon)+\frac{1}{D}\frac{\partial}{\partial \sigma}(K_q\frac{\partial q^2}{\partial \sigma})+DE_q \qquad (8-59)$$

$$\frac{\partial q^2 lD}{\partial t}+\frac{\partial q^2 luD}{\partial x}+\frac{\partial q^2 lvD}{\partial y}+\frac{\omega}{D}\frac{\partial q^2 \omega}{\partial \delta}=lE_1 D(P_s+P_b-\frac{\widetilde{W}}{E_1}\varepsilon)+\frac{1}{D}\frac{\partial}{\partial \sigma}(K_q\frac{\partial q^2 l}{\partial \sigma})+DE_l$$

$$(8-60)$$

$$\rho=\rho(\theta,S) \qquad (8-61)$$

水平扩散项定义为

$$DF_x\approx \frac{\partial}{\partial x}\left[2A_m H\frac{\partial u}{\partial x}\right]+\frac{\partial}{\partial y}\left[A_m H(\frac{\partial u}{\partial y}+\frac{\partial v}{\partial x})\right] \qquad (8-62)$$

$$DF_y\approx \frac{\partial}{\partial x}\left[A_m H\frac{\partial u}{\partial y}+\frac{\partial v}{\partial x}\right]+\frac{\partial}{\partial y}\left[2A_m H\frac{\partial u}{\partial y}\right] \qquad (8-63)$$

$$D(F_\theta,F_S,F_{q^2},F_{q^2 1})\approx \left[\frac{\partial}{\partial x}\left(A_h H\frac{\partial}{\partial x}\right)+\frac{\partial}{\partial y}\left(A_h H\frac{\partial}{\partial y}\right)\right](\theta,S,q^2,q^2 l) \qquad (8-64)$$

边界条件为,海面 $\sigma=0$ 处为

$$\left(\frac{\partial u}{\partial \sigma},\frac{\partial v}{\partial \sigma}\right)=\frac{D}{\rho_0 K_m}(\tau_{sx},\tau_{sy}),\omega=0,\frac{\partial \theta}{\partial \sigma}=\frac{D}{\rho c_p k_h}\left[Q_n(x,y,t)-SW(x,y,0)\right]$$

$$\frac{\partial S}{\partial \sigma}=\frac{S(P-E)D}{K_h \rho},q^2 l=0,q^2=B_1^{\frac{2}{3}}u_{\tau s}^2 \qquad (8-65)$$

海底 $\sigma=-1$ 处为

$$\left(\frac{\partial u}{\partial \sigma},\frac{\partial v}{\partial \sigma}\right)=\frac{D}{\rho_0 K_m}(\tau_{bx},\tau_{by}),\omega=0,\frac{\partial \theta}{\partial \sigma}=\frac{\partial S}{\partial \sigma}=0,q^2 l=0,q^2=B_1^{\frac{2}{3}}u_{\tau s}^2 \qquad (8-66)$$

(三)边界条件

为了使上述控制方程组闭合,需要给定一些海面、海底的边界条件,以及开边界条件和固体侧边界条件。

1. 海面边界条件

在自由起伏的海面 $z=\eta(x,y,t)$ 处,有方程组:

$$\rho_0 K_M(\frac{\partial U}{\partial z},\frac{\partial V}{\partial z})=(\tau_{ox},\tau_{oy}) \qquad (8-67)$$

$$\rho_0 K_H(\frac{\partial \theta}{\partial z},\frac{\partial S}{\partial z})=(\dot{H},\dot{S}) \qquad (8-68)$$

$$q^2 = B_1^{\frac{2}{3}} u_{\tau s}^2 \qquad (8-69)$$

$$q^2 l = 0 \qquad (8-70)$$

$$W = U\frac{\partial \eta}{\partial x} + V\frac{\partial \eta}{\partial y} + \frac{\partial \eta}{\partial t} \qquad (8-71)$$

这里,(τ_{ox}, τ_{oy})是海表风应力矢量,大小为$u_{\tau s}$,由下式计算:

$$(\tau_{ax}, \tau_{oy}) = \rho_0 \rho_a C_D \sqrt{W_x^2 + W_y^2}(W_x, W_y) \qquad (8-72)$$

式中:ρ_a为海表面空气的密度;C_D为风拖曳系数。

2. 海底边界条件

在$z = -H(x,y)$可得到

$$\rho_0 K_M(\frac{\partial U}{\partial z}, \frac{\partial V}{\partial z}) = (\tau_{bx}, \tau_{by}) \qquad (8-73)$$

$$\frac{\partial \theta}{\partial z} = \frac{\partial S}{\partial z} = 0 \qquad (8-74)$$

$$q^2 = B_1^{\frac{2}{3}} u_{\tau b}^2 \qquad (8-75)$$

$$q^2 l = 0 \qquad (8-76)$$

$$W_b = -U_b\frac{\partial H}{\partial x} - V_b\frac{\partial H}{\partial y} \qquad (8-77)$$

式中:(τ_{bx}, τ_{by})为海底处的底摩擦应力矢量。

3. 固体侧边界条件

给定垂直于固体海岸的法向速度为零,并且不考虑海水与固体边界进行热盐交换。

4. 开边界条件

模式中存在外海开边界,本模式开边界上给定水位,可通过开边界处各主要分潮的调和常数预报得到公式(4-70)。

这里,a_i、w_i和φ_i分别是第i个分潮的振幅、频率和相位。E_{mean}是该点的余水位,其参考基点位于平均海平面。

另外,开边界流速可采用无梯度边界条件或辐射边界条件,温度和盐度则可采用无梯度边界条件或者出流区辐射入流区迎风对流格式。

(四)计算策略

本书模式在水平方向上采用可变化的无结构三角形网格,可以根据研究目的加密关心海域及主要流区,平衡模型网格分辨率与计算量之间的矛盾;垂直方向采用σ坐标变换,可以较好地拟合近海海域复杂的水下地形;数值方法采用有限体积法(finite-volume method),可以对自由表面的3维原始控制方程进行模拟,更好地保证模拟过程中质量的守恒;采用Mellor-Yamada 2.5层湍封闭方案用于计算垂直混合,采用Smagorinsky湍封闭模式用于计算水平混合。用积分的方式通过计算非重叠水平三角形控制体的通量来解控制方程,有限体积方法很好地将有限元(finite-element)方法可变网格的优点和有限差分方法简单的离散结构、高效的计算效率结合起来。另外,模型还具有3维干/湿网格处理模块,可以反映近海漫滩运动效应,并且模型采用(Single Processor Multiple

Data,SPMD)并行计算方法进行并行计算,处理器之间显式地通过消息传输接口(Message Passing Interface,MPI)进行通信,具有快速高效的计算效率。

三、模式配置

(一)计算区域

模式计算海域如图 8-21 所示,三角形网格很好地拟合岸线、岛屿的边界,一些岸界曲折的地方和岛屿附近都采用了较高的分辨率。计算区域内有 48 982 个节点,这些节点将计算区域分成 92 647 个互不重合的三角形单元。大亚湾附近海域分辨率最高可达 80 m,外海开边界处分辨率约 20 km,这样对非重点研究区域采用较低分辨率,减少了网格总数,大大节省了计算资源。图 8-21 和图 8-22 为大亚湾海域的网格配置,可以看出三角形网格非常好地匹配了岸线,能够精确地分辨出较大岛屿,满足项目技术指标。

(二)水深地形

计算区域近岸的水深来自海图水深,外海的水深来自美国国家大气和海洋局(http://www.ngdc.noaa.gov/)的 etop01 数据集,将两种水深进行标准化处理,并利用 ArcGIS 软件将水深进行拼接、融合,然后将水深插值到计算区域网格点上,图 8-23 为大亚湾海域的水深情况。

(三)边界条件

开边界上采用潮汐的调和常数进行强迫,计算采用 8 个分潮的调和常数:M_2、S_2、N_2、K_2、K_1、O_1、P_1、Q_1,所用的潮汐调和常数来自全球潮汐模式模拟结果。风场强迫来自 WRF 模式预报结果。运动学边界条件:固体岸边界处法向速度为零,在海面及海底有垂向速度为零。另外,热通量及太阳辐射等因素的影响较小,模式中未考虑。外模计算水位和垂向平均速度,时间步长为 1.0 s;内模计算三维速度、湍动能等,时间步长为 6 s,这种内外模分离技术也节省了计算时间。垂向分为 7 个 σ 层。

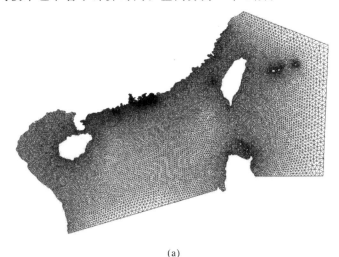

(a)

图 8-21 计算区域网格配置

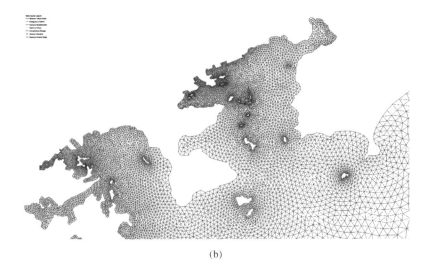

(b)

续图 8-21　计算区域网格配置

(a)配置(一);(b)配置(二)

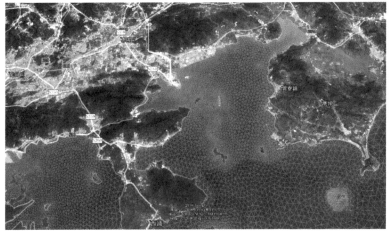

图 8-22　大亚湾附近网格及其与 Google earth 叠加显示

图 8-23　大亚湾海域水深情况

四、模式检验

(一)验潮站调和常数检验

模式计算得到计算范围内格点的水位时间序列,利用 MATLAB 程序包 t-tide 对其进行潮汐调和分析,并将分析结果插值到惠州海洋站位置处,再与惠州海洋站调和常数进行对比,模式结果中四个主要分潮 K_1、O_1、M_2、S_2 的振幅和迟角的绝对平均误差均较小,分别为 2.4 cm、2.1 cm、2.6 cm、1.0 cm 和 12.9°、5.9°、0.3°、0.5°。其中,振幅的绝对平均误差以 M_2 分潮最大,为 2.6 cm,相对误差约 7.4%;迟角的绝对平均误差以 K_1 最大,为 12.9°,约为 7.17%。总的来说本模式预报结果具有较高的精度,满足项目技术指标要求。它们之间的差异,一方面可能是由于网格点与验潮站之间的位置差异所造成的;另一方面可能是由于岸界变迁以及地形和水深的误差所致的;另外与边界处各分潮的调和常数精度等条件有关。

(二)天文潮检验

笔者收集了赤湾站和盐田站潮汐表(国家海洋信息中心编制)数据,并对系统预报的 2020 年 9 月份和 10 月份的天文潮进行检验,检验结果显示系统预报的天文潮与潮汐表相符度较高,在潮位和潮时方面都表现良好,说明系统能够较好地模拟天文潮过程。表 7-5 为天文潮预报误差统计结果,图 8-23 至图 8-26 为赤湾和盐田站 2020 年 9 月份和 2020 年 10 月份的天文潮对比曲线图。系统预报天文潮绝对平均误差为 12.4 cm,潮时误差为 18 min。

表 8-5 赤湾和盐田站天文潮误差统计

站 位	时 间	潮位误差		潮时误差 min
		绝对平均误差/cm	均方根误差/cm	
赤湾	2020 年 9 月	13.4	17.4	17
	2020 年 10 月	15.2	19.1	18
盐田	2020 年 9 月	10.5	13.4	18
	2020 年 10 月	10.6	13.4	20
平均		12.4	15.8	18

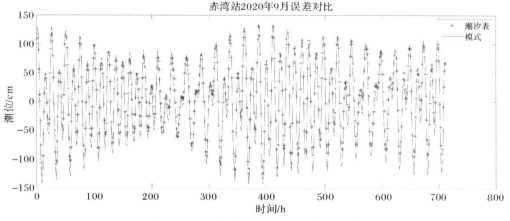

图 8-23 赤湾站 2020 年 9 月天文潮对比

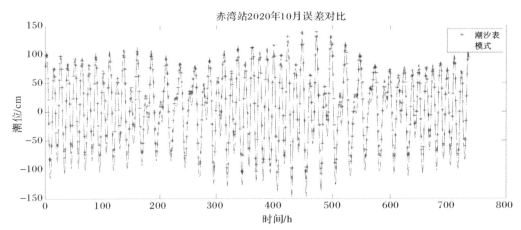

图 8-24　赤湾站 2020 年 10 月天文潮对比

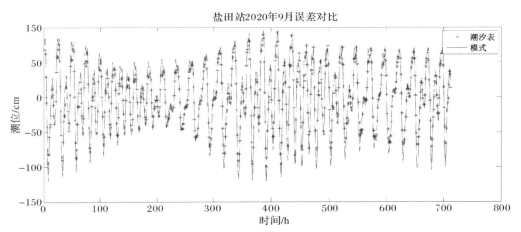

图 8-25　盐田站 2020 年 9 月天文潮对比

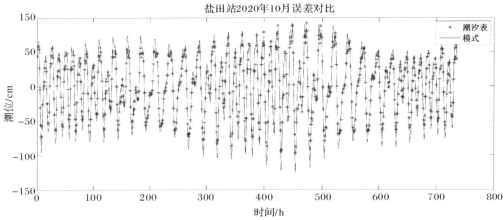

图 8-26　盐田站 2020 年 9 月天文潮对比

（三）海流检验

笔者组根据相邻海域的 10 号环境浮标（编号 28288）和 14 号环境浮标（编号 73198）2014 年 11 月的观测数据,对模式后报的海流进行检验,浮标位置见图 8-27。比较结果见图 8-28 和图 8-29。可以看出模拟的海和浮标观测的海流变化趋势基本相同,二者在流速、流向、转流等都基本一致,说明本模型能够满足海流模拟仿真的需要。对流速大于 0.5 m/s 时的流速流向误差进行统计,结果显示流速和流向误差分别为 18% 和 16%。

图 8-27　10 号和 14 号环境浮标位置图

（四）流场模拟结果展示

图 8-30 和图 8-31 为系统模拟的 2020 年 9 月 1 日涨潮时刻和落潮适合的流场。可以看出,大亚湾潮流较弱,涨潮流流向湾内,落潮流流向湾外,海流为具有一定旋转性的往复流,主要呈南-北方向。

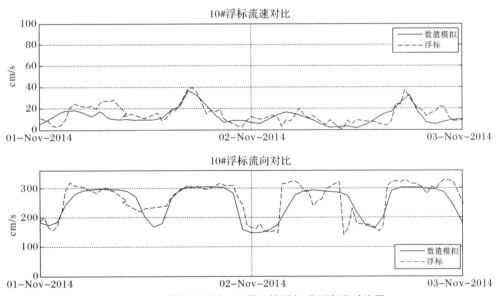

图 8-28　模拟结果与 10 号环境浮标观测海流对比图

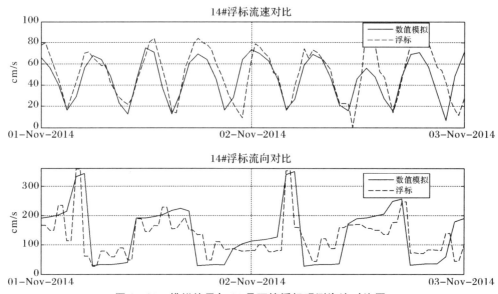

图 8-29 模拟结果与 14 号环境浮标观测海流对比图

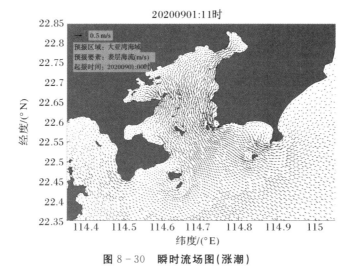

图 8-30 瞬时流场图(涨潮)

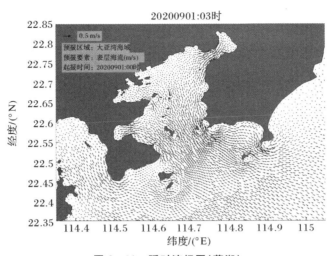

图 8 - 31　瞬时流场图(落潮)

(五)流场数据格式

模型所产生的流场数据为 NetCDF 格式,每天产生一个文件,比如 2021 年 1 月 4 日文件名称为 dayawan_2021010400. nc,文件大小为 148 MB。其中,需要读取的流速变量为 u(流速东分量)和 v(流速北分量),其格式为 64 803×6×48,如图 8 - 32 所示,64 803代表流速点的个数,6 代表分成 6 个层次(层次为 1 代表表层),48 代表有 48 h。需要读取的经纬度文件为 xy_cell. dat,该数据有两列,第一列为对应流速点的经度信息,第二列为对应流速点的纬度信息,也就是 u 第一个点 $u(1,1)$ 的经纬度为 109. 3138°E 和13. 26009°N,如图 8 - 33 所示。

```
u
   Size:       64803x6x48
   Dimensions: nele,siglay,time
   Datatype:   single
   Attributes:
               long_name = 'Eastward Water Velocity'
               units     = 'meters s-1'
               grid      = 'fvcom_grid'
               type      = 'data'
v
   Size:       64803x6x48
   Dimensions: nele,siglay,time
   Datatype:   single
   Attributes:
               long_name = 'Northward Water Velocity'
               units     = 'meters s-1'
               grid      = 'fvcom_grid'
               type      = 'data'
```

图 8 - 32　流速东分量和北分量

	xy_cell.dat				xy_cell.dat	
1	109.3188	13.26009		64776	114.7910	22.82766
2	109.3588	13.23868		64777	114.7699	22.82176
3	109.4105	13.28613		64778	114.7698	22.82310
4	109.4609	13.26806		64779	114.7710	22.82383
5	109.5127	13.31668		64780	114.7711	22.82499
6	109.5689	13.30017		64781	114.7725	22.82579
7	109.6202	13.35077		64782	114.7722	22.82698
8	109.6803	13.33422		64783	114.7728	22.82810
9	109.7324	13.38616		64784	114.7740	22.82835
10	109.7971	13.36883		64785	114.7744	22.82968
11	109.8501	13.42238		64786	114.7755	22.82981
12	109.9182	13.40492		64787	114.7688	22.82357
13	109.9721	13.46012		64788	114.7683	22.82479
14	110.0438	13.44232		64789	114.7687	22.82570
15	110.0987	13.49918		64790	114.7701	22.82575
16	110.1740	13.48105		64791	114.7707	22.82691
17	110.2300	13.53975		64792	114.7701	22.82782
18	110.3092	13.52132		64793	114.7707	22.82893
19	110.3666	13.58181		64794	114.7720	22.82914
20	110.4496	13.56296		64795	114.7725	22.83033
21	110.5112	13.62978		64796	114.7737	22.83062
22	110.5978	13.61060		64797	114.7680	22.82680
23	110.6655	13.67770		64798	114.7687	22.82777
24	110.7533	13.65372		64799	114.7682	22.82878
25	110.8225	13.72305		64800	114.7689	22.82984
26	110.9096	13.70035		64801	114.7700	22.82994
27	110.9796	13.77153		64802	114.7706	22.83098
28	111.0710	13.74824		64803	114.7718	22.83117
29	111.1415	13.82124		64804		

图 8-33　经纬度信息文件

第五节　风场模拟方法

一、模式简介

本节中高分辨率海面风场预报采用了动力与物理过程皆十分成熟的大气中尺度模式——WRF 模式,该模式将对以后在局部海域开展天气实时数值预报方面,具有十分重要的先行、探索与引导意义。

WRF 模式(Weather Research Forecast)是由许多美国研究部门及大学的科学家共同参与进行开发研究的新一代中尺度预报模式和同化系统。WRF 模式是一个完全可压、非静力模式,控制方程组都写为通量形式。垂直坐标采取地形追随的静力气压坐标。采用 Arakawa C 型水平和垂直交错网格,有利于在高分辨率模拟中提高准确性。时间积分采用完全时间分裂格式,外循环 Runge-Kutta 技术的较大时间步长,内循环为声波时间积分,可以允许较大的时间步长,在保证积分稳定性的情况下缩短计算时间。为了满足模拟实际天气的需要,该模式有一套物理过程及参数化过程,包括云微物理过程,积云对流参数化,长波辐射,短波辐射,边界层湍流,近地面层,陆面参数化,以及次网格湍流扩散。WRF 模式应用了继承式软件设计、多级并行分解算法、选择式软件管理工具、中间软件包结构。目前 WRF 模式水平网格精度现已能精确到 1 km 甚至更高,使得 WRF 模式成为改进从云尺度到天气尺度等不同尺度重要天气特征预报精度的工具。同时 WRF 模式拥有先进的资料 3 维变分同化技术(3DVAR),能充分有效地将各种资料信息同化到模式初始场中,为模式提供更高质量的初值,达到明显改进数值预报质量的目的。

该模式采用完全可压缩非静力欧拉方程组,水平网格采用 Arakawa C 网格,垂直坐标采用基于质量的地形追随 η 坐标, η 层可根据需要改变。模式框架包含大气变化的动力过程和物理过程,其中物理模式包括描述水汽相变和云物理过程的微物理模式,考虑次网格尺度上积云影响的积云参数化方案,包含从地面的简单热力过程模式到考虑雪面、海冰等影响的土壤和地面植被模式的多层陆面物理模式,运用 2 阶湍流闭合或非局地 K 闭合方案的行星边界层模式,考虑云和地面表层辐射的多频谱长波辐射方案和简单短波辐射方案的大气辐射模式。V3.1.1 版本中还增加了新的辐射方案——RRTMG,包括长波和短波辐射方案,其中长波辐射方案是由 MM5 中的 RRTM(Rapid Radiative Transfer Model)方案发展而来,RRTMG 还使用 MCICA(Monte Carlo Independent Cloud Approximation)技术来有效地描述次尺度(sub‑column)云的作用。此外增加了模式地形拖曳效应和高阶的边界层湍流闭合方案,并可在单区域模拟时采用可变的时间步长以缩短积分时间。

WRF 模式主要有以下几个模块组成:

(1)前处理模块(WRF Preprocessing System,WPS):在此模块中设定模拟的区域,把地形数据(本书应用 10 分和 2 分分辨率的地形数据)插值到模拟区域内,并把来自其他模式(如全球模式)的气象数据插值到模拟区域内。此模块的目的是为了模拟提供背景场。

(2)数据同化模块(WRF Data Assimilation,WRFDA):应用同化方案(本节研究中应用三维变分)同化站点观测、卫星、雷达等客观数据改善模拟所需的初始场和边界条件。此模块是可选的。

(3)数值模拟主程序模块(Advanced Reseauch WRF,ARW):生成模拟所需的初始背景场和时变侧边界条件,数值积分运算方程。

(4)后处理模块:对模式输出结果(NetCDF 格式文件)进行分析处理,图形展示等。

目前,WRF 模式的动力框架和计算方案都已经相当完善,对于中尺度天气现象的模拟有着较大的优势。其框架组成如图 8‑34 所示。

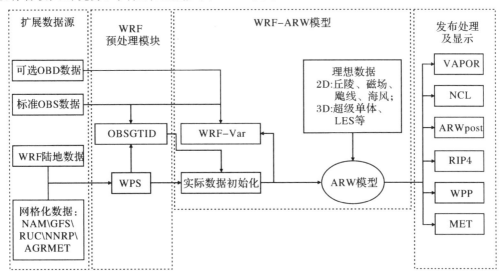

图 8‑34 WRF 预报系统流程框图

二、模式设置

本著作重点关注海域为大亚湾海域,但由于天气系统具有迁移性,所以 WRF 的模拟区域远远大于大亚湾区域。综合考虑区域与分辨率,WRF 模拟采用了三重嵌套技术,分辨率较粗的区域 D01(30 km)能够抓住整个影响东、南中国海的天气系统,而分辨率较高的区域 D02(10 km)是对中国南海近海的天气系统进行高分辨率的模拟再现,分辨率最高的区域 D03(3.3 km)则专门针对大亚湾海域进行了加密。区域设置见图 8 - 35。

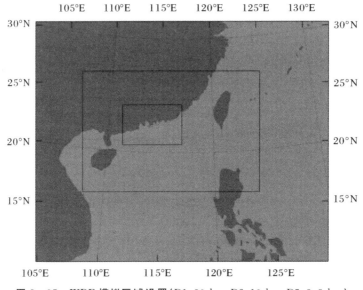

图 8 - 35　WRF 模拟区域设置(D1:30 km,D2:10 km,D5:3.3 km)

与水平分辨率相匹配,模式的垂直分辨率做了很大程度的调整,编写组设计了 44η 层(一般的模拟应用为 27 层)。它们的具体数值为:$\eta=$ 1.000 0,0.997 5,0.992 5,0.985 0,0.977 5,0.970 0,0.954 0,0.934 0,0.909 0,0.880 0,0.850 6,0.821 2,0.791 8,0.762 5,0.708 4,0.657 3,0.609 0,0.563 4,0.520 4,0.479 8,0.441 5,0.405 5,0.371 6,0.339 7,0.309 7,0.281 5,0.255 1,0.230 3,0.207 1,0.185 4,0.165 1,0.146 1,0.128 4,0.111 8,0.096 5,0.082 2,0.068 9,0.056 6,0.045 2,0.034 6,0.024 9,0.015 9,0.007 6,0.000 0.850hPa 以下各层对应的海拔高度分别大约为:0,32,61,110,169,228,322,469,658,890,1149,1417m。

WRF 模式本身提供了众多的物理选项,主要包括大气边界层湍流方案、积云参数化方案、云微物理方案、长短波辐射方案、陆面/海面过程等。依据我们的以往经验,确定了适合本研究的方案,具体见表 8 - 6。对于海面风来说,最关键的是大气边界层湍流方案,本著作采用的是韩国延世大学开发的边界层方案,经过大量的数值试验证实,它非常适合于海面的数值模拟。积云参数化方案主要与模式分辨率有关,针对 10 km 分辨率,Kain and Fritsch 是比较合适的方案。

表 8-6　WRF 模式参数化方案设置

区域与分辨率	D01 区	D02 区	D03 区
	格点数 140×150	格点数 247×367	格点数 172×253
	水平分辨率 30 km	水平分辨率 10 km	水平分辨率 3.3 km
	垂直分辨率:44 η 层		
输出时间间隔	3h;3h;1h; 1h;1h		
边界层方案	Lin et al. scheme 方案		
积云方案	Kain - Fritsch 方案		
微物理方案	WSM 5 - class 方案		
辐射方案	长短波辐射方案:RRTMG 方案		
时间步长	120 s(默认时间步长)		

三、模式检验

利用惠州大亚湾附近海域岸边气象地面观测站、海上船舶及岛屿观测的风速数据（见图 8-36），对数值模拟风场的风速均方根差（Root Mean Swuare Error，RMSE）和偏差（Bias）进行了统计分析，时间为 2018 年 11 月 1 日 00 时至 11 月 15 日 00 时，共 735 个样本。统计结果见表 7-7 和表 7-8。

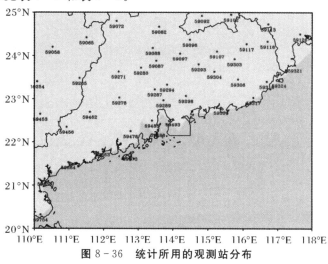

图 8-36　统计所用的观测站分布

表 8-7　根据风速等级划分的 48 h 模拟风场与大亚湾周围气象站结果对比

类　型	样本量	风速平均误差	风向平均偏差/(°)
全部样本	735	2.31	27.07
风速不大于 3 m/s	548	2.54	29.88
风速大于 3 m/s	187	1.62	18.83

表 8-8　根据风速等级划分的 48 h 模拟风场与大亚湾周围气象站结果对比

类　　型	样本量	风速平均误差	风向平均偏差/(°)
全部样本	735	2.87	31.77
风速不大于 3 m/s	548	3.21	33.49
风速大于 3 m/s	187	1.88	26.72

统计结果见图 8-37,结果表明,风速均方根误差在 1.5~2.5 m/s 之间;风向平均误差在 24°~36°之间,48 h 之内的风速均方根误差小于 2.5 m/s,风向平均误差小于 28°。模型结果较为理想,质量控制水平较高。

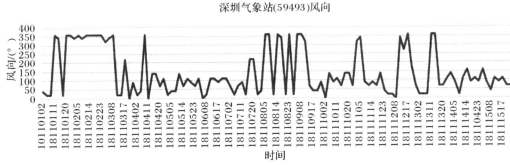

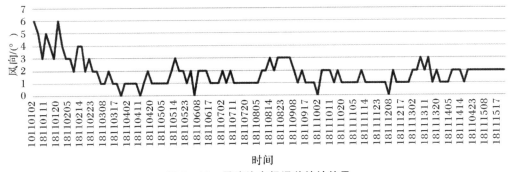

图 8-37　风速均方根误差统计结果

综合以上对比 WRF 模式风场模拟结果显示 24 h 风速预报平均误差不超过 2.5 m/s,风向预报平均误差不超过 30°;48 h 风速预报平均误差不超过 3.0 m/s,风向预报平均误差不超过 35°。

四、风场模拟结果展示

图 8-38 为 2020 年 9 月 1 日、2 日预报的海面 10 m 高度处风场结果。

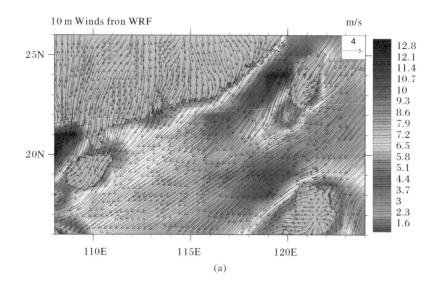

(a)

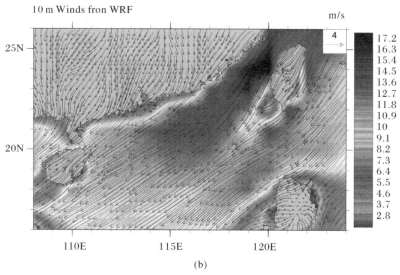

(b)

图 8 - 38　海面风场数值模拟结果示意图

（a）9 月 1 日预报；（b）9 月 2 日预报

五、风场数据格式说明

　　模型所产生的风场数据为 NetCDF 格式，每天产生一个文件，比如 1 月 4 日文件名称为 20210104.nc，文件大小约为 11 MB。其中，需要读取的变量为 ugrid（风速东分量）和 vgrid（风速北分量），其格式为 161×101×88，详见图 8 - 39。风速数据为矩形网格，网格数为 161×101，88 代表时间（h）。需要读取的经纬度变量为 lon 和 lat，分别对应经度和纬度信息，详见图 8 - 40。

```
ugrid
        Size:        161x101x88
        Dimensions: lon,lat,frtime
        Datatype:    single
        Attributes:
                    long_name    = 'x-component of winds'
                    units        = 'm/s'
                    scale_factor = 1
                    add_offset   = 0
                    missing_value = 999
vgrid
        Size:        161x101x88
        Dimensions: lon,lat,frtime
        Datatype:    single
        Attributes:
                    long_name    = 'y-component of winds'
                    units        = 'm/s'
                    scale_factor = 1
                    add_offset   = 0
                    missing_value = 999
```

图 8 - 39　风场数据维度信息

```
Dimensions:
        lon   = 161
        lat   = 101
        frtime = 88    (UNLIMITED)
Variables:
    lon
        Size:        161x1
        Dimensions: lon
        Datatype:    single
        Attributes:
                    long_name    = 'Longtitude'
                    units        = 'degree_east'
                    standard_name = 'longtitude'
                    axis         = 'X'
    lat
        Size:        101x1
        Dimensions: lat
        Datatype:    single
        Attributes:
                    long_name    = 'Latitude'
                    units        = 'degree_north'
                    standard_name = 'latitude'
                    axis         = 'Y'
    Frtime
        Size:        88x1
        Dimensions: frtime
        Datatype:    single
        Attributes:
                    long_name    = 'time'
                    units        = 'hours since 2021-01-04 00:00:00 UTC'
                    standard_name = 'time'
                    axis         = 'T'
```

图 8 - 40　风速东分量和风速北分量

第九章　航空搜救准备

第一节　搜索区域分析

一、情况评估

搜索过程在多数搜救行动中时最复杂、开销最大也是最危险的阶段。通常,这也是发现和救助幸存者的唯一途径。从搜救行动开始之前一直到搜索过程中,搜救协调员应该始终保持对收集到的信息进行仔细的分析评估。重点关注的内容就是确保有关幸存者的状态及位置信息,并对其进行尽量正确客观地评估,并且确保参与搜救的所有搜救平台及人员的安全。这些对评估结果会产生重要参考的线索主要包括以下内容。

1.目的及计划

搜索遇险对象的计划路径或目的通常是一条确定遇险位置的重要线索。即使有时遇险对象能够传送其位置,但如果把计划航线与之对照,那么该信息就具有重要参考意义。如果遇险对象的位置接近当时的计划路径,那么该位置的可信性相对较高,可以据此进行后续行动的计划。但如果该位置和计划路径不一致或偏差较大,那么应该首先调查出现偏差的原因及其他的可能性。例如:遇险位置在传输过程中出现偏差,也有可能是信息传递时数字复制或誊写时次序颠倒。当然也有可能是遇险对象为了避开危险驶往安全地点而主动进行的计划变动。

2.人员行为

根据遇险对象所处平台的人员构成、工作经验、培训情况、健康状态、性格特点,尤其是平台负责人(例如机长、船长等)的个人习惯、工作习惯和操纵习惯都可以为判断该平台遇险前后的行动提供重要线索,因为这些内容将严重影响平台遇险后的行动。将这些影响和其他线索一起综合起来分析,将更容易推断遇险事件的位置、时间和幸存人员的处置行为。

3.平台情况

遇险对象所乘平台的可靠性、维护质量可作为其是否可能发生事故的参考因素,从而作为减缓进程或变更计划的参考。如果遇险对象在遭遇恶劣气象环境时,这种平台因素影响的可能性会显著增大。除此之外,平台所配备助航设备的种类和状况也是衡量遇险对象是否能维持其计划航线,或者迷失方向或遭遇已知危险的标志的参考。如果确认其遇险,那么其所配备的救生艇/筏的种类、状况和有效性都为幸存者在遇险后的移动情况提供了重要参考。

4. 最后已知位置

遇险平台最后的已知位置和对应的时间是重要的线索之一,因为它排除了在此位置和时间之前遇险的可能性,同时显示平台沿计划路径航行的准确性及其到达最后已知位置的真实速度。如果遇险位置未知而时间是已知的,那么搜索计划人员可根据最后已知位置更好地估算其遇险位置。

5. 风险源

对遇险对象计划路径上的各种风险分析也能给确定遇险位置和时间提供重要参考。其中最重要的风险源是恶劣的气象条件。将遇险对象遇险前的运动趋势和风暴、雨雪、雷电等恶劣气象进行估算对比,有可能会更快确定遇险事故的位置和时间。

6. 现场环境条件

现场的环境条件一般是是否有人员幸存的决定性条件。这类条件还包括气温、淡水和危险动物的情况。这些条件不仅会影响人员生存,而且还会影响人员遇险后的活动。在陆上时,幸存者可能会远离事故现场和危险源寻找休息地、水源和食物等。在水上时,幸存者可能会随风和水流的影响而远离遇险现场。

7. 先前的搜索结果

先前的搜索工作可能没有结果,也就是说搜索工作已经完成,但是没有发现幸存人员,对搜救计划的进程影响不大,但是不成功的搜索结果也会给后续的搜索行动提供重要线索,需要重点关注和评估。

二、遇险位置预估

无论是海洋还是陆地,计划搜索的第一步是确定搜索范围,该范围包含了所有可能存在幸存者的位置。通常把幸存者的最后已知位置为圆心,而后按照时间的推移,以遇险人员所能到达的最远距离为半径画圆,即搜索区。需要注意的是搜索区并不是一个固定区域,可能会随着时间的推移、新情况的出现和实际环境的差异有所变化,而且在初始划定阶段,也应该尽量排除区域内一些不可能的区域,以缩小搜索区范围。比如在水上搜索时,应时刻关注水流、洋流和风向变化,随着时间的推移,人员可能会由于遇险平台的不同而产生不同的位移,搜索范围的确定应该是动态的。同时,当人员在陆地遇险、且未携带水上交通工具时,应重点将区域集中在搜索区内和遇险点连接的陆地区域,在搜索无果后再考虑其他区域。

当搜索区域较大,无法全部覆盖或要付出较大开销时,就要考虑可能导致事故发生的若干可能性,在已知信息和事实的基础上,经过分析和研究,对遇险对象经过最后一个安全点后发生的事情进行假设和推测。假设和推测工作一定要基于一定的气象、经验和已知信息数据,具有一定的可靠性和可信性,这样计划人员为搜索幸存者明确的可能位置而建立的地理参考和搜索基准才有指导性。

需要明确的是搜索基准可以是一个点、一条线或者某个区域,或是从已知事故事实或在有相当高的真实性的假设基础上估算得到的最初遇险事故的基准。搜索基准要做出调整以弥补对遇险后幸存者移动的估算,从而计算新的搜索基准。最后,还应分析评估新基准的不可靠程度,并且估算幸存者所有可能位置的最小范围极限。

在可能区域内,搜索目标位置可能性的概率分布是在搜索计划中需要重点考虑的因素,因为它影响到如何使用搜救平台。可能区域可以以一单独基点为中心,也可以以基准线为中轴线,或者用覆盖地球表面的某些部分的几何图形。在可能区域内,幸存者所处位置的概率可能会平均分布,或在某些分区域内存在的可能性更大一些。当已有线索不能明确表明哪个分区存在幸存者的可能性更大或者更小时,就假设遇险事故、搜索目标和幸存者位置的概率为标准分布。

通常使用的标准分布有两种:一种是正态分布,另一种是均匀分布。对于搜索基点和基准线来讲,一般使用经适当变化的正态分布;而对于搜寻基准区域,均匀分布显然更适合。当然如果能够获得更多的信息,搜救计划人员的分析和判断将更为准确,显著降低计划的难度,提升搜救效率。一般情况下根据收集到信息的不同可以将遇险事故的分布情况划归点、线和区域三种分布类型。

1. 点分布类型

点分布是最简单的一种分布,当遇险位置相对确定、信息较为准确时,可用此方法标志幸存者的可能区域。它用经纬度、范围和已知点的距离和方位或其他方法来表示具体的地理位置,它通常从遇险航空器/船舶本身,或外部定位设备处获得(例如,某个方位测向站测出的两条或更多的方位线,或由 COSPAS - SARSAT 提供的位置)。比如,当遇险平台的遇险时间已知、计划路径已知、出发地和出发时间已知,就可根据遇险的一般速度计算出其大致遇险位置,那么该位置就是点分布的核心,平台在此遇险的概率最高,以此点为中心向外扩散遇险位置的概率逐步降低,这是一种典型的点分布情况。

2. 线分布类型

线分布可以是一条计划航线,也可以是一条假设的航迹线,还可以是一条方位线(例如从测向仪处获得),称为基准线。一般情况下,遇险可能位置分布在基准线周围的概率最高,离线越远则分布的概率越低。线的两侧都是正态分布,一般来讲,基准线左右两边的分布概率相同,除非有具体的信息表明,某一边比另一边概率要高。比如,当遇险对象是一个航线确定的飞行器,根据情报分析遇险时间在某一个时间段,则这一个时间段内的航线就可以作为基准线,在线两侧按照正态分布建立分布模型,当航空器在水上飞行时,可以参考风向和水流情况作为航线两侧正态分布函数的基本参考,一般下风方向或下游方向概率更高。

3. 区域分布类型

区域分布类型一般是遇险平台在某一区域内作业或有确切信息表明其在某个区域

内遇险时采用。比如某渔船在其捕鱼区遇险,但是位置不定时,则该区域就是遇险基准区域,当没有进一步信息时,该区域内的概率时平均分布的。这种分布对搜索工作造成的难度较大,需要无差别地覆盖整个区域,当搜救力量不足时,可能很难快速定位遇险目标。

三、漂移因素分析

遇险平台上的幸存人员,可能在援助到达之前就已经离开了事故发生现场,航空器在发动机故障后会滑行相当长的距离,飞行员在弃机伞降至地面的过程中也会有一段距离的漂移。陆上遇险幸存者的行为很大程度上可能要受他们的身体状况、求生技能、地形和气象条件的影响。他们可能会离开事故现场去寻找水源、食物、遮蔽物或寻求帮助。因此对于航空器事故,最好首先找到航空器的迫降地点,而后再以此为中心寻找幸存者。海上的幸存者一般不可能在原地逗留,除非其救生筏有锚且遇险水域适合锚泊,否则幸存者即使能够使用桨或帆控制救生筏,也不免要随风流和水流漂移。

(一)空中漂移

当一架航空器发生事故,例如发动机失灵,无法继续飞行时,这时飞行员一般会试图用滑行、降落伞等方法降低高度。

1. 滑行

滑行是最安全的下降方式,航空器的滑行可持续相当长的一段时间,当时机、气象和飞机条件允许时,甚至可以利用滑行实现安全着陆或迫降。由于不同飞机滑行速率不尽相同,因此在估计遇险位置时,可以向遇险航空器制造商及熟悉此类飞机的驾驶员有关滑行和迫降方面的特性。

2. 伞降

除滑行外,如果飞机配置有降落伞,那么机长还可以选择使用降落伞着陆。这种情况不常见于民用飞机,但在军用航空器上较为常见。如果幸存者离开仍在空中的航空器,他们的着陆点可能和航空器坠落地相隔甚远,而且与跳伞位置也相隔较远。这和降落伞本身的滑行特性及当时的气象条件相关,这些数据可以向降落伞生产商咨询,以确定在降落过程中幸存人员的漂移距离和大致位置。

(二)水上漂移

水上的幸存人员会因风和水流的原因产生移动和漂移。为了计算幸存者的位置,就必须估算漂移的方向和速度。这要求对包含可能遇险位置区域内及其周围的风和水流进行估算。这需要考虑风压差和总水流压差两个重要参数。

1. 风压差

风压差是风作用于遇险对象(包括人、救生船或筏等)暴露在水面上的部分,导致遇险对象相对水发生的相对运动。风压差是个矢量,需要用大小和方向两个量来表示。风压差的大小是指目标相对于水的运动速度的大小;风压差的方向是指目标偏离风向的角度。

遇险对象水上和水下形状的不同会影响风压差的大小,并使船舶稍微偏离下风方向。使用浮锚、海锚可以降低风压的影响。因此对于一个给定的目标很难确定风压大小和风向的确切数值,实际上一般只能根据实验数据结合具体情况进行大致的估算。如图9-1所示,给出了不同状态救生筏的漂移特性,运动方向一般在下风方向,其偏离风向的角度在$35°\sim60°$,依目标的不同而变化。需要注意的是,因为救生筏外型、载重等不同,该图只能表示其大致范围。

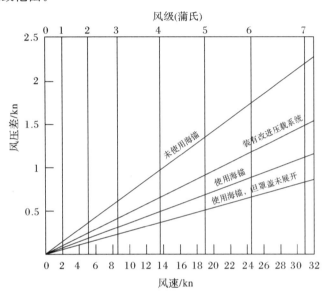

图9-1 救生筏的风压差漂移

除救生筏外,其他常见船艇的风压差可参照表9-1所示。

表9-1 常见船艇的风压差

船艇种类	风压(按风速的百分率计)
冲浪板	2%
重排水量、大吃水帆船	3%
中等排水量帆船、渔船	4%
大游艇	5%
轻排水量游艇、外装机器小艇	6%

货船的风压的计算公式为

$$V_e = 0.068\sqrt{\frac{A}{B} \cdot V_w} \qquad (9-1)$$

式中:V_e是货船的风压漂移速度(kn);V_w是平均作用风速(m/s);A是水面上基础风压面积;B是水面下基础风压面积。为便于计算一般A/B在空船时取值为2,在满载时取值为1.3。

2.总水流压差

（1）海流。洋面大面积水流的流动称为海流，接近水面的海流是搜索人员的主要关注点，在海岸附近和浅水区，海流比起潮流或当地的风生流要次要一点。海流并非经常处于稳定状态，所以要谨慎使用海流平均值。其数值可以利用船舶定向、漂移以及没有风压的参照物直接测算得出，也可以通过洋流计算机输出模式或水文图表获得。

（2）潮流或回转流。在沿岸水域，水流的方向和速度随着潮汐变化而变化，可以利用潮汐表、水流图和引航图进行计算，也可以利用当地水文库获得。

（3）内河水流。在幸存者处于或接近大河口的情况下才会考虑此因素。

（4）风生流。风生流是由于风持续作用在水面上形成的，风对形成当地风生流的实际影响并不是很清晰，一般假设，经过 6～12 h 同一风向的持续风力作用就会形成风生流。在此之前 24～48 h 的估算平均风级和风向应当通过联系遇险现场附近的船舶而得到核实。当地风生流的方向和速度可以应用图 9-2 进行估算。风生流在沿海水域、湖泊、河流和港口水域可以忽略不计，一般只在水深超过 30 m 且离岸超过 20 n mile 以上才计算风生流。

已知海流和风生流的矢量值就可以估算水流矢量的合成值（方向和速度）。图 9-3 即外海中的总水流压差。

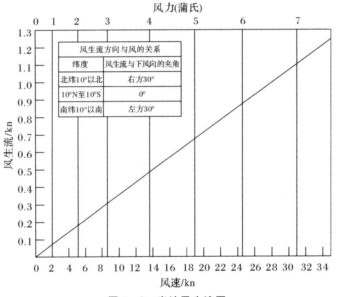

图 9-2　当地风生流图

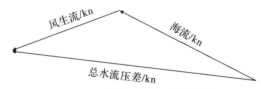

图 9-3　外海总水流压差的计算

3.风和水流的数据获取

获取风和水流信息的最佳途径就是通过直接观测,其中一种办法就是向过往该区域船舶获取这方面的信息。船舶不仅要报告流速流向,还要报告风速风向和天气的观察结果,获得这些信息后,即可计算总水流压差。在可能的条件下,可以使用专用的浮标来确定总水流压差,这会比计算结果更为准确。有些国家保留着一些搜救组织设置的基准标志浮标(Datum Marker Buoys,DMBs)漂移记录,以及使用无线电信标、卫星遥测的方法对表面流进行观测的数据。在海洋中,还有许多由卫星跟踪用于海洋研究的浮标,但可惜的是没有专门的机构或人员能将这些浮标收集到的数据纳入统一的数据库进行管理。尽管如此,和附近从事海洋地理研究的学术机构和政府部门联系,可能会对于合成更准确的总水流压差有所帮助。在收集浮标信息时应注意,许多用于海洋学研究的浮标都装有海锚以便于和表面以下的水流一起移动,而搜救计划制定时,一般只参照那些随水面或水面下2m内水流移动的浮标信息。

对于搜救计划制定最有效的风、水流数据是实时、实地的测量数据,但是要想获得这些数据相对困难。因此除了实测外,还可以通过气象部门获得预报的气象和海况信息,进而利用这些信息通过计算机模拟计算出需要的环境数据。需要注意的是,一些海流的预报信息已经包括了风的影响,因此,在使用时不应在预测海流数据中加入风生流影响。最后,引航海图、水文图册和潮流表也可用于估算水流。

4.漂移估算

在估算出风压差和总水流压差矢量的大小和方向后,按照如图9-4所示,计算出漂移的方向和速度。

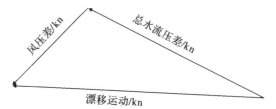

图9-4　总水流压差和风压差作用下的漂移运动

(三)漂移数据

目标漂移估算距离等于离开上一基准区域的时间和漂移速度之积,即

$$漂移距离＝速度×时间$$

(1)基准点。基准点也称为基点,是指搜救力量到达预定地域开始搜索行动的基本参考点,是一个不断变化的位置,如图9-5所示,和原始基点或上一基点及漂移矢量相关。根据以前基点漂移的方向及估算漂移的距离来更新以前基点以弥补漂移运动产生的影响,并确定一个新基点。

图9-5　基准点的更新方式

（2）基准线或基准区域。如果搜索区域内和周围水域的漂移作用力（风和水流）比较接近，则搜索基准线或基准区域的移动和基点的移动方式一样，移动时采用平均风和水流速度。如果基准线上某些点或事故可能区域内的某些分区漂移作用力和其他地方差距较大，那就有必要仔细选择一系列有代表性的点作为新基点，它们代表了风、水流的显著变化。根据选择的点与估算的新基点分别计算漂移方向和距离。最后，必须估算出基于新基点的一条新的基准线。如图9-6所示，是强流对基准线和基准区域的影响。

（3）漂移误差。计算得出的漂移速率和随之产生的漂移距离都不是确定值。有些航空器和船舶可以通过实验获得其大致的风压特性，其他航空器和船舶则只能做粗略的估计。而且，大部分风压的研究只有小至中等风速的数据。在风速较大的情况下，风压的数据可能并不是精确数据。而且在和遇险平台建立联系之前，是无法获知其是否使用海锚的。因此无论是风还是海流数据，它们的经度都不足以精确计算出目标在区域内实际可能的漂移轨迹。

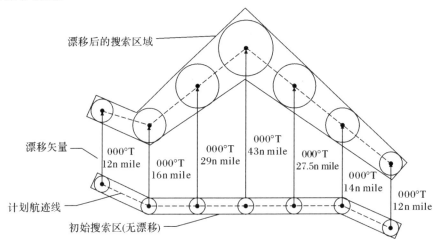

图9-6 强流对搜救基准线和基准区域的影响

在两个流动空间（大气和海洋）之间，波涛汹涌的水面上，搜索计划人员只能用一些稀少和不确定的数据来推算小的固体目标的漂移路线。在这种条件下，他们不可能预测到目标的精确位置。在假设漂移误差时应充分考虑环境数据和搜索目标的漂移特性方面的不确定性，可能漂移误差等于漂移偏差值乘以漂移距离。目标的漂移特性和风、水流情况越不确定，所估算的漂移误差就越大。漂移误差率一般介于1/8～1/3之间，但是也可能在此范围之外。除此之外，两个或两个以上连续漂移的总的漂移误差等于每个误差之和，且死者时间的推移而增大。

四、漂移误差

海上遇险目标大多情况下会失去动力，除抛锚和登上礁石外，受各种因素的影响，基本不可能固定在一个位置，而是一直处于漂移状态。目标漂移离开初始位置（报警时的位置）的远近程度，就是目标可能存在的范围，搜救计划只有在这个区域内合理使用搜救力量才可能搜索的目标的实际位置。

(一)搜索区域的基点

在划定搜索区域时,应首先确定海上搜索的基点。也就是要在遇险事件发生的原始位置基础上,明确遇险对象在经历了一段时间之后的某一时刻最可能存在的位置。影响该未知的因素有事件发生的时间长短、已知的最后位置以及漂移量的大小。其可能位置区域应该在最大矢量和最小矢量之间区域的某个点上,一般取其中心点作为基点。其中最大矢量和最小矢量可分别描述如下。

(1)最大矢量:指事件发生比报告或估计的时间更早、最后的位置更靠前、漂移影响因素最大时的矢量值。最大矢量值用于确定搜索目标离开最后已知位置(Last Known Position,LKP)的最大距离。

(2)最小矢量:指事件发生比报告或估计的时间更晚、最后的位置更准确、漂移影响因素最小时的矢量值。最小矢量值用于确定搜索目标离开最后知道位置的最小距离。

这种既考虑最大矢量又考虑最小矢量,并取中心点作为搜索基点的作图方法,称为最大最小矢量作图法,如图 9-7 所示。

实际上,最大的影响因素和最小的影响因素未必会同时出现,仅用最大最小矢量法作图求基点可能并不准确,因此,在海图上采用最大最小矢量法作图后,可以只考虑一种不确定因素而把其他因素设为不变再做一个或几个图,这几个图所标绘出来的区域会比较集中,但并不完全重合。然后再根据是否有强风、强流和可用救助资源等实际情况进行比较和选择。

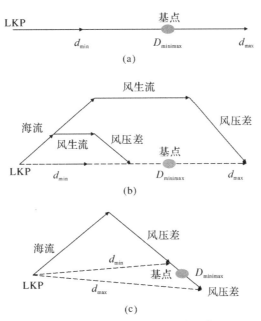

图 9-7 最大最小矢量作图法示意图

(a)基本作图法;(b)时间不确定时;(c)风压(目标)不确定时

(二)目标漂移的误差范围

虽然目标可能在最大最小矢量线之间的任何一点上,但是为了分析分布概率最高的区域,又要确保目标被包含在内,应该以基点为中心,向外合理地拓展一定的范围。从基点的确定过程来看,基点是矢量差的中心位置,基点到最大最小矢量两端的距离就是搜索范围。该误差范围即总漂移误差,记为 D_e。

遇险目标究竟从哪个位置(经/纬度)以及从什么时刻开始漂移,是影响起始点和漂移时长的主要因素,也将最终影响漂移后的位置和漂移量值的大小。这个因素的影响范围称为起始位置误差,记为 X。

由于海上缺乏参照物,搜救平台在前往搜救现场时,要依靠自身的雷达、GPS、航迹推算等手段来确定是否已经到达搜索区域,这些定位手段可能存在一定的误差。为确定最大搜索范围,可以认为该误差存在,只是要根据搜救平台的不同,设定不同的误差值。由于这个原因而产生的误差范围被称为搜救平台误差,记为 Y。

显然,总漂移误差、其实时位置误差和搜救平台误差的含义都是偏离目标准确位置的可能数量值,目标范围的大小主要由这三个误差导致的偏差程度来确定。为计算方便将各单项误差记为分误差、综合影响效果记为分误差对总误差的影响。分误差与总误差的关系可以利用统计学的方法表达和计算,即分误差的平方和等于总误差的平方,即

$$E^2 = D_e^2 + X^2 + Y^2 \tag{9-2}$$

(三)误差因素值的计算

1. 总漂移误差

一般情况下总漂移误差的计算公式为

$$D_e = D_{max} - D_{min} \tag{9-3}$$

式中:D_{max}、D_{min} 分别是最大和最小漂移量。

在实际搜索行动中,为防止错失目标,应尽可能地将目标包含在搜救区域内,一般会将最大矢量扩大 0.125 倍、最小矢量缩小 0.125 倍,当计算精度较差时则将最大矢量扩大 0.3 倍、最小矢量缩小 0.3 倍。即相当于将最大矢量值扩大 12.5%～30%,最小矢量值缩小 12.5%～30%。当各矢量小于 1 海里时,上述扩大和缩小可以忽略不计。将扩大和缩小后的 D_e 记为 $D_{e_{min/max}}$。则 $D_{e_{min/max}}$ 可用下式计算:

$$D_{e_{min/max}} = \frac{D + D_{e_{min}} + D_{e_{max}}}{2} \tag{9-4}$$

式中:D 是一般情况下的 d_{min} 和 d_{max} 之间的距离,即 $d_{max} - d_{min}$;$D_{e_{min}}$、$D_{e_{max}}$ 分布是 d_{min}、d_{max} 的 0.125 倍(或 0.3 倍)。

2. 起始误差

起始误差(X)是指遇险目标报告人的定位误差。遇险报告人一般是遇险对象,或路过的航空器、船舶等。所报告的遇险位置可能是通过雷达、GPS 等电子手段定位,也可能是通过航迹推算定位。显然,报告的位置越精确,误差 X 就越小。

如果了解报告人所乘报警平台,可通过查阅表 9-2,按照下式确定初始位置误差。

$$X = F_{ixe} \tag{9-5}$$

表 9-2 初始位置误差表

报告平台	定位误差 F_{ixe}	误差系数 K
商船、潜艇多发动机航空器	半径 5 n mile	5%
双发航空器	半径 10 n mile	10%
单发航空器、深潜器、小船	半径 15 n mile	15%

当报告的是航迹推算的位置时，X 值应该在 F_{ixe} 基础上，按照下式再考虑航迹推算里程产生的误差。

$$F = F_{ixe} + K \times L \tag{9-6}$$

式中：K 是误差系数；L 为航迹推算距离。

3. 搜索平台误差

搜索平台误差(Y)是搜索平台(船舶、飞机等)在搜索目标时自身航行的偏差，无论这种偏差是都真实存在，均应赋予一定的量值，以适当扩大搜索范围。而一般情况下参与搜索的飞机或船舶应该都是性能良好的平台，有较好的现代定位手段，所以一般不考虑航迹推算误差。因此搜索平台误差可直接使用表 9-2 所示定位误差 F_{ixe}，即

$$Y = F_{ixe} \tag{9-7}$$

五、搜索区域的确定

搜索区域是一个以基点为圆心，以考虑安全系数 f_s 后的总误差为半径的圆形区域。该圆形的半径为搜索半径，即

$$R = f_s \cdot E \tag{9-8}$$

式中：f_s 安全系数是随着搜索次数的增加而提高的，取值如表 9-3 所示。

表 9-3 搜索半径与安全系数表

搜索次数	安全系数 f_s	搜索半径 R
1	1.1	1.1E
2	1.6	1.6E
3	2.0	2.0E
4	2.3	2.3E
5	2.5	2.5E

对于沿海或沿岸搜索，其基点仍旧按最大最小矢量作图法确定，因为可以不考虑海流和风生流，这时将目标漂移误差 E 选定在 5~10 n mile 之间，再按照公式(9-8)计算搜索半径。为便于搜救区域的划分，可将该圆形区域沿着平行于漂移方向做切线，形成方形搜索区域，如图 9-8 所示。

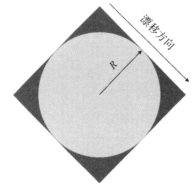

图 9-8　方形搜索区域的确定

搜索区域并不是固定不变的,需要根据搜索的次数进行拓展,当遇险地域在海上时,还要考虑漂移特性。

在目标位置不变的情况下,搜索区域的拓展按照表 9-3 所示,按照次数对搜索区域进行拓展,如图 9-9 所示。

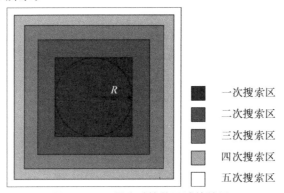

| | 一次搜索区 |
| 二次搜索区 |
| 三次搜索区 |
| 四次搜索区 |
| 五次搜索区 |

图 9-9　无漂移时搜救区域的扩展

如果遇险对象在海上环境中,就需要考虑目标的漂移,这时整个搜索区域的基点就要随着时间的推移不断地移动,如图 9-10 所示。

除了考虑漂移因素外,搜救计划的制定人员还可能通过各种渠道获知遇险平台的计划航线,此时,搜索区域的确定应该以最后已知位置为中心,沿着上述搜索半径,并沿着其航线直至目的地做圆。而后以这些圆的外切线为边界建立搜索区域,如图 9-11 所示。

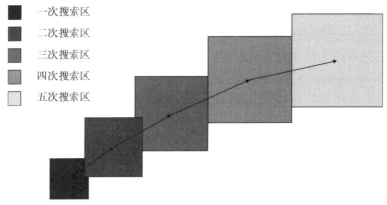

一次搜索区
二次搜索区
三次搜索区
四次搜索区
五次搜索区

图 9-10　考虑漂移因素时的搜索区域

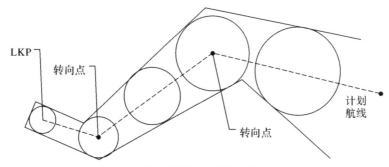

图 9-11　航线已知时的搜索区域

如果遇险目标是在海上时,还用考虑漂移,如图 9-12 所示。

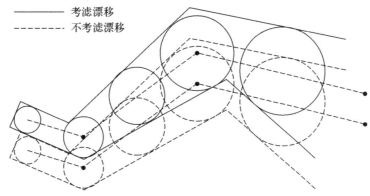

图 9-12　航线已知并需要考虑漂移时的搜索区域

第二节　搜救任务规划基础

一、相关定义

为了解和掌握搜救力量任务规划的方法手段,首先要明确以下定义。

(1)遇险推断:指描述幸存者可能发生何种事故的一系列已知事实和假设。通常是从发生遇险事故到目前的一连串真实的或假想的事件组成,最有可能时遇险推断时制定搜救计划和搜救力量分配的基础。

(2)可能区域:指所有幸存者可能存在的区域或搜索目标位置的最小区域。如果做出了遇险推断,那么就是在事实或假设基础上的幸存者可能存在的所有区域或搜索目标位置的最小区域。

(3)搜索目标:指失踪或遇险的人员、船舶、航空器或者其他运载工具,或者与其相关的所有目标和痕迹。也就是说,所有来自幸存者和他们所在的平台的物品或踪迹,只要它们能够指引搜救平台找到幸存者或提供关于幸存者位置、状况等一切信息的线索。

(4)包含概率(Probability of Containment,POC):指搜索目标在某个区域、分区或格子单元内的概率。

(5)扫视宽度(W):指在特定环境条件下,特定搜救平台能发现某个特定搜救目标的有效范围。扫视宽度取决于搜救平台、探测设备、搜索目标及环境因素。对于直升机和固定翼航空器而言,其扫视宽度的情况分别如表9-4和表9-5所示。

表9-4 直升机的扫视宽度表

搜索目标	高度/km(n mile)		
	150 m(500 ft)	300 m(1 000 ft)	600 m(2 000 ft)
水中人员	0.2(0.1)	0.2(0.1)	0.2(0.1)
4人救生筏	5.2(2.8)	5.4(2.9)	5.6(3.0)
6人救生筏	5.5(3.5)	6.5(3.5)	6.7(3.6)
15人救生筏	8.1(4.4)	8.3(4.5)	8.7(4.7)
25人救生筏	10.4(5.6)	10.6(5.7)	10.9(5.9)
船<5m(17ft)	4.3(2.3)	4.6(2.5)	5.0(2.7)
船7m(23ft)	10.7(5.8)	10.9(5.9)	11.3(6.1)
船12m(40ft)	21.9(11.8)	22.0(11.9)	22.4(12.1)
船24m(79ft)	34.1(18.4)	34.3(18.5)	34.3(18.5)

表9-5 固定翼航空器的扫视宽度

搜索目标	高度/km(n mile)		
	150 m(500 ft)	300 m(1 000 ft)	600 m(2 000 ft)
水中人员	0.2(0.1)	0.2(0.1)	—
4人救生筏	4.1(2.2)	4.3(2.3)	4.3(2.3)
6人救生筏	5.2(2.8)	5.2(2.8)	5.4(2.9)
15人救生筏	6.7(3.6)	6.9(3.7)	7.2(3.9)
25人救生筏	8.5(4.6)	8.7(4.7)	9.2(4.9)
船<5m(17ft)	3.3(1.8)	3.7(2.0)	4.1(2.2)
船7m(23ft)	8.9(4.8)	9.3(5.0)	9.4(5.1)
船12m(40ft)	19.3(10.4)	19.3(10.4)	21.5(11.6)
船24m(79ft)	30.9(16.7)	30.9(16.7)	31.1(16.8)

(6)可搜索范围(Z):指某个搜索平台在指定搜索分区内能有效搜索的范围。它等于搜索速度、持续时间和扫视宽度之积,即

$$Z = VTW \qquad (9-9)$$

(7)范围因数(f_z):对于基点,范围因数 f_{zp} 是位置总或然误差(E)的平方;对于基准线,范围因数 f_{zl} 等于位置总或然误差(E)与极限长度(L)的积。即

$$f_{zp} = E^2 \qquad (9-10)$$

$$f_{zl} = EL \qquad (9-11)$$

(8)范围相对因数(Z_r):指可搜索范围除以范围因数得出的商,如公式(9-12)所示,范围相对因数把具体的可搜索范围与搜索目标位置分布概率结合了起来。

$$Zr = Z/f_z \qquad (9-12)$$

(9)相对因数累积值(Z_{rc}):指所有范围相对因数之和加上下一计划可搜索范围,该值决定了最佳搜索因数。即

$$z_{rc} = z_{r-1} + z_{r-2} + z_{r-3} \cdots + z_{r-\text{nest search}} \qquad (9-13)$$

(10)最佳搜索因数(f_s):该数值乘以位置总或然误差(E)等于最佳搜索半径,而最佳的搜索正方形(基点)或长方形(基准线)的宽度通常等于最佳搜索圆半径的2倍。即

$$RO = E \cdot f_s \qquad (9-14)$$

(11)覆盖因数(C):指可搜索范围与所需搜索区域的比率;对于平行线扫视搜索,覆盖因数等于扫视宽度和搜索线间距之比。即

$$C = Z/A \qquad (9-15)$$

$$C = W/S \qquad (9-16)$$

式中:A 是所需搜索区范围;S 是搜索线间距。

(12)发现概率(POD):假设所需搜索的目标在搜索范围内,发现目标的概率是由覆盖因数、探测设备、搜索条件和搜索平台所采用的搜索方式的准确程度共同决定的。

(13)成功概率(POS):指在一个特定的搜索中发现搜索目标的概率。对于每个已经搜索过的分区,可用公式(9-17)计算成功概率;对同一搜索目标几次同时进行搜索行动或在一个特定时间段内进行的几次行动,总的成功率等于每次分区成功率之和。

$$\text{POS} = \text{POC} \times \text{POD} \qquad (9-17)$$

(14)累积成功概率(POS_C):是至今为止在一个搜救区域内所有搜救行动成功概率的累加值,是描述一个区域内前期搜索工作的效率因数。

(15)格子:指直角、等距离交叉线围成的任意空间。

(16)格子单元:指由一组相邻的直角格子线构成的正方形或矩形区域。格子单元可以和格子相同,也可能是多个格子单元构成一个格子。

(17)现场持续搜索时间:指搜索平台在现场实施搜救活动的时间总和。

(18)最佳搜索计划:指使用可用的搜索力量,使搜救成功率最大化的搜索计划。

(19)搜索区域:指由搜索计划人员决定需要进行搜索的区域,在此基础上为每个搜救平台都分配特定的搜索职责,该区域可能会被划分为若干分区。

(20)搜索有效时间(T):指有效的现场搜索时间总和,一般取现场持续搜索时间的85%,剩下的15%一般会用于瞭望或在每个搜索段结束时转向使用。

(21)搜索速度(V):指搜索时,搜索平台相对地面的速度或速率。

(22)搜索分区:指由一具体指定的搜索平台或多个紧密合作的平台共同搜索的区域。

(23)探测设备:指人的各种感觉(视觉、听觉、触觉等),经过特殊训练的动物,或专门探索搜索目标的电子设备和仪器。

(24)可能分区:指可能区域内的任何分区。要绘制一张概率图或者描述所有可能分区内目标的分布概率,通常会将可能区域划分为若干分区。基于在分区的搜索目标可能性的基础上,推算出该可能分区的包含概率。可能分区通常使用单元来表示,但并不要

求使用格子。可能分区与指定搜索分区不一定有关系。

(25)搜索线间距:对等间距平行搜索的搜救来说,搜索线间距就是相邻两个扫视中心线之间的距离。换句话说,搜索线间距等于相邻两个搜索平台航线之间或搜索路线之间的距离。

二、搜索范围判断

(一)遇险对象分布

通过对可能区域概念的分析可以看出,其定义包含两种情况。一种是用于描述幸存者可能存在的一切区域;另一种是一个限定范围的区域,该区域是搜索计划人员按照一定假设推断所限定的,遇险人员可能存在的所有可能位置。一般情况下第二种描述的区域范围要比第一种描述小得多,但是却对制定搜救计划更为有用。因为在制定搜索计划时很难全面覆盖所有可能区域,只有将有限的搜救力量集中于遇险人员存在的最大概率区域搜救行动才更有效。因此本书讨论的可能区域概念主要是指第二种描述。

在搜救基点确定后,搜索计划制定人员就必须决定搜索的确切范围以及如何搜索。可能区域建立在事实或可靠推论的基础上,包含所有幸存者位置的最小区域(POC=100%)。在搜救力量能够覆盖这个区域时,应进行全覆盖的搜索,但多数情况下,即使按照一个最大可能地推断出的搜救区域范围都很难进行有效搜索。这种情况下为提高搜救成功率,应该尽量对人员存在概率较大的区域进行重点搜索。因为一般情况下,在遇险区域内,根据一定的假设可将该区域划分为若干分区,遇险人员在某些分区的可能性要明显大于其他分区。这种情况下,搜救计划人员应该在可能分区进行划分,并推断每个分区包含遇险人员的概率。分区划分最简单的方法是在可能的区域上画上格子,这样可以分出很多单元,而后在每个单元内填上包含概率,从而构成概率图。这些概率值可能是在计划人员最佳判断基础上做出的非主观估算,也可能是根据标准可能分布获得的。

概率图可分为基准点和基准线两种绘制方法。基准点区域概率图如图9-13所示,是在基准点周围区域内用百分比标志网格内遇险对象的分布概率,在图中虚线圆内,目标的存在概率为50%,该圆的半径等于位置总误差。除圆以外的单元格子内剩余部分包含概率为7.91%,所以该单元各自的POC为57.91%。

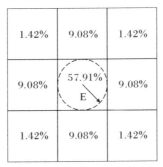

1.42%	9.08%	1.42%
9.08%	57.91% E	9.08%
1.42%	9.08%	1.42%

图9-13 基准点区域的概率图

基准线搜索区域的概率如图 9 - 14 所示,遇险分布在基准线附近分布概率最高,距离基准线越远,分布概率越低。

0.2%	0.2%	0.2%	0.2%	0.2%	0.2%	0.2%	0.2%	0.2%	0.2%
2.2%	2.2%	2.2%	2.2%	2.2%	2.2%	2.2%	2.2%	2.2%	2.2%
5.2%	5.2%	5.2%	5.2%	5.2%	5.2%	5.2%	5.2%	5.2%	5.2%
2.2%	2.2%	2.2%	2.2%	2.2%	2.2%	2.2%	2.2%	2.2%	2.2%
0.2%	0.2%	0.2%	0.2%	0.2%	0.2%	0.2%	0.2%	0.2%	0.2%

基准线 →

图 9 - 14　基准线区域的概率图

(二)理想发现概率

前文描述了扫视宽度的定义,是指在特定环境条件下,特定搜救平台能发现某个特定搜救目标的有效范围。当采用目视或电子探测设备对某一地区进行扫视时,要求能够像扫帚清扫地板一样,以相等的位置间隔对一个区域进行平行的清扫,扫帚的宽度实际上就可以对应扫视的宽度,尽管在实际扫视中并不像清扫那么简单,但是原理基本一致。扫视的宽度也就是搜索平台搜索能力的主要衡量标准。在目视搜索时,同样气象条件下,发现大目标比找到小目标要容易许多,扫视宽度相对较大;同样目标条件下,能见度良好要比雨雾天气更容易目视发现目标,扫视宽度也相对较大。在雷达搜索时,铁质目标要比同样尺寸和形状的玻璃纤维目标更容易发现,因此铁质目标的雷达扫视宽度要大于玻璃纤维的目标。而实际上对于每一组探测设备、搜索目标和环境条件的组合,都有不同的扫视宽度。这个扫视宽度是建立在实践经验和试验基础上的。它们是一组估算的经验数据,目标在扫视宽度内可能未被发现,但也有可能在扫视宽度外被发现。实际上,航空器在理想条件下的目视搜索发现概率曲线图如图 9 - 15 所示,在扫视宽度以内未发现遇险目标的概率和在扫视宽度外找到目标的概率是一致的。

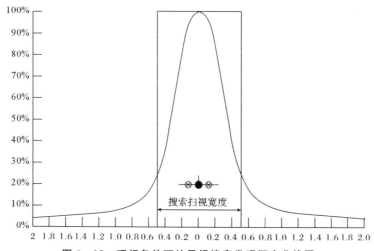

图 9 - 15　理想条件下的目视搜索发现概率曲线图

(三)修正因数

表9-4和表9-5分别给出了直升机和固定翼航空器的扫视宽度,但是在实际使用时还应考虑环境、能见度、植被和地形等因素,并按照如表9-6、表9-7、表9-8所列的修正因数进行修正。

表9-6　天气修正因素表

风速或浪高		搜索目标	
风　速	浪　高	水中人员	救生筏
0～28 km/h(0～15 kn)	0～1 m(0～3 ft)	1.0	1.0
28 km～46 km/h(15～25 kn)	1～1.5 m(3～5 ft)	0.5	0.9
>46 km/h(>25 kn)	>1.5 m(>5 ft)	0.25	0.6

表9-7　航空搜救平台的气象能见度修正因数

能见度/km(n mile)	能见度修正因数
6(3)	0.4
9(5)	0.6
19(10)	0.8
28(15)	0.9
>37(>20)	1.0

表9-8　植被和高山地形的修正因数

搜救目标	植被量15%～60%或山丘	植被量60%～85%或山脉	植被量>85%
人员	0.5	0.3	0.1
车辆	0.7	0.4	0.1
航空器(小于5 700 kg)	0.7	0.4	0.1
航空器(大于5 700 kg)	0.8	0.4	0.1

(四)扫视宽度

通过表9-5和表9-6分析可知,不同的飞行高度条件下飞行器的扫视宽度是不一样的。在确定扫视宽度前首先要明确航空器的飞行高度。实际上航空器在不同的条件、不同的搜救条件下,高度会有较大差异,一般按照表9-9所示确定航空器的飞行高度。

表9-9　不同搜索目标和环境条件下的搜救航空器推荐高度

搜救目标	环境条件	推荐高度
人、轻型航空器	丘陵	60～150 m(200～500 ft)
大型航空器	丘陵	120～300 m(400～1 000 ft)
人、单人筏、轻型航空器	水域或平原	60～150 m(200～500 ft)
中型救生筏、航空器	水域或平原	300～900 m(1 000～3 000 ft)
夜间烟火信号	夜间	450～900 m(1 500～3 000 ft)
中型航空器	山区	150～300 m(500～1 000 ft)

【例9-1】如果搜救目标是一个6人救生筏,气象能见度为28 km,风速30 km/h,搜救平台为直升机,采用目视搜索方式时,扫视宽度是多少?

解:(1)由于目标为6人救生筏,因此航空器的推荐飞行高度为300~900 m,取中位数600 m作为飞行高度;

(2)通过查表9-4得知,直升机在600 m高度的未修正扫视宽度$W_u=6.7$ km;

(3)由于气象能见度为28 km、风速为30 km/h,通过查表9-6、表9-7可知修正因数都为0.9;

(4)则扫视宽度$W=6.7×0.9×0.9=5.427$ km$=2.93$ n mile;

(五)可搜索范围

可用的搜救平台的数量和其自身的相关搜索能力决定了可搜索的范围。相关的指标因素包括搜索的速度、搜索可持续的时间、探测设备、气象条件、搜索高度、能见度、地形和搜索目标大小等,这些因素决定了扫视宽度和搜索平台的覆盖搜索区域所行驶的距离。由公式(9-9)可知,平台的搜索范围等于搜索速度、持续时间和扫视宽度之积。多个搜索平台的可搜索范围之和就是可搜索范围。

【例9-2】如果某一航空搜救平台距离搜索分区的距离为100 n mile,穿越分区的速度为200 kn,搜索速度为160 kn,可持续时间达6 h,除去目视搜索和飞行到末端的转弯所用时间,现场可持续时间减少15%,如果扫视宽度为3 n mile,那该航空器的可搜索范围是多少?

解:搜救平台距离搜索分区的距离为100 n mile,穿越分区的速度为200 kn,则搜索平台往返搜索分区的时间为

$$100÷200×2=1 \text{ h}$$

即往返搜索区域的时间为1 h,同时由于搜救平台的可持续时间达6 h,则现场搜索行动时间为

$$6-1=5 \text{ h}$$

由于目视搜索和飞行转弯时间使现场可持续时间减少15%,则现场可持续时间为

$$(100\%-15\%)×5=4.25 \text{ h}$$

因此,该航空器的可搜索范围Z为

$$Z=160×4.25×3=2\ 040 \text{ n mile}^2$$

一般情况下,搜救平台的指挥员即机长或船长负责估算他们的现场可持续搜救事件和搜索速度,在搜救计划制定前,要向其通报上述相关信息。

三、搜救概率分析

(一)实际发现概率

发现概率(POD)是用来衡量某个区域内成功搜索到遇险目标的可能性描述。因此POD既与覆盖因数有关,也是搜索行动、探测能力、发现能力和搜救平台在区域内移动的综合反映。如果飞行器能够精确行驶而且以相同的宽度平行搜索,那么此时的POD最

大。在恶劣气象条件和航行误差条件下,则会使得 POD 受到不同程度的影响。因为在恶劣环境中,不仅会造成有效搜索宽度变窄,而且使得平行搜索方式下更为有效的探测设备也受到一定程度的影响。如图 9-16 所示,在理想和恶劣条件下目视搜索的发现概率有着显著区别。

需要指出的是,恶劣条件是指远低于理想情况的状态。如果修正后的扫视宽度小于未处理的最大扫视宽度时,这种情况下的条件都是远低于理想情况的状态。当修正后的扫视宽度减少到最大可能值的一半时,应选用恶劣搜救条件曲线。

【例 9-3】搜索一架遇险航空器(重量小于 5 700 kg),在 300 m 高的山地、能见度是 6 km,这种情况下的扫视宽度大约为 2.3 km。在高度相同且能见度为 37 km 或以上的情况下,未经修正的扫视宽度为 5.6 km。由于 2.3 小于 5.6 的一半,因此搜索条件应为恶劣,POD 应选择恶劣条件曲线。

除环境因素外,如果搜救平台的航行误差等于或大于扫视宽度时,则搜索条件也应为恶劣。例如当搜索宽度时 2 n mile,航行过程中也存在 2 n mile 的误差时,应选择恶劣条件曲线。

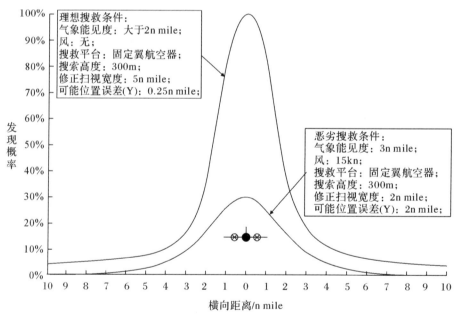

图 9-16　理想和恶劣条件下的发现概率对比图

(二)成功概率

POD 描述了目标处于搜索区域时发现目标的条件概率。而要真正衡量搜救行动的效率,描述发现目标的可能性概率应使用搜救成功概率(POS)指标。找到搜救目标需要两个条件:第一是具有发现目标能力的手段;第二是平台和遇险目标的距离在该手段的探测范围内。影响 POS 的指标包括 POD 和 POC,可以理解为,即使对某个区域进行了彻底的搜索(POD 约等于 100%),但要是遇险目标几乎不可能在该区域内(POC 约等于

0%)时,那么搜救行动就几乎不可能成功。相反,即使目标肯定在搜索区域内(POC 约等于 100%),如果搜索效率过低(POD 约等于 0%),但搜救行动同样几乎不可能成功。

【例 9 - 4】如果遇险对象在某区域内的概率为 65%,理想条件下该区域内的发现概率为 79%,恶劣条件下的发现概率为 63%,其搜救成功概率分别为多少?

解: 　　　理想条件下:POS=0.65×0.79=0.51=51%

恶劣条件下:POS=0.65×0.63=0.41=41%

(三)包含概率

一般情况下 POC 都是由搜救计划人员按照经验和一定的情报信息分析得出的数值,搜救人员按照这个概率实施搜救行动,随着搜救行动的推进,当完成了一定量的搜救行动后,就可以根据搜索情况对 POC 数据进行更新,而更新的参考就是前期实施的所有搜索行动。因为当搜索行动未成功搜索到遇险目标时,就可以证明遇险人员在其前期搜索区域的可能性有所降低。如例(9 - 4)中,该区域的初始包含概率为 65%,当在该区域内实施一轮搜索后未能成功找到遇险对象,就意味着该区域内的 POC 应当适当降低。更新后的 POC 应当按照下式计算:

$$POC_{new} = (1 - POD) \times POC_{old} \qquad (9 - 18)$$

对于没有搜索过的区域,POC 不变,即 $POC_{new} = POC_{old}$。

【例 9 - 5】如果遇险对象在某区域内的概率为 65%,理想条件下该区域内的发现概率为 79%,恶劣条件下的发现概率为 63%,在第一次搜索行动未在该区域内发现遇险人员,分别计算该区域内理想条件和恶劣条件下的包含概率应更新为多少?

解:理想条件的 POC 更新值:$POC_{new} = (1.0 - 0.79) \times 0.65 = 0.14 = 14\%$

恶劣条件的 POC 更新值:$POC_{old} = (1.0 - 0.63) \times 0.65 = 0.24 = 24\%$

进一步分析式(9 - 17),有

$$POC_{new} = (1 - POD) \times POC_{old} = POC_{old} - POD \times POC_{old} = POC_{old} - POS_{old} \quad (9 - 19)$$

式(9 - 19)可以理解为新的包含概率等于初始包含概率减去初始条件下的搜索成功概率。

在例 9 - 5 中,理想条件下,初始的搜索行动成功概率为

$$POS_{old} = 0.65 \times 0.79 = 0.51 = 51\%$$

$$POS_{new} = 0.65 - 0.51 = 0.14 = 14\%$$

恶劣条件下,初始的搜索行动成功概率为

$$POS_{old} = 0.65 \times 0.63 = 0.41 = 41\%$$

$$POS_{new} = 0.65 - 0.41 = 0.24 = 24\%$$

可以看出在恶劣条件下,搜索行动后搜救行动的成功概率下降幅度比理想条件下要小,原因在于恶劣状态下遇险对象在该区域内时,但是由于恶劣因素的影响没有发现遇险对象的可能性更大。

(四)累积成功概率

累积成功概率(POS_C)是目前位置在一个区域内实施搜索行动的成功概率之和,是分析该区域内搜救行动有效性的重要数据,计算公式为

$$POS_C = POS_1 + POS_2 + POS_3 + \cdots + POS_n \qquad (9-20)$$

例如,第一次搜索行动的 POS 为 40%,第二次为 35%,那么成功概率累加值为75%。这就说明经过前两次的搜索,该区域内成功搜索到目标的概率只剩下了 25%。

通过上述描述可知,在可能区域内累加成功概率越接近于 1,说明该区域内的包含概率就越小,当累加成功概率越高就意味着在本区域内的搜索行动越来越没有意义。

第三节　搜救力量分配

一、搜救力量分配的因素

(一)搜救力量的分配步骤

搜救计划人员最重要的工作之一就是如何使用现有的搜救力量,使其发挥最大的搜救效益,如果还有幸存者时,应尽快确定其位置。而且在搜救活动中还应综合考虑各种风险,因为遇险区域可能会存在较大威胁,这会对参与搜救的所有人员和平台造成巨大风险。因此在进行搜救力量分配时,搜救计划人员应综合考虑效率和风险因素,充分利用现有搜救力量,最大限度地提升搜救效率。具体来说可以按照以下步骤实施。

(1)将事故可能区域划分为若干分区。

(2)估算每个分区的包含概率。

(3)制定搜救计划,使搜救成功概率最大化。

(4)执行搜救计划。

(5)实施分析搜救行动,更新包含概率值。

(6)利用更新的包含概率值,重新计划搜救行动,使下一步搜救行动的成功概率最大化。

(二)搜救力量分配的主要因素

实际上大多数条件下,计划人员是没有足够的搜救平台可以对遇险可能区域实施覆盖式搜索的,即使这些区域都与事故灾害密切相关。那么此时所面临的问题就是如何科学分配搜救力量,以及集中多少搜救力量才能获得最大搜救成功概率。计划人员一般要决定是在较小区域内获得较大覆盖率还是在较大区域内获得较小覆盖率,而做出决定的最佳判断指标就是获得最大搜救成功概率。为获得最大成功概率主要参考两个主要参数,一个是搜救力量的数量,另一个是搜救目标位置的分布概率。

具体来说搜救目标的除了一般分布外还包括三个标准分布,分别为均匀分布、以基

点为参考的分布和以基准线为参考的分布。均匀分布时,搜救力量使用最为简单,即当整个可能区域内遇险目标的概率呈均匀分布时,平均分配可用搜救力量是最佳选择。这时,即使发现概率较低,但是仍能够获得最大的成功概率。其初始概率图的绘制也相对简单,即在可能区域上绘制大小相同的格子,并在每个格子中填入相同的包含概率,就成为平均分布的初始概率图,所有格子内的包含概率之和等于 1.0(100%),例如在 10×10 的格子概率图中,每个格子的包含概率都为 1%。下面主要对相对复杂的以基点为参考的分布、以基准线为参考的分布和一般分布进行详细介绍。

(三)搜救力量分配的其他因素

1.时效性因素

随着时间的推移,幸存人员位置变化的不确定性在逐步增大。如果幸存人员正在或可能有移动时,他们的位置将随着时间的推移而越来越难以预测。在一些情况下,这种不确定性会非常大或相当突然。比如说,灾害或事故位置的发生区域是在某条峡谷、海湾、入海口或海峡位置。这时如果没有快速发现遇险人员,则伴随着水流的快速移动,遇险人员所在的区域可能会很快变得很大,甚至对于已有搜救力量而言无异于已经消失,这将使得搜索行动变得复杂异常。因此,计划人员应充分利用已有搜救力量,尽可能地将其范围限制在有限的初始区域内,而不至于使其消失在搜救力量无法有效覆盖的广泛区域内。因此如果搜索区域所处区域的环境可能造成遇险对象快速的位移时,应尽量缩短搜救力量的出发时间,首先派出以搜索定位为目的的搜救力量前出执行任务,再行规划后续的搜救和保障等其他行动。

2.安全性因素

在制定搜救计划时,需要充分考虑安全性因素,对于航空搜救行动来讲特别要关注气象条件。如果搜救条件非常恶劣,应该以等待条件改善后再行实施搜救,除非情况特别紧急,且搜救力量的到达确实能够有效提升搜救成功概率。同样在当前搜救条件相对理想,但是根据情报推测搜救条件会变为恶劣时,计划人员应在条件恶化前,尽力获得更多的搜救力量支援并将其快速投入到搜救行动中。

3.生存性因素

发生灾害事故后,成功搜救遇险人员的概率将会随着时间的推移而骤减,尤其是当遇险人员受伤或暴露于水中、极寒等恶劣环境中时。在这种情况下,应高度重视首次搜救行动的效率,计划人员应当充分考虑、计划周密,尽管短时间内组织大规模的搜救行动会产生较多的后勤和协调问题。

4.动态性因素

搜索对象尤其是水上(海上)目标通常处于移动状态,这种移动状态贯穿整个遇险和搜救过程中。与搜救平台相比,尽管它们的移动速度相对较小,但这种移动仍是影响搜救效率的重要因素。如果忽略搜索目标移动所产生的影响,在某些情况下会破坏整个搜索行动的效率。为防止这种情况的发生,搜索起始点通常沿着搜救过程中目标移动的方向进行,搜救应沿着目标移动的方向延伸足够长的距离,以确保开始在搜救区域内的目标在搜救行动结束时仍旧在延伸的区域内。

5.情报性因素

有时基于早期假设的搜救计划在获得最初不确定性较大的信息基础上制定的,有些情报和信息不是很准确,甚至是错误的,而且有一定量的信息还是搜救计划人员基于经验的假设。如果建立在新情报基础上的推断和原先的假设差异太大,以至于实施中的搜救计划沦为无效行动时,有必要在考虑新信息所产生影响的前提下,重新计算所有先前的结果。极端情况下,完全可以推翻先前的所有工作从新计划并实施搜救行动。

6.实践性因素

在做出哪些分区需要搜索、选取多大覆盖因数等决策时,要考虑许多其他实践性实际因素。比如搜索平台、探测设备、机动能力和搜索方式的选择等因素都是影响搜索计划最终结果的重要内容。计划制定人员应该按照实际情况的变化动态调整搜索推荐区域和覆盖因数。在搜索力量接近最佳分配,成功概率将趋于稳定时,允许计划人员根据环境和搜索平台能力的实际情况,对通过理论分析确定的搜救力量最佳分配做出相应调整。正常情况下,为制定切实可行的搜救计划而对最佳覆盖因数采取微小的调整对搜救效率(或成功率)并不产生多大影响,因此计划人员完全可以自行进行必要的修改。但是,在每次搜索行动结束后(例如完成每个搜索日行动后),计划人员必须根据在搜索分区中所做出的搜救行动,重新计算所有的范围相对因数及其累积值。另外,他们还应根据实际搜索过的分区以及在其中实施的搜索行动,重新计算所有的覆盖因数、POD、POC$_{new}$、POS 和 POS$_C$ 值。这些信息将用来制定接下来的行动计划。

二、以基点为参考的分布

1.基点分布分析

当某一位置作为搜索基点时,以该位置为中心的标准圆就是搜索目标位置的可能分布区域,在遇险区域内画上不同大小的格子对该区域进行覆盖,就成为了对应的概率图。

要对基点周围的下一次最佳搜索区进行分析,应按照以下步骤进行:

(1)计算下一搜索的范围相对因素(Z_r)。

(2)计算范围相对因数累积值(Z_{rc}),它等于先前所有范围相对因数的累加值再加上下一搜索行动的范围相对因数。

(3)利用图 9-17 和图 9-18 查出最佳搜索因数。

(4)位置总误差(E)乘以最佳搜索因数(f_s)获得最佳搜索半径(R_o),以基点为圆心,最佳搜索半径为半径画出最佳搜索区域圆。

(5)如图 9-19 所示,最佳搜索区面积为 $4 \times R_o^2$。

(6)计算最佳覆盖因数,利用图 9-20 来查出发现概率,图 9-21 来查出成功概率累积值。

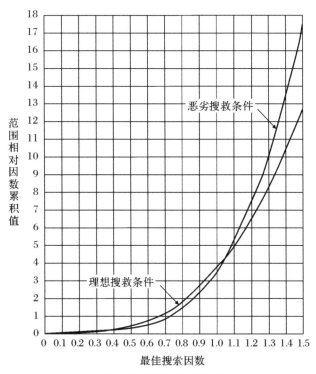

图 9-17 **基准点最佳搜索因数图**($Z_{rc} < 18$)

一旦确定最佳搜索区,搜救计划人员就可以推算出最佳覆盖因数、相应的发现概率和预计搜救成功概率。而后搜索人员就可以把搜索区域划分为若干分区,并指派具体搜索平台采取特定方式实施搜索行动。

2. 实例解读

【例 9-6】假设搜索条件理想,推算位置总误差(E_1)为 15 n mile,可搜索范围为 1 850 (n mile)^2。那么首次搜索和第二次搜索的发现概率及成功概率是多少?

解:(1)首次搜索。范围相对因数为

$$Z_{r-1} = Z_1 / E_1^2 = \frac{1\ 850}{225} = 8.2$$

因为是首次搜索,所以 $Z_{rc} = Z_{r-1} = 8.2$。

从图 9-17 中可查出,当范围相对因数累积值为 8.2 时,最佳搜索因数(f_s)为 1.3,利用最佳搜索因数计算出此次行动的最佳搜索半径为

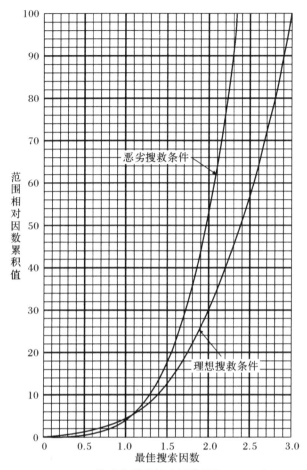

图 9 - 18　**基准点最佳搜索因数图**($Z_{rc}<100$)

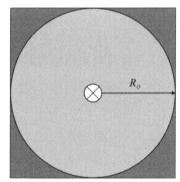

图 9 - 19　**基准点最佳搜索正方形区域**

$$R_{o1}=f_{s-1}E_1=1.3\times15=18.5 \text{ n mile}$$

最佳搜索区域：

$$A_1=4\times R_{o1}^2=4\times19.5^2=1\ 521 \text{ n mile}^2$$

最佳覆盖因数：

$$C_1=Z_1/A_1=1\ 850/1\ 521=1.2$$

从图 9 - 20 中可查出,此次行动的发现概率为 87%;再从图 9 - 21 中可查出,此次搜索的成功概率累积值大约为68%。

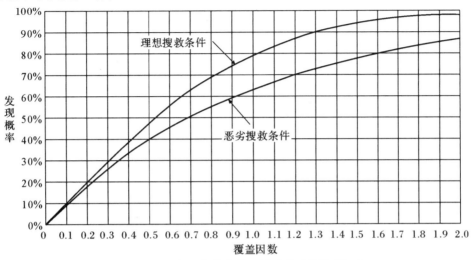

图 9 - 20　目视平行搜索某区域时的平均发现概率

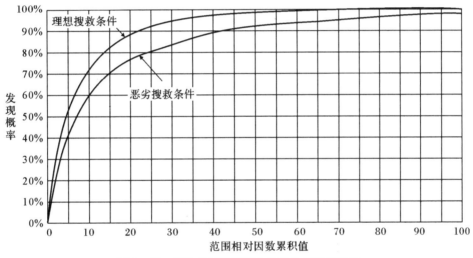

图 9 - 21　基准点最佳搜索中的成功概率累积值

　　(2)第二次搜索。假设首次搜索行动在最佳搜索区域内实施,并获得了上述计算得出的覆盖因数,假设第二次搜索条件理想,可搜索范围为 3 267 (n mile^2),位置总误差为18 n mile,则此次搜索的范围相对因数为

$$Z_{r-2}=Z_2/E_2^2=3\,267/324=10.1$$

　　范围相对因数累积值为

$$Z_{rc}=Z_{r-1}+Z_{r-2}=8.2+10.1=18.3$$

　　由图 9 - 18 可查出当范围相对因数为18.3时,最佳搜索因数(f_{s-2})为1.7,利用最佳搜索因数计算此次行动的最佳搜索半径

$$R_{o2}=f_{s-2}E_2=1.7\times18=30.6\text{ n mile}$$

　　最佳搜索区域为

$$A_2=4\times B_{o2}^2=4\times30.6^2=3\,745\text{ (n mile)}^2$$

最佳覆盖因数为

$$C_2 = Z_2 / A_2 = 3\,267 / 3\,745 = 0.9$$

从图 9 - 20 中可查出,此次行动的发现概率为 74%;再从图 9 - 21 中可查出,此次搜索的成功概率累积值大约为 82%。

3. 概率图

如图 9 - 22(a)~(j)所示,以基点为参考的概率图中,格子内每个包含的概率值都是在基点概率分布相同的基础上计算得出的,格子数从 9(3×3)到 144(12×12)不等。这些格子可以用来更新包含概率值,也可以计算成功率及累积值。

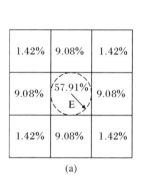

(a)

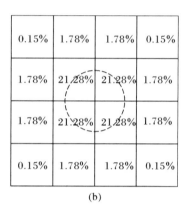

(b)

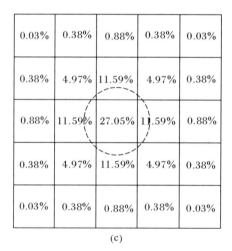

(c)

图 9 - 22　**基点网格概率图**

(a)3×3 基点网格概率图;(b)4×4 基点网格概率图;(c)5×5 基点网格图

0.01%	0.10%	0.34%	0.34%	0.10%	0.01%
0.10%	1.22%	4.19%	4.19%	1.22%	0.10%
0.34%	4.19%	14.48%	14.48%	4.19%	0.34%
0.34%	4.19%	14.48%	14.48%	4.19%	0.34%
0.10%	1.22%	4.19%	4.19%	1.22%	0.10%
0.01%	0.10%	0.34%	0.34%	0.10%	0.01%

(d)

0.00%	0.03%	0.14%	0.22%	0.14%	0.03%	0.00%
0.03%	0.35%	1.43%	2.29%	1.43%	0.35%	0.03%
0.14%	0.43%	5.85%	9.34%	5.85%	0.43%	0.14%
0.22%	2.29%	9.34%	14.91%	9.34%	2.29%	0.22%
0.14%	1.43%	5.85%	9.34%	5.85%	1.43%	0.14%
0.03%	0.35%	1.43%	2.29%	1.43%	0.35%	0.03%
0.00%	0.03%	0.14%	0.22%	0.14%	0.03%	0.00%

(e)

续图 9-22　基点网格概率图

(d)6×6 基点网格图;(e)7×7 基点网格图

0.00%	0.01%	0.06%	0.12%	0.12%	0.06%	0.01%	0.00%
0.01%	0.12%	0.52%	1.08%	1.08%	0.52%	0.12%	0.01%
0.06%	0.52%	2.25%	4.67%	4.67%	2.25%	0.52%	0.06%
0.12%	0.08%	4.67%	9.70%	9.70%	4.67%	0.08%	0.12%
0.12%	0.08%	4.67%	9.70%	9.70%	4.67%	0.08%	0.12%
0.06%	0.52%	2.25%	4.67%	4.67%	2.25%	0.52%	0.06%
0.01%	0.12%	0.52%	1.08%	1.08%	0.52%	0.12%	0.01%
0.00%	0.01%	0.06%	0.12%	0.12%	0.06%	0.01%	0.00%

(f)

0.00%	0.01%	0.03%	0.06%	0.09%	0.06%	0.03%	0.01%	0.00%
0.01%	0.05%	0.21%	0.50%	0.67%	0.50%	0.21%	0.05%	0.01%
0.03%	0.21%	0.90%	2.16%	2.89%	2.16%	0.90%	0.21%	0.03%
0.06%	0.50%	2.16%	5.19%	6.96%	5.19%	2.16%	0.50%	0.06%
0.09%	0.67%	2.89%	6.96%	9.32%	6.96%	2.89%	0.67%	0.09%
0.06%	0.50%	2.16%	5.19%	6.96%	5.19%	2.16%	0.50%	0.06%
0.03%	0.21%	0.90%	1.16%	2.89%	1.16%	0.90%	0.21%	0.03%
0.01%	0.05%	0.21%	0.50%	0.67%	0.50%	0.21%	0.05%	0.01%
0.00%	0.01%	0.03%	0.06%	0.09%	0.06%	0.03%	0.01%	0.00%

(g)

续图 9-22　基点网格概率图

(f)8×8 基点网格图;(g)9×9 基点网格图

0.00%	0.01%	0.01%	0.03%	0.06%	0.06%	0.03%	0.01%	0.00%	0.00%
0.00%	0.02%	0.09%	0.24%	0.38%	0.38%	0.24%	0.09%	0.02%	0.00%
0.01%	0.09%	0.38%	1.00%	1.61%	1.61%	1.00%	0.38%	0.09%	0.01%
0.03%	0.24%	1.00%	2.60%	4.19%	4.19%	2.60%	1.00%	0.24%	0.03%
0.06%	0.38%	1.61%	4.19%	6.76%	6.76%	4.19%	1.61%	0.38%	0.06%
0.06%	0.38%	1.61%	4.19%	6.76%	6.76%	4.19%	1.61%	0.38%	0.06%
0.03%	0.24%	1.00%	2.60%	4.19%	4.19%	2.60%	1.00%	0.24%	0.03%
0.01%	0.09%	0.38%	1.00%	1.61%	1.61%	1.00%	0.38%	0.09%	0.01%
0.00%	0.02%	0.09%	0.24%	0.38%	0.38%	0.24%	0.09%	0.02%	0.00%
0.00%	0.00%	0.01%	0.03%	0.06%	0.06%	0.03%	0.01%	0.00%	0.00%

(h)

0.00%	0.00%	0.01%	0.02%	0.04%	0.04%	0.04%	0.02%	0.01%	0.00%	0.00%
0.00%	0.01%	0.04%	0.12%	0.21%	0.26%	0.21%	0.12%	0.04%	0.01%	0.00%
0.01%	0.04%	0.18%	0.48%	0.86%	1.06%	0.86%	0.48%	0.18%	0.04%	0.01%
0.02%	0.12%	0.48%	1.29%	2.34%	2.86%	2.34%	1.29%	0.48%	0.12%	0.02%
0.04%	0.21%	0.86%	2.34%	4.26%	5.20%	4.26%	2.34%	0.86%	0.21%	0.04%
0.04%	0.26%	1.06%	2.86%	5.20%	6.34%	5.20%	2.86%	1.06%	0.26%	0.04%
0.04%	0.21%	0.86%	2.34%	4.26%	5.20%	4.26%	2.34%	0.86%	0.21%	0.04%
0.02%	0.12%	0.48%	1.29%	2.34%	2.86%	2.34%	1.29%	0.48%	0.12%	0.02%
0.01%	0.04%	0.18%	0.48%	0.86%	1.06%	0.86%	0.48%	0.18%	0.04%	0.01%
0.00%	0.01%	0.01%	0.12%	0.21%	0.26%	0.21%	0.12%	0.01%	0.01%	0.00%
0.00%	0.00%	0.01%	0.02%	0.04%	0.04%	0.04%	0.02%	0.01%	0.00%	0.00%

(i)

续图 9-22 基点网格概率图

(h)10×10 基点网格图;(i)11×11 基点网格图

0.00%	0.00%	0.00%	0.01%	0.02%	0.03%	0.03%	0.02%	0.01%	0.00%	0.00%	0.00%
0.00%	0.01%	0.02%	0.06%	0.12%	0.17%	0.17%	0.12%	0.06%	0.02%	0.01%	0.00%
0.00%	0.02%	0.09%	0.24%	0.47%	0.65%	0.65%	0.47%	0.24%	0.09%	0.02%	0.00%
0.01%	0.06%	0.24%	0.65%	1.28%	1.79%	1.79%	1.28%	0.65%	0.24%	0.06%	0.01%
0.02%	0.12%	0.48%	1.28%	2.51%	3.52%	3.52%	2.51%	1.28%	0.48%	0.12%	0.02%
0.03%	0.17%	0.65%	1.79%	3.52%	4.93%	4.93%	3.52%	1.79%	0.65%	0.17%	0.03%
0.03%	0.17%	0.65%	1.79%	3.52%	4.93%	4.93%	3.52%	1.79%	0.65%	0.17%	0.03%
0.02%	0.12%	0.47%	1.28%	2.51%	3.52%	3.52%	2.51%	1.28%	0.47%	0.12%	0.02%
0.01%	0.05%	0.24%	0.65%	1.28%	1.79%	1.79%	1.28%	0.65%	0.24%	0.05%	0.01%
0.00%	0.02%	0.09%	0.24%	0.47%	0.65%	0.65%	0.47%	0.24%	0.09%	0.02%	0.00%
0.00%	0.01%	0.02%	0.06%	0.12%	0.17%	0.17%	0.12%	0.06%	0.02%	0.01%	0.00%
0.00%	0.00%	0.00%	0.01%	0.02%	0.03%	0.03%	0.02%	0.01%	0.00%	0.00%	0.00%

(j)

续图 9-22　基点网格概率图

(j)12×12 基点网格图

这些网格的单元数量、各自宽度和以基线为参考的分布相同,具体匹配方案如表 9-02 和表 9-11 所示。

表 9-10　最佳搜索因数和基点网格概率图(基准线概率剖面图)匹配表

最佳搜索因数	概率图 (剖面图)	格子数	最佳搜索因数	概率图 (剖面图)	格子数
0.27	I	11	1.67	G	9
0.33	G	9	1.80	H,C	10,5
0.43	E	7	1.91	I	11
0.50	J	12	2.00	J,D	12,6
0.60	H,C	10,5	2.14	E	7

续 表

最佳搜索因数	概率图 (剖面图)	格子数	最佳搜索因数	概率图 (剖面图)	格子数
0.75	F	8	2.25	F	8
0.82	I	11	2.33	G	9
1.00	J,G,D,A	12,9,6,3	2.40	H	10
1.20	H	10	2.45	I	11
1.29	E	7	2.50	J	12
1.36	I	11	3.00	ALL	
1.50	J,F,B	12,8,4			

表 9-11 基点网格图(基准线概率剖面图)与单元宽度匹配表

概率图(剖面图)	单元宽度	概率图(剖面图)	单元宽度
A	$2.00 \times E$	F	$0.75 \times E$
B	$1.50 \times E$	G	$0.67 \times E$
C	$1.20 \times E$	H	$0.60 \times E$
D	$1.00 \times E$	I	$0.55 \times E$
E	$0.86 \times E$	J	$0.50 \times E$

三、以基准线为参考的分布

1.基准线分布分析

当以某条线作为搜索的参考基准线时,通常认为搜索目标在线两侧的分布概率相等且为正态分布情况。确定基准线搜索区域内的最佳搜索区域时和以基点为参考的分布分析基本一致,按照以下步骤进行:

(1)计算下一搜索的范围相对因素(Z_r);

(2)计算范围相对因数累积值(Z_{rc});

(3)利用图 9-26 和图 9-27 查出最佳搜索因数;

(4)位置总误差(E)乘以最佳搜索因数(f_s)获得最佳搜索半径(R_o);

(5)用两倍最佳搜索半径乘以基准线长 L 即得出最佳搜索区域。

(6)计算最佳覆盖因数,利用图 9-20 来查出发现概率,图 9-25 来查出成功概率累积值。

2.实例解读

【例 9-7】假设搜救条件恶劣,位置总误差(E_1)为 10 n mile,基准线长度为

100 n mile,可搜索范围 2 100(n mile)^2。那么首次搜索和第二次搜索的发现概率及成功概率是多少?

解:(1)首次搜索。范围相对因数为

$$Z_{r-1} = Z_1/E_1^2 = \frac{2\ 100}{1\ 000} = 2.1$$

因为是首次搜索,所以:

$$Z_{rc} = Z_{r-1} = 2.1$$

从图 9-23 中可查出,当范围相对因数累积值为 2.1 时,最佳搜索因数(f_{s-1})为1.05。

利用最佳搜索因数计算出此次行动的最佳搜搜半径为

$$R_{o1} = f_{s-1}E_1 = 1.05 \times 10 = 10.5\ \text{n mile}$$

最佳搜索区域为

$$A_1 = 2 \times R_{o1} \times L = 2 \times 10.5 \times 100 = 2\ 100(\text{n mile})^2$$

最佳覆盖因数为

$$C_1 = Z_1/A_1 = 2\ 100/2\ 100 = 1.0$$

从图 9-20 中可查出,此次行动的发现概率为 63%;再从图 9-25 中可查出,此次搜索的成功概率累积值大约为 68%。

(2)第二次搜索。假设首次搜索行动在最佳搜索区域内实施,并获得了上述计算得出的覆盖因数,假设第二次搜索条件仍为恶劣,可搜索范围为 4 000 n mile^2,位置总误差和基准线长度仍为 10 n mile,则此次搜索的范围相对因数为

$$Z_{r-2} = Z_2/E_2^2 = 4\ 000/1\ 000 = 4.0$$

范围相对因数累积值:

$$Z_{rc} = Z_{r-1} + Z_{r-2} = 2.1 + 4.0 = 6.1$$

由图 9-24 查出当范围相对因数为 6.1 时,最佳搜索因数(f_{s-2})为 1.5,利用最佳搜索因数计算此次行动的最佳搜索半径为

$$R_{o2} = f_{s-2}E_2 = 1.5 \times 10 = 15\ \text{n mile}$$

最佳搜索区域为

$$A_2 = 2 \times R_{o2} \times L = 2 \times 15 \times 100 = 3\ 000(\text{n mile})^2$$

最佳覆盖因数为

$$C_2 = Z_2/A_2 = 4\ 000/3\ 000 = 1.33$$

从图 9-20 中可查出,此次行动的发现概率为 74%;再从图 9-25 中可查出,此次搜索的成功概率累积值大约为 82%。

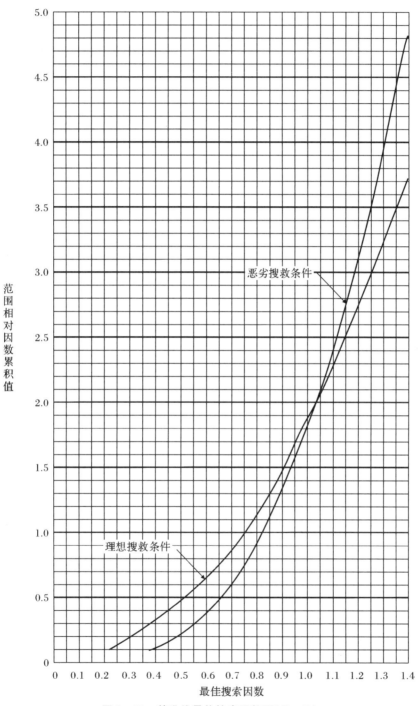

图 9 - 23　基准线最佳搜索因数图($Z_{rc} < 5$)

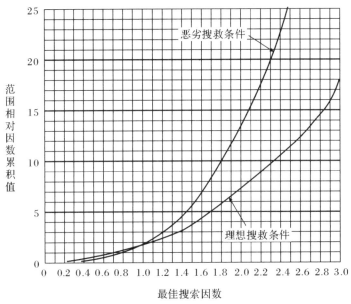

图 9 - 24　基准线最佳搜索因数图($Z_{rc}<25$)

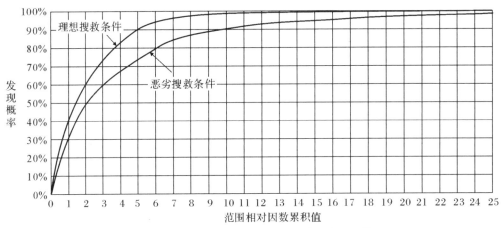

图 9 - 25　基准线最佳搜索中的成功概率累积值

3.概率图

基准线初始概率的剖面图如图 9 - 26 所示,每个格子代表在该基准线上的分布概率之和。依据基准线再划分格子时,每个基准线上的格子分布概率是该基准线分布概率之和,其数值等于基准线分布概率除以分区数,如图 9 - 27 所示,是当分区数为 8 个时,基准线剖面图 9 - 26(c)的完整基准线概率图。每一条状区域内的包含概率值时根据相同的标准正态分布计算得出的,条状区域内的大小和数目有变化,数目从 3～12 不等。这些条状概率图可以用来更新各包含概率值,也可以计算成功概率和累积值。这些网格的格子数量和各自宽度和以基点为参考的分布相同,具体匹配方案如表 9 - 11 和表 9 - 12 所示。

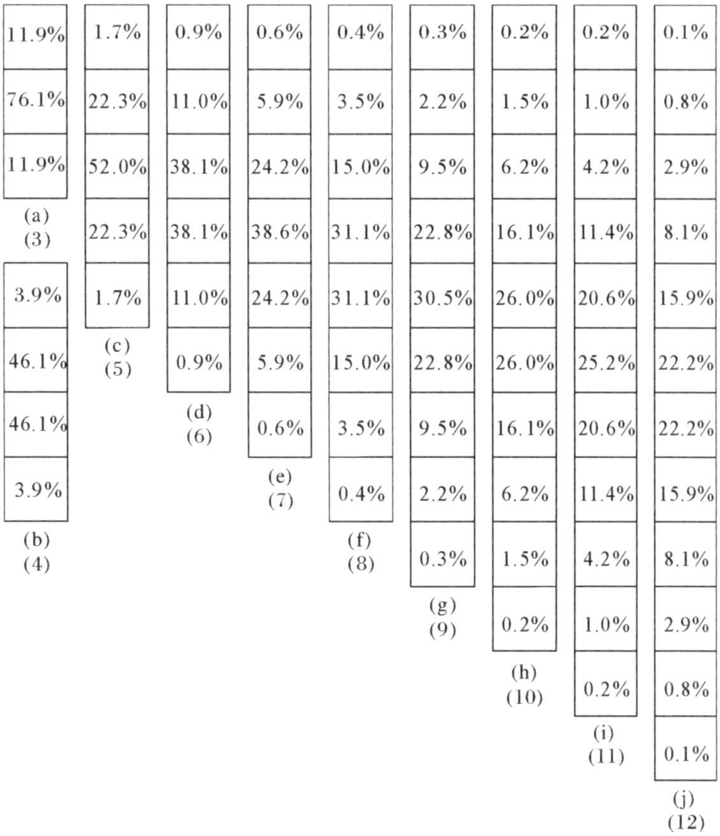

图 9-26 基准线概率剖面图

(a)(3)	(c)(5)	(d)(6)	(e)(7)	(f)(8)	(g)(9)	(h)(10)	(i)(11)	(j)(12)
11.9%	1.7%	0.9%	0.6%	0.4%	0.3%	0.2%	0.2%	0.1%
76.1%	22.3%	11.0%	5.9%	3.5%	2.2%	1.5%	1.0%	0.8%
11.9%	52.0%	38.1%	24.2%	15.0%	9.5%	6.2%	4.2%	2.9%
	22.3%	38.1%	38.6%	31.1%	22.8%	16.1%	11.4%	8.1%
	1.7%	11.0%	24.2%	31.1%	30.5%	26.0%	20.6%	15.9%
		0.9%	5.9%	15.0%	22.8%	26.0%	25.2%	22.2%
			0.6%	3.5%	9.5%	16.1%	20.6%	22.2%
				0.4%	2.2%	6.2%	11.4%	15.9%
					0.3%	1.5%	4.2%	8.1%
						0.2%	1.0%	2.9%
							0.2%	0.8%
								0.1%

（另有 (b)(4) 列：3.9%、46.1%、46.1%、3.9%）

0.2%	0.2%	0.2%	0.2%	0.2%	0.2%	0.2%	0.2%
2.8%	2.8%	2.8%	2.8%	2.8%	2.8%	2.8%	2.8%
基准线 →							
6.5%	6.5%	6.5%	6.5%	6.5%	6.5%	6.5%	6.5%
2.8%	2.8%	2.8%	2.8%	2.8%	2.8%	2.8%	2.8%
0.2%	0.2%	0.2%	0.2%	0.2%	0.2%	0.2%	0.2%

图 9-27 分区数为 8 时的 5 格完整基准线概率图

四、一般分布

1. 一般分布分析

对于搜索目标位置分布并不以某基点或某基准线为中心的概率图，以及在某种程度上并不是以标准分布的遇险情况，通常使用一般分布法进行分析，可将其描述为"多步尝试法"。具体来说，就是通过多次尝试，得到对非标准概率分布的区域进行搜救力量分配得最佳方法。

首先是绘制概率图,相对于均匀分布的概率图,以一般分布的概率图,在每个格子内的分布概率是不等同的,初始条件下要绘制基点网格图,应按照以下步骤实施:

(1)在海图、地图或航图上覆盖透明薄膜,在薄膜上绘制现场基准区域;

(2)将基准区域划分成相同大小的矩形方格;

(3)基于现有情报和推测,估计概率图上基准区域内每个单元内包含的概率值,并将数值记录在相应的单元格内。

每个"尝试区域"的长、宽都应调整到尽量多的包含概率。而后计算出每个尝试区域的成功概率,最高数值的区域就是搜索区域。例如对三个覆盖因数分别是 0.5、1.0 和 1.5 的三个区域进行测试,看哪个区域的搜救成功概率最高。覆盖因数(C)不同而可搜索范围(Z)给定时,可由下式计算出搜索区域(A):

$$A = Z/C$$

在首次尝试中,所选范围的大小应合适,一般等于可搜索范围的大小。在进行首次尝试前,准备一张概率分布图,并画上一个或多个与可搜索范围相同大小的长方形区域。在分布图上可能存在多个高概率单元,这就需要相应的长方形来表示这些高概率单元。但如果它们之间的分隔距离太长,为保持合理的覆盖因数,不应(或不可能)将这些单元仅仅划入一个长方形。确定这些长方形的宽度、长度,这样当标上概率图的时候,最大概率区域就包含在推荐搜索区域内。然后计算覆盖因数为 1.0 的搜索成功率。可运用相似的方法计算另外两个尝试做覆盖因数的搜索成功率。尝试的第二步就是建立两倍于可搜索范围的区域。尝试的第三步是建立 2/3 可搜索范围的区域。产生最高成功率的尝试将用于制定搜索计划。如果时间和搜索平台允许的话,可做进一步尝试以产生更高的搜索成功率。总而言之,最好先搜索分布概率最大的区域,把概率低的区域留在后面。如果概率图中的单元大小相等,就可直接使用包含概率。如果不相等,就使用它们各自的单元划分区域的包含概率,对确定最高概率区域很有必要。

在针对事故可能性确定好可能区域后,计划人员应当将区域划分成若干单元格子,并在格子内填入各自的包含概率,绘制成初始概率图。所有格子的包含概率之和应等于 100%。接下来计划人员应当估算可搜索范围和计算每一步尝试都能能够覆盖的区域大小。如果概率图中的单元大小相等,那么计划人员会很容易发现三个覆盖因数中每一个能够覆盖多少格子。例如,如果概率图中的格子边长为 10n mile,则每个格子的面积为 $100(\text{n mile})^2$,而可搜索范围是 $1\,600(\text{n mile})^2$,那么覆盖因数为 1.0 的行动能覆盖 16 个格子,0.5 的能覆盖 32 个格子,而 1.5 的只能覆盖 10.667 个格子。

为方便起见,计划人员有时会变换测试区域和覆盖因数,以使组成长方形的所有格子都用于尝试中。在上例中,尤其当下述不同数目的格子正好组成一张概率图时,可能更容易制定搜索计划:覆盖因数是 1.6,覆盖概率最高 10 格;覆盖因数 1.4,概率最高 11 格;覆盖因数 1.3,概率最高 12 格(上述 11 格子组成的长方形宽 1 格、长 11 格,这也只适合以基准线为参考的搜索区域,其他情况下,奇数格子通常不太利于搜索计划的制定)。有些情况下,在高概率单元附近添加一些低概率的单元对绘制成一个长方形有帮助。

2.首次搜索实例

一架小型喷气式航空器在 13:00 时报告了它所处的位置,下一报告位置应该是在沿计划航线的 50 n mile 位置处。航空器预计在 13:15 时到达该位置,而后再沿计划航线飞行 50 n mile 后,下一个位置就是航空器的目的机场。但是在航空器 13:00 时报告后,再没有收到任何信息。整个飞行区域的能见度较好,适合飞行。13:45 时,有关的空中交管部门将上述事件向搜救协调中心报告,并说明该航空器并没有抵达目的机场(距离 13:00 位置最近的机场),也不在雷达扫描范围内。从中计划人员可以计算出航空器的对地速度为 200 kn(15 min 航行 50 n mile,换算时速为 200 kn)。计划人员估计该航空器不是迫降就是发生事故坠机了,于是开始搜救行动计划。假设航空器所报位置偏差为 10 n mile,基于这条和其他信息,搜救计划人员做出了遇险基本判断,确定了相应的可能区域,把可能区域划分成单元格子并填入各自的包含概率,如图 9-28 所示。在每个格子内的概率分布假设为均匀分布。搜索条件理想,扫视宽度为 5 n mile。

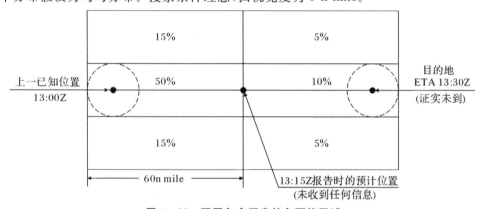

图 9-28　不同包含概率的各可能区域

【例 9-8】在上述遇险事故条件下,假设可用搜索平台在 150 kn 的搜索速度下能持续搜索 4 h。使用"多步尝试法"分析成功概率最大的尝试。

解:包含概率最高的单元(50% 包含概率的单元)范围为
$$10 \times 2 \times 60 = 1\,200 (\text{n mile})^2$$

因为搜索平台在 150 kn 的搜索速度下能持续搜索 4 h,扫视宽度为 5 n mile,那么可搜索范围为
$$150 \times 4 \times 5 = 1\,200 (\text{n mile})^2$$

可搜索范围 1 200 n mile² 刚好覆盖包含概率为 50% 的最高包含概率单元,如图 9-29 (a)所示,即该区域的覆盖因数为 1.0。查图 9-20 得到覆盖因数为 1.0 时,理想条件下的发现概率为 79%。则按照式(9-17)计算成功概率:
$$POS = POC \times POD = 0.5 \times 0.79 = 0.395 = 39.5\%$$

如果搜索范围增加一倍,如图 9-29(b)所示,搜索范围为 2100(n mile)²,包含概率增大至 65%,但覆盖因数降低至 0.5。查图 9-20 得到覆盖因数为 0.5 时,理想条件下的发现概率为 47%。则按照式(9-17)计算成功概率:
$$POS = POC \times POD = 0.65 \times 0.47 = 0.306 = 30.6\%$$

如果将第一次搜索的范围降至原来的 2/3(800(n mile)²),如图 9-29(c)所示,包含概率则将至 50% 的 2/3,即 33%,而覆盖因数等于 1.5。查图 9-20 得到覆盖因数为 1.5 时,理想条件下的发现概率为 94%。则按照式(9-17)计算成功概率:

$$POS = POC \times POD = 0.33 \times 0.94 = 0.31 = 31\%$$

可见,第一步尝试得出的概率最大,因此搜索照第一种尝试制定计划。

【例 9-9】在上述事故条件下,假设搜救平台的搜索范围为 $600~n~mile^2$ 时,使用"多步尝试法"分析成功概率。

解:取覆盖因数 1.0 时,查图 9-20 得理想条件下的发现概率为 79%,如图 9-30(a)所示,包含概率累加值为 25%。按照公式(9-17)计算成功概率:

$$POS = POC \times POD = 0.25 \times 0.79 = 19.75\%$$

当覆盖因数取 0.5 时,查图 9-20 得理想条件下的发现概率为 47%,如图 9-30(b)所示,包含概率累加值为 50%。按照式(9-17)计算成功概率:

$$POS = POC \times POD = 0.5 \times 0.47 = 23.5\%$$

当覆盖因数取 1.5 时,查图 9-20 得理想条件下的发现概率为 94%,如图 9-30(c)所示,此时搜索区域降至原来的 2/3,包含概率累加值约为 17%。按照式(9-17)计算成功概率:

$$POS = POC \times POD = 0.17 \times 0.94 = 16\%$$

可见,第二步尝试得出的概率最大,因此搜索照第二种尝试制定计划。

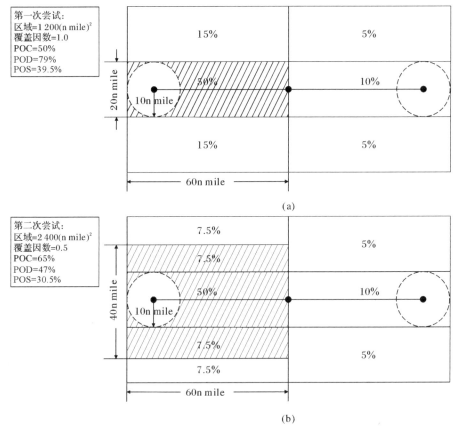

图 9-29 可搜索范围为 $1~200~n~mile^2$ 时的搜救成功率分析图

(a)取覆盖因数为 1.0 时;(b)取覆盖因数为 0.5 时

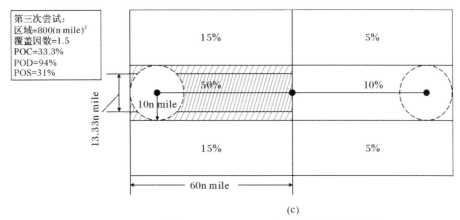

(c)

续图 9-29 可搜索范围为 1 200 n mile² 时的搜救成功率分析图

(c)取覆盖因数为 1.5 时

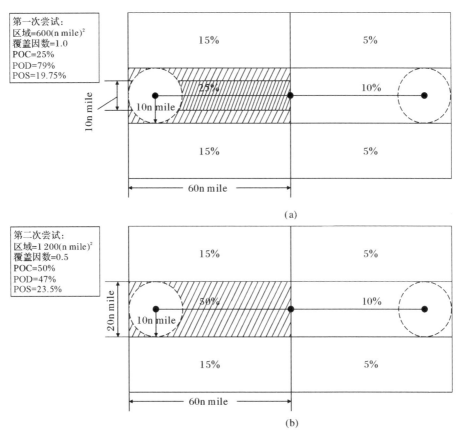

(a)

(b)

图 9-30 可搜索范围为 600 n mile² 时的搜救成功率分析图

(a)取覆盖因数为 1.0 时;(b)取覆盖因数为 0.5 时

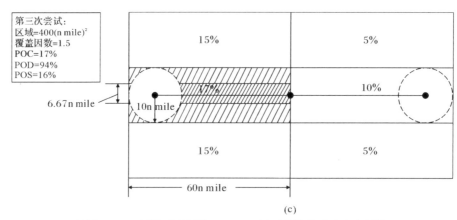

（c）

续图 9-30 可搜索范围为 600 n mile² 时的搜救成功率分析图

（c）取覆盖因数为 1.5 时

【例 9-10】在上述事故条件下，假设搜救平台的搜索范围为 1 800 n mile² 时，使用"多步尝试法"分析成功概率。

解：取覆盖因数 1.0 时，查图 9-20 得理想条件下的发现概率为 79%。如图 9-31（a）所示，包含概率累加值为 57.5%。按照式（9-17）计算成功概率：

$$POS = POC \times POD = 0.575 \times 0.79 = 45.43\%$$

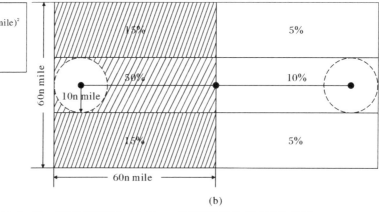

（a）

（b）

图 9-31 可搜索范围为 1 800 n mile² 时的搜救成功率分析图

（a）取覆盖因数为 1.0 时；（b）取覆盖因数为 0.5 时

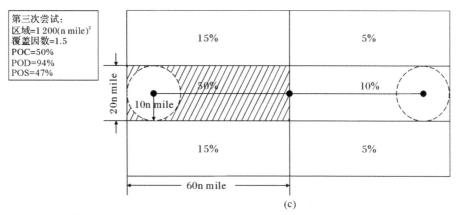

第三次尝试：
区域=1 200(n mile)²
覆盖因数=1.5
POC=50%
POD=94%
POS=47%

续图 9-31 可搜索范围为 1 800 n mile² 时的搜救成功率分析图

(c)取覆盖因数为 1.5 时

当覆盖因数取 0.5 时，查图 9-20 得理想条件下的发现概率为 47%。如图 9-31(b)所示，包含概率累加值为 80%。按照式(9-17)计算成功概率：

$$POS = POC \times POD = 0.8 \times 0.47 = 38.6\%$$

当覆盖因数取 1.5 时，查图 9-20 得理想条件下的发现概率为 94%。如图 9-31(c)所示，包含概率累加值为 50%。按照公式(9-17)计算成功概率：

$$POS = POC \times POD = 0.5 \times 0.94 = 47\%$$

可见，第三步尝试得出的概率最大，因此搜索照第三种尝试制定计划。

3.实例分析

在上述三个实例中，推荐的分区通常是相同的，即包含概率为 50% 的区域。只是基于可搜索范围，只改变了推荐覆盖因数。在预先推断出的可能区域的 1/6 范围内，包含概率达到 50%。这个事实表明该区域单元内的分布概率远远大于其他区域单元，也使得该区域成为搜索力量使用的最佳区域。当然，情况并不是每次都是如此。如果可搜索范围达到 2 400(n mile)²，取覆盖因数为 1.0，将完全覆盖包含概率为 50% 和 15% 的区域，此时的 POS 为 51%；此时，取覆盖因数 0.5，覆盖上述 2 倍区域，POS 为 42%；取覆盖因数 1.5 时，覆盖第一次搜索区域的 2/3，POS 为 49%。第三次尝试覆盖了全部包含概率 50% 加上 1/6POC 为 15% 的区域。如果取覆盖因数为 2.0，那么可用搜索力量的成功概率为 49%。通过上述分析可知，即使某个单元区域内的概率分布很高，最后结果还是表明，最好还是扩大搜索区域而不是增大该单元的覆盖因数。每次搜索过后，每个搜索过的单元内的包含概率需按照式(9-18)进行更新。

【例 9-11】 参考例 9-8 相关条件，取覆盖因数 1.0，搜索范围时包含概率为 50% 的区域，假设首次搜索过程已经结束，囊额这个已经搜索过的区域的新的包含概率是多少？

解：因为取覆盖因数 1.0，因此发现概率 POD 为 0.79，且搜索前的包含概率为 50%，则根据式(9-18)得到该区域内新的包含概率为

$$POC_{new} = (1 - POD) \times POC_{old} = (1 - 0.79) \times 0.5 = 10.5\%$$

更新后的包含概率图如图 9-32 所示。

15%		5%	
10.5%		10%	
15%		5%	

图 9-32　首次搜索后的包含概率更新图

五、基于漂移矢量的概率图

对于移动的搜索对象,调整格子单元的大小以反映不同搜索行动之间目标的移动以及增加目标位置的不确定性是十分有必要的,尤其是当目标位于水上(海上)时,几乎可以肯定其是存在位移的,在制定搜索计划时应充分考虑这一因素。但这一项工作在多数情况下是一项相对复杂的工作,主要考虑搜救区域内位移矢量相同和明显不同两种情况。

1. 区域内位移矢量相同

如果在事故灾害的可能发生区域附近位移矢量基本相同,那只需要将已有的格子向位移矢量产生的方向移动,并根据位置总误差扩大格子的区域,即可组成一张新的概率图。在各自区域内的包含概率不变,如图 9-33 所示。

2. 区域内位移矢量明显不同

如果事故可能区域某处的位移矢量与周边区域明显不同时,简单的移动和扩大区域是不够的。格子还需要进行一定的变形,以适合新的概率图。其中一种做法是因在漂移而需要更新基准时,用格子的顶点或中心点或这两点作为基准。如果分区内的位移矢量基本相同,格子可以组合在一起移动,从而减少一些所需的漂移计算。如果变形过大,计划人员可以建立一些规则的新格子,并将它们覆盖在变形区域,根据变形的概率图,在新区域内填入新的包含概率,如图 9-34 所示。

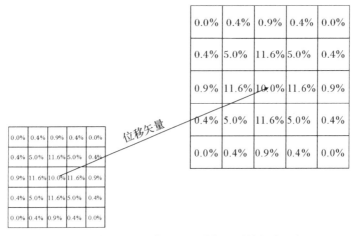

图 9-33　在可能区域内位移矢量相同时的概率更新图

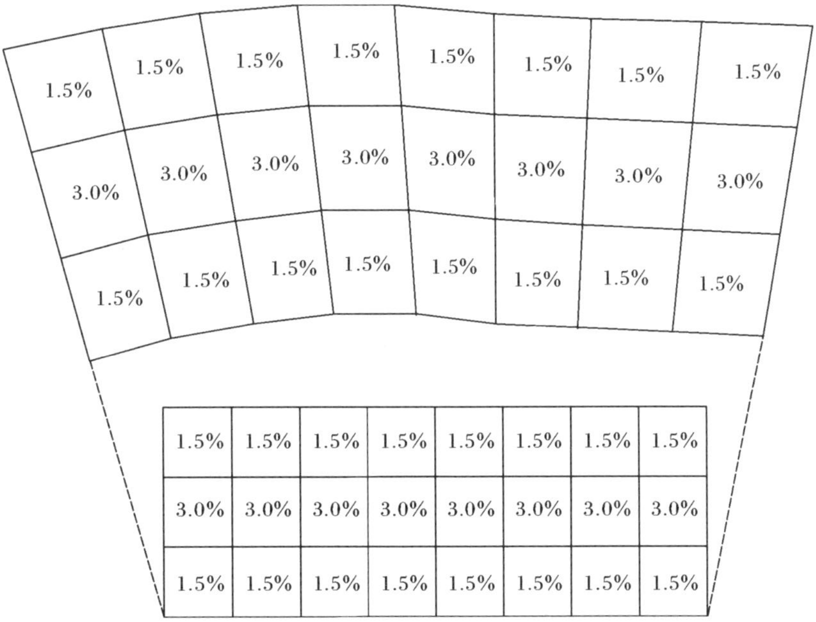

1.5%	1.5%	1.5%	1.5%	1.5%	1.5%	1.5%	1.5%
3.0%	3.0%	3.0%	3.0%	3.0%	3.0%	3.0%	3.0%
1.5%	1.5%	1.5%	1.5%	1.5%	1.5%	1.5%	1.5%

1.5%	1.5%	1.5%	1.5%	1.5%	1.5%	1.5%	1.5%
3.0%	3.0%	3.0%	3.0%	3.0%	3.0%	3.0%	3.0%
1.5%	1.5%	1.5%	1.5%	1.5%	1.5%	1.5%	1.5%

图 9 - 34　在可能区域内位移矢量明显不同时的概率更新图

参考文献

[1] 郭爱斌,高雯,刘斌,等. 空地一体化医疗救援体系建设实践及运行模式研究[J]. 中国急救医学,2021,41(5):438-443.

[2] 中华人民共和国海事局. 国际航空和海上搜寻救助手册[M]. 2卷. 北京:人民交通出版社,2003.

[3] 朱玉柱. 海上搜寻与救助[M]. 大连:大连海事大学出版社,2017.

[4] 于耕. 航空应急救援[M]. 北京:航空工业出版社,2009.

[5] 沈笑云,赵元浩,秦芹,等. 通用航空搜救系统设计与实现[J]. 计算机工程与设计,2020(2):4-7.

[6] 何鑫,熊升华,杨鑫,等. 我国通航应急救援体系现状与展望[J]. 中国民航飞行学院学报,2020,31(3):31-35.

[7] 辛军国,赵莉,汪瑞欧,等. 我国空中医疗急救发展现状与体系构建建议[J]. 现代预防医学,2021,48(8):1418-1422.

[8] 陈玲,郝志梅. 我国空中急救发展现状分析与对策[J]. 中华灾害救援医学,2021,9(2):816-818.

[9] 谭鹏,吴阳勇,许汉威,等. 不定基点海上航空搜救效能评估模型与仿真[J]. 兵工自动化,2020,39(6):61-64.

[10] 吴翔. 海上搜救中发现概率的研究[J]. 中国安全生产科学技术,2015,11(1):28-30.

[11] 李小文. 海上搜救服务系统有效性评价[D]. 大连:大连海事大学,2012.

[12] 肖方兵,尹勇,金一丞. 基于随机粒子仿真的海上搜寻区域确定[J]. 中国航海,2011,34(3):339.

[13] 陈明东. 海上搜寻技术研究[D]. 大连:大连海事大学,2007.

[14] 皮骏,吉亚铭,齐福强. 超大城市航空应急救援场点布局优化[J]. 安全与环境工程,2020,27(6):140-146.

[15] 李艳华,李冉. 我国航空应急救援标准体系构建研究[J]. 中国安全科学学报,2019,29(8):178-184.

[16] 杨文捷,刘世江. 通用航空紧急救援场点布局研究[J]. 中国民用航空,2009(6):27-29.

[17] 李航. 我国航空应急救援现状及发展策略[J]. 科技创新与应用,2019(6):135-136.

[18] 朱燕,邵荃,贾萌,等. 通用航空应急救援点布局方法研究[J]. 河南科学,2015,33

(2):265 - 270.

[19] 王勇,王春红,宋锦明,等.东海海区海上搜救行动的气象保障[J].气象水文装备,2015,26(1):44 - 45.

[20] 暴雨,高萌,谢宇霖,等.国内外航空医疗救援队伍发展现状[J].解放军医学院学报,2021,42(7):776 - 779.

[21] 张亚丽.美国空中医疗救援的发展与现状[J].中国应急救援,2015(3):52 - 54.

[22] 贺安华.国际航空医疗救援的主要模式与启示[N].中国航空报,2017 - 08 - 17(7).

[23] 叶青,王文军,陈云虹,等.国际视野下空运医疗后送模拟训练研究[J].医疗卫生装备,2018,39(1):98 - 101.

[24] 周开园,袁家乐,张建杰,等.国外直升机医疗救援体系发展现状及启示[J].解放军医院管理杂志,2018,25(7):674 - 678.

[25] 马岳峰,何小军,潘胜东,等.我国航空医学救援的现状与发展趋势[J].中华急诊医学杂志,2018,27(8):827 - 830.

[26] 李航.我国航空医疗救援体系建设新思考[J].科技创新与应用,2019(7):135 - 136.

[27] 高家森,王洋,许永乐,等.美军战术战伤救治经验探讨[J].西北国防医学杂志,2020,41(8):463 - 466.

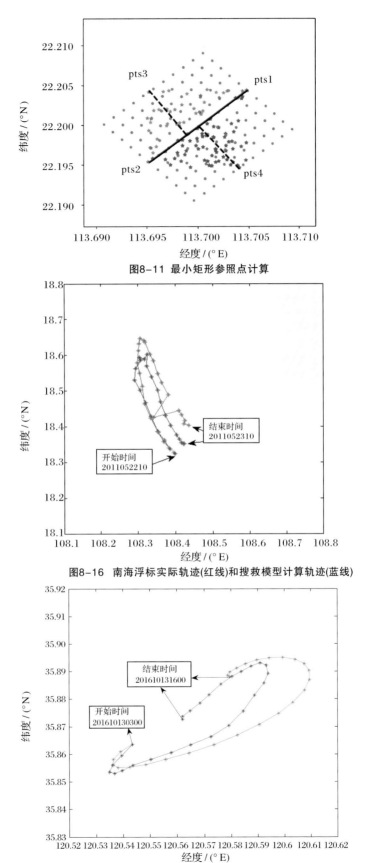

图8-11 最小矩形参照点计算

图8-16 南海浮标实际轨迹(红线)和搜救模型计算轨迹(蓝线)

图8-17 BH20161013_1号浮标实际轨迹 红线 和搜救模型计算轨迹 蓝线

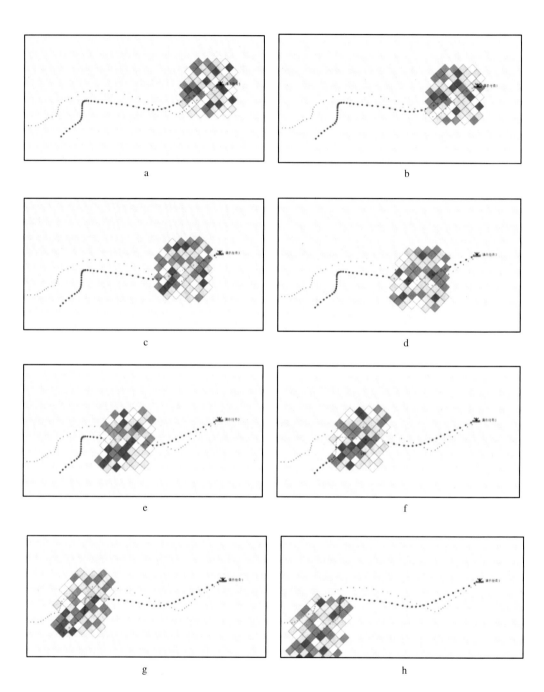

图8-18　24 h以内海上搜救区域和预测位置变化图　绿色为观测位置　红色为预测位置